Im Rausch
der Geschwindigkeit

Springer
*Berlin
Heidelberg
New York
Barcelona
Hongkong
London
Mailand
Paris
Singapur
Tokio*

Heidelberger Club für
Wirtschaft und Kultur e.V. (Hrsg.)

Im Rausch
der Geschwindigkeit

Redaktionell bearbeitet und gesetzt
von Stephanie v. Sydow

mit Unterstützung
von Elisabeth v. Wulffen
und Vanessa Witzel

Springer

Mit 6 Abbildungen
und 3 Tabellen

ISBN-13: 978-3-540-65650-0   e-ISBN-13: 978-3-642-60130-9
DOI: 10.1007/978-3-642-60130-9

Die Deutsche Bibliothek – CIP-Einheitsaufnahme
Im Rausch der Geschwindigkeit / Hrsg.: Heidelberger Club für Wirtschaft und Kultur
e.V. – Berlin; Heidelberg; New York; Barcelona; Hongkong; London; Mailand; Paris;
Singapur; Tokio: Springer, 1999
     (Springer-Lehrbuch)

Umschlag: Erich Kirchner, Heidelberg

SPIN 10717146   43/2202-5 4 3 2 1 0 – Gedruckt auf säurefreiem Papier

Geleitwort

Wir alle stehen heute in der Tradition einer Aufklärung, die nicht nur politische Freiheit und Emanzipation hervorgebracht, sondern ebenso die Entwicklung der naturwissenschaftlichen Erkenntnis und technologischen Rationalität beflügelt hat. Beständiger und immer schneller werdender Fortschritt wurde zum Leitgedanken des 'homo faber', schließlich der gesamten Gesellschaft – in Deutschland ebenso wie im europäischen Kulturraum. Der dadurch induzierte wissenschaftlich-technologische, wirtschaftliche und soziale Wandel mitsamt den damit verbundenen Errungenschaften nahm an Schnelligkeit immer mehr zu, bis er heute ein zuvor in der Menschheitsgeschichte nicht gekanntes Tempo erreicht hat. Die weltweit vernetzte Kommunikation erfolgt inzwischen in Echtzeit, moderne Verkehrssysteme befördern den Reisenden in immer kürzerer Zeit an jeden Ort der Erde, Unternehmen können durch immer schnellere Reaktion auf Markterfordernisse erfolgreicher operieren, Geschwindigkeit und Mobilität eröffnen neue Möglichkeiten der individuellen Lebensgestaltung.

Gleichzeitig aber wächst das Unbehagen an diesen Entwicklungen. Die Zahl derjenigen, die nicht mitkommen oder aussteigen, nimmt zu. Gefühle der Hektik, nervöser Geschäftigkeit und fremdbestimmten Getriebenseins verbreiten sich. Und inzwischen taucht die Frage auf, ob die technisch so hoch entwickelte Gesellschaft des Westens durch die zunehmende Beschleunigung aller Lebensbereiche auf einen Erschöpfungsprozeß zusteuert.

Die Anforderung an uns, mehr als bisher über diese Entwicklung nachzudenken, eine Ortsbestimmung vorzunehmen und über die Potentiale einer Hochgeschwindigkeitsgesellschaft zu reflektieren, wächst.

Gern habe ich deshalb die Schirmherrschaft über das Symposium 'Im Rausch der Geschwindigkeit – wo steht der Mensch?' übernommen. Denn wenn wir danach fragen, in welcher Weise Geschwindigkeit zu einem Erfolgsfaktor innovativer Wirtschaftskonkurrenz wird, ob die weiter zunehmende Beschleunigung unsere Gesellschaft sozial spaltet oder welche Auswirkungen die Schnellebigkeit auf unsere Lebensqualität hat, dann gilt unsere Suche nach Antworten nicht nur dem Begreifen unserer Gegenwart, sondern auch der Gestaltung unserer Zukunft.

Geschwindigkeit ist in der Tat keine Hexerei, wie schon der Volksmund sagt, sondern Ergebnis unserer Entscheidungen und Handlungen. Sollten wir deswegen nicht neu darüber nachdenken: Wo ist die 'Beschleunigung' sinnvoll und wo die 'Entschleunigung'? Schließlich sind wir nicht blind oder gar ohnmächtig der gesellschaftlichen Entwicklung unterworfen, sondern können diese nach Vernunft-

kriterien bedenken und gestalten – auch das ist ein Erbe der Aufklärung. Solcher
Vernunftgebrauch bedeutet, weder dem Rausch der Geschwindigkeit zu verfallen,
noch diese zu verteufeln, sondern im gemeinschaftlichen Gespräch nach Risiken
wie Chancen zu fragen.

Bonn, im April 1998   Prof. Dr. Rita Süssmuth
                                         Präsidentin des Deutschen Bundestages

Geleitwort

Das alljährliche April-Symposium des Heidelberger Club für Wirtschaft und Kultur ist zu einem festen Bestandteil nicht nur studentischer Initiativen sondern des Veranstaltungsprogrammes der gesamten Ruprecht-Karls-Universität geworden. Das Symposium findet darüber hinaus weite Beachtung in der deutschen Presse. Die Gründe für die Anziehungskraft und den Reiz der Symposien sind einfach auszumachen: Immer wieder gelingt es den studentischen Veranstaltern, erstens aktuelle und in die Zukunft weisende Themen aufzugreifen, ja oftmals der gesellschaftspolitischen Diskussion in Deutschland vorzugreifen, und zweitens hervorragende und bekannte Persönlichkeiten als Referenten zu gewinnen. Initiative und Realisation verdienen den Dank der Universität Heidelberg.

Auch das Thema "Im Rausch der Geschwindigkeit - wo steht der Mensch?" fordert zum Nachdenken heraus oder provoziert sogar. Ist der Rausch der Geschwindigkeit wirklich ein neues oder bevorstehendes Element des individuellen und gesellschaftlichen Lebens? Denkt man an die Dynamik des weltweiten wirtschaftlichen Strukturwandels muß man konstatieren, daß sie keinesfalls abrupt in diesem ausgehenden Jahrzehnt aufgetreten ist sondern sich seit Mitte des vorigen Jahrhunderts eher stetig, natürlich unterbrochen durch die beiden Weltkriege, vollzogen hat. Gleichwohl sind neue Dimensionen der internationalen Arbeitsteilung hinzugetreten. Die Senkung der Transport- und Kommunikationskosten lassen Räume zusammenwachsen und Informationen schneller übertragen. Diese Erhöhungen der Geschwindigkeiten beschleunigen durchaus den Wandel der Berufsbilder und erfordern höhere Anpassungsfähigkeiten des Menschen in seinem gesamten Berufsleben. Ist dies aber ein qualitativer Sprung?

Die Fragestellung des Symposiums läßt keine schnellen und eindeutigen Antworten zu. Das weite Spektrum der angeschnittenen Einzelthemen belegt dies. Diese Offenheit ist aber auch der Sinn einer derartigen Veranstaltung. Aus diesem Grund wünsche ich dem Tagungsband eine breite Aufnahme.

Heidelberg, im Oktober 1998

Prof. Dr. Jürgen Siebke
Rektor der Ruprecht-Karls-Universität
Heidelberg

Vorwort

'Tempus fugit', 'Die Zeit rinnt durch die Finger', 'Verweile doch': Das Gefühl von der davoneilenden Zeit ist wohl so alt wie die Menschheit selbst, und jede Generation erfindet sich von neuem ihr Horrorszenario einer atemberaubenden Geschwindigkeit, welche die Menschen überfordert und sich entfremdet und nur den Interessen weniger dient. Schon immer empfanden Menschen die Zeit als eine knapp bemessene Ressource, doch noch nie hat sich derart viel auf allen Ebenen und in immer rascherem Wechsel verändert wie in unserem Jahrhundert.

Als der Heidelberger Club für Wirtschaft und Kultur im Sommer 1997 begann, das Symposium „Im Rausch der Geschwindigkeit – Wo steht der Mensch?" vorzubereiten, war 'der Vater des Gedankens' der Wunsch, auf einem weitgespannten Forum das uralte Thema der Zeit und der Geschwindigkeit aufs neue und umfassend zu diskutieren und zu beleuchten. Aus den Vorträgen der eingeladenen Referenten ergibt sich ein buntes Spektrum der Meinungen zum Thema Geschwindigkeit. Wenn die Diskussionen auch heftig und durchaus kontrovers verliefen, so wurde dennoch deutlich, daß die Welt auf keine Mauer zu rast, vom Geschwindigkeitsrausch nicht benebelt ist, vor allem aber sich den Menschen der westlichen Industrienationen Tausende von neuen ungeahnten Möglichkeiten eröffnen: Medien spalten die Gesellschaft nicht, sie verbinden sie weltweit; Verkehr und Technik lassen sich besser koordinieren, und auch im Geschwindigkeits-Rausch bleibt der Mensch fähig sich anzupassen. Bei aller durchaus offen geäußerten Skepsis der Referenten überwog doch, könnte man zusammenfassend sagen, eine positive Grundstimmung, aus der optimistisch in eine von großen Chancen geprägte Zukunft geblickt wird.

Der Heidelberger Club für Wirtschaft und Kultur e. V. ist eine unabhängige, überparteiliche und an keine Weltanschauung gebundene Vereinigung von Studenten und organisiert seit 1988 jährlich ein dreitägiges Symposium. Es soll dies ein Versuch sein, die Lücke zwischen akademischer Theorie und beruflicher Praxis durch einen interdisziplinären Austausch zu überbrücken und einem interessierten Publikum die Möglichkeit zu bieten, im Dialog mit Wissenschaftlern, Politikern und Sachverständigen Entwicklungen zu hinterfragen sowie künftige Handlungsmöglichkeiten zu formulieren und so einen bereichernden Diskurs über ein Thema zu führen, welches Wirtschaft, Politik, Wissenschaft und Kultur gleichermaßen betrifft.

Seit seiner Gründung hat der Club folgende Symposien veranstaltet:

- 1989: Europa '92
- 1990: Ressourcen – Spiel mit Grenzen
- 1991: Freiheit – Freizeit – Berufung – Beruf
- 1992: Deutschland – quo vadis?
- 1993: Falsch programmiert?! – Herausforderung Informationsgesellschaft
- 1994: Werte – Worthülsen oder Wegweiser?
- 1995: Sozialfall Sozialstaat – wie sicher ist unsere soziale Sicherung?
- 1996: Globalisierung – der Schritt in ein neues Zeitalter
- 1997: Aus – Gebildet

Der Heidelberger Club wird durch das Engagement seiner Mitglieder getragen, doch ohne die Vielzahl von Sachmittelspenden und finanziellen Zuwendungen aus der Privatwirtschaft, sowie dem Honorar-Verzicht aller Referenten wäre die Durchführung der Symposien nicht möglich.

Der Heidelberger Club wird durch das Engagement seiner Mitglieder getragen, doch ohne die Vielzahl von Sachmittelspenden und finanziellen Zuwendungen aus der Privatwirtschaft sowie dem Honorarverzicht der Referenten wäre die Durchführung der Symposien nicht möglich.

Wir danken allen Referenten, die um der Sache willen angetreten sind, einem jungen studentischen Publikum Rede und Antwort zu stehen. Ebenso danken wir der Universität Heidelberg, den Firmen und Privatpersonen für ihre großherzige Unterstützung, sowie all denjenigen, durch deren ehrenamtliches Engagement die Verwirklichung des Symposiums erst möglich geworden ist.

Heidelberg, im Oktober 1998   Stephanie v. Sydow

Inhalt

Jean-Christophe Ammann

Der 6. *Kondratieff* und die Kunst – oder einmal mehr der Versuch, über die Kunst öffentlich nachzudenken

„Daß wir am Ende des zweiten Jahrtausends nicht mit Bestimmtheit wissen, in welcher Form wir das dritte betreten werden, das ist nichts Neues. [...] Aber diesmal wissen wir nicht einmal, wie die Zukunft aussehen soll. Kein Trend ist erkennbar, der uns, von allen unbezweifelt, über die Schwelle des Jahrtausends tragen könnte. Keine Methode ist sichtbar, die uns angibt, was wir uns wünschen sollen.

[...] Vor zehn Jahren noch hat man das Leben für so schön befunden, daß man im Zeichen ewiger Demokratie die Zukunft der Geschichte eingefroren hat. Jetzt stehen wir vor einer ganz anderen Situation: Wir haben nicht einen einzigen geistigen Anstoß – es sind ihrer zu viele, als daß sich einer allein durchsetzen könnte. Keinem von ihnen traut man die Kraft zu, sich gegen die vielen anderen zu behaupten.

[...] Es ist die Gottergebenheit ohne Glauben, mit der wir Zeitgenossen die Orientierungslosigkeit der anderen ebenso auf uns nehmen wie die eigene. Hoffnung und Verzweiflung koexistieren auf eine vertrackte Art.

[...] Weil die Vordenker mit dem Nachdenken nicht mehr nachkommen, ist eine stille, untheoretische Verstörung der Geisteszustand, mit dem wir das neue Jahrtausend auf die Schienen der Zeit setzen."[1]

„Das zu Ende gehende Jahrhundert hat sich eingehend mit Nukleinsäure und Proteinen beschäftigt. Das kommende wird sich auf die Erinnerungen und Begierden konzentrieren."[2]

Der russische Wissenschaftler und Ökonom Nikolai D. Kondratieff (1892-1938) ist der Schöpfer der Theorie der langen Wellen, die von Joseph Schumpeter in der Folge als Kondratieffzyklen standardisiert wurden. Folgt man dem faszinierenden Buch von Leo A. Nefiodow: Der sechste *Kondratieff*,[3] so befinden wir uns heute im 5. *Kondratieff*. Die Theorie der langen Wellen besagt, daß eine Basisinnovation eine Gesellschaft alle 40-60 Jahre völlig verändert, sowohl in der Struktur als auch im Denken: „Die lange Welle auf der Innovationsebene – der Kondratieffzyklus – ist somit kein periodisch ablaufender Zeitzyklus, sondern ein Zeit-

---

[1] Paul Noack, Die gespaltene Zukunft; in: Frankfurter Allgemeine Zeitung, 27.12.1997, Nr. 300

[2] François Jacob, Die Maus, die Fliege und der Mensch. Berlin 1998

[3] Leo A. Nefiodow, Der sechste *Kondratieff*. Bonn 1997

wie auch ein Strukturzyklus. Genauer: Jeder Kondratieffzyklus ist ein einmaliger, historischer Reorganisationsprozeß der Gesellschaft."[4]

Nikolai Kondratieff setzt mit seinen Untersuchungen im Jahre 1800 ein. Grob gesehen ergeben sich die Zyklen: Dampfmaschine / Baumwolle; Stahl / Eisenbahn; Elektrotechnik / Chemie; Petrochemie / Automobil; Informationstechnik. Die Basisinnovation, die den 5. Kondratieffzyklus bestimmt hat und weiterhin bestimmt, ist ab 1975 die Informationstechnik (Elektronik, Computertechnologie). Dieser 5. *Kondratieff* dürfte um 2015 auslaufen. Nefïodow fragt nun in seinem Buch, wie die Basisinnovation für den 6. *Kondratieff* aussehen könnte. Er lokalisiert zum einen die Bereiche: Information / Umwelt / Biotechnologie / optische Technologien / Gesundheit, zum anderen hält er die Kriterien fest, die den 5. und 6. *Kondratieff* voneinander unterscheiden.[5]

Für den 5. *Kondratieff* hält Nefïodow fest:
- Zentrale Rolle von Informatik und Informationstechnik
- Rationalisierung gut strukturierter Arbeitsabläufe
- Computergestützter Umgang mit sicherem Expertenwissen
- Optimierung von Energie- und Informationsflüssen in Organisationen
- Optimierung von Informationsflüssen zwischen Mensch und Maschine
- Vorherrschendes Entweder–Oder–Verhalten

Für den 6. *Kondratieff* bestimmt er folgende Kriterien:
- Zentrale Rolle der psychosozialen Kompetenz
- Rationalisierung wenig/unscharf strukturierter Arbeitsabläufe
- Computergestützter Umgang mit ungenauem Wissen
- Optimierung von Informationsflüssen zwischen Menschen
- Organisation der zwischenmenschlichen Beziehungen
- Sowohl–als–Auch–Verhalten setzt sich durch

Welche Schlußfolgerungen lassen sich für die Kunst aus den angeführten Kriterien ableiten? Diese Frage stellt sich um so mehr, als Nefïodow weder die Kultur im allgemeinen noch die Künste im besonderen auch nur andeutungsweise anspricht. Ganz offensichtlich aber setzt er den Menschen als Drehscheibe in den Mittelpunkt des 6. *Kondratieffs*: „'Weiche' Innovation – soziale, psychische und geistige – werden die für einen Langzyklus notwendigen Impulse bringen."[6] Und: „Information ist Beziehung. Dadurch, daß Information seit dem 5. *Kondratieff* zur wichtigsten Antriebskraft des Strukturwandels avanciert ist, rücken auch die verschiedenen Beziehungsebenen des Menschen in das Zentrum des Innovationsgeschehens. Eine solche Beziehung hin zum Menschen hat es in der Wirtschaft noch

---

[4] ebd. S. 201
[5] ebd. S. 102
[6] ebd. S. 105

nie gegeben."[7] Die 'psychologische Ebene' von der Nefïodow spricht, unterteilt er in eine spirituelle und eine seelische[8]: „Immaterielle Felder, die außerhalb des menschlichen Körpers existieren, können materielle Prozesse im menschlichen Gehirn in Gang setzen."[9]

Diese Erkenntnis, so Nefïodow, ist unabdingbar, wenn wir uns darüber einig sind, daß über Renaissance, Humanismus, Aufklärung und die moderne Wissenschaft das Mentale ins Zentrum der westlichen Kultur gelangt ist: „Mit der informationstechnischen Gesellschaft dürfte diese Entwicklung ihren Höhepunkt erreicht haben. Das Gehirn des Menschen ist nicht mehr in der Lage, das vorhandene und weiter wachsende Wissen der Welt aufzunehmen und zu verarbeiten. Die Komplexität der Welt entgleitet dem Menschen mehr und mehr."[10]

(Von André Malraux soll übrigens der Ausspruch stammen, das 21. Jahrhundert werde geistig sein oder nicht stattfinden.) Die Bildungsreform, die ansteht und die Nefïodow anspricht[11], entspricht auch der Tatsache, daß Investitionen in die Kreativität bisher viel zu wenig getätigt wurden. Kreativität aber ist eine Ressource, die ein unerhörtes Potential zu erschließen vermag, davon ausgehend, daß bis zu 50% einer zukünftigen Gesellschaft eine Wissensgesellschaft sein wird. Meine These, daß die Kunst immer wichtiger wird, meint nicht, daß immer mehr Kunstwerke unseren Horizont verbauen müssen oder sollen. Sie meint, daß die Erforschung von Kreativitätsprozessen allgemein und durch die Künstler im besonderen ein zentrales Anliegen sein wird.

Interessanterweise spricht Nefïodow stets vom Menschen, also von Mann und Frau gemeinsam. Er mag als Wirtschaftstheoretiker, der von einer starken ethischen Vorstellung christlicher Prägung getragen wird – und auf diese auch ausführlich eingeht[12], seine guten Gründe haben. Jedoch denke ich, daß die Frauen noch nie in der postmythischen Geschichte eine derart starke Position inne hatten wie heute. Frauen und weibliche Energie, die keineswegs nur frauenspezifisch ist, werden die künftige Gesellschaft genauso verändern, wie die von Nefïodow angesprochenen basisinnovativen Themen im nächsten Jahrtausend. Wenn der Mensch ins Zentrum gelangt, rückt auch die anthropologische Dimension ins Zentrum. Wenn Nefïodow die psychosoziale Ebene als die innovative vierte nach bisher drei dominierenden bezeichnet (Sensorik / Motorik; Bedürfnisse / Instinkte / Archetypen; Verstand / Vernunft / Selbstbewußtsein), so trifft er sich mit Joseph Beuys (1921-1986), dessen 'anthropologischer Kunstbegriff' jeden Menschen ins Zentrum rückt, insofern dieser Teil dessen ist, was er als 'Soziale Plastik' bezeichnet.

Ich zitiere Heiner Stachelhaus aus seinem schönen Buch über Joseph Beuys. Er schreibt, die Begriffe von Beuys verwendend: „Kreativität ist ein Volksvermö-

---

[7] ebd. S. 158
[8] ebd. S. 177
[9] ebd. S. 187
[10] ebd. S. 189 Vgl. LitVz Nr. 3, S. 228-239
[11] ebd. S. 101
[12] ebd. S. 228-239

gen. Der anthropologische Kunstbegriff bezieht sich deshalb auf allgemeine schöpferische Fähigkeiten. Sie kommen in Medizin und Landwirtschaft ebenso vor wie in Pädagogik, Recht, Ökonomie, Verwaltung. Der Begriff Kunst muß auf die menschliche Arbeit schlechthin ausgedehnt werden. [...]

Der 'erweiterte Kunstbegriff' führt unweigerlich zu dem, was Beuys die 'Soziale Plastik' nennt – eine völlig neue Kategorie der Kunst, eine neue Muse, die den alten Musen gegenüber auftritt. Rudolf Steiners 'anschauende Ästhetik' wird hier wirksam, auch sein 'sozialer Organismus': Geistesleben, Rechtsleben, Wirtschaftsleben – die Dreigliederung, die Voraussetzung für die Verwirklichung des Ideals von Freiheit, Gleichheit, Brüderlichkeit ist.

Mit der 'Sozialen Plastik' geht Beuys über das 'Ready-made' von Marcel Duchamp hinaus. Denn ihn interessiert nicht länger der museale, sondern der anthropologische Zusammenhang. Kreativität ist für ihn Freiheitswissenschaft. Alles menschliche Wissen stammt aus der Kunst, der Wissenschaftsbegriff hat sich aus dem Kreativen entwickelt. So hat allein der Künstler das Geschichtsbewußtsein geschaffen. Es kommt entscheidend darauf an, das Bildende in der Geschichte zu erfahren. Geschichte muß demnach plastisch gesehen werden. Geschichte ist Plastik."[13]

So wie Nefïodow die Frage nach dem 6. *Kondratieff* stellt, kann man, so scheint mir, erstmals die Frage nach der Kunst im 6. *Kondratieff* stellen. Erstmals deshalb, weil die Avantgarden dieses Jahrhunderts unser Vorstellungsvermögen stets überrollt haben. Oder anders ausgedrückt: Unser Vorstellungsvermögen war überhaupt nicht vorbereitet, die Frage zu stellen, was uns denn die nächste Künstlergeneration an innovativen Schüben, im Sinne einer tabula rasa, bescheren würde. Daß wir uns heute erlauben können, eine solche Frage zu stellen, hängt mit dem Ende der historischen Avantgarden zusammen, das zeitgleich mit dem Beginn des 5. *Kondratieff* zusammenfällt. Denn Mitte der 70er Jahre ging eine bestimmte Geschichte der Kunst, des Theaters und der Musik zu Ende (nicht des Films, denn dieser ist zu jung). An Stelle des utopisch angepeilten Horizontsegmentes erweiterte sich das Blickfeld zusehends um 360°. Fortan war jeder selbst aufgefordert herauszufinden, wo vorne, hinten, rechts oder links war. Ein Künstler konnte sich nicht mehr individuell innerhalb eines Stils positionieren, er mußte Bildinhalte und Bildsprache gewissermaßen täglich inhaltsabhängig selbst definieren. Die Verbindung mit dem Einsetzen des 5. *Kondratieffs* ist deshalb so interessant, weil die Information sich zusehends globalisierte, jeder gleichsam alles wissen konnte, und die stilbildende Funktion der Metropolen ein Ende fand.

Versuchen wir es wie folgt zu verstehen: Die Elektrizität wurde zu dem Zeitpunkt zur flächendeckenden gesellschaftsrevolutionierenden Innovation, als auch das letzte Küchengerät an den Strom angeschlossen werden konnte. Anders ausgedrückt: als das Potential Strom bis in seine feinsten Verästelungen aktualisiert werden konnte. Für die Elektronik, von der Elektrizität gespeist, gilt dasselbe: Sie wurde zu dem Zeitpunkt zur Basisinnovation, als der Chip immer leistungsfähiger

---

[13] Heiner Stachelhaus, Joseph Beuys. München² 1988, S. 82

und die Hardware transportabel wurde. Von der Kunst kann man sagen, daß sie sich von der Randerscheinung her mitten unter die Menschen begeben hat. Anders ausgedrückt: Die Kreativität ist nicht mehr eine Sache der sogenannten Eliten, eine Sache von wenigen Ausgewählten. Sie hat einen Verallgemeinerungsprozeß erlebt, der zunächst einmal positiv zu bewerten ist.

Das Problem ist, daß wir über Kreativität noch viel zu wenig wissen. Kreativität besteht eben nicht nur in der Fähigkeit des Kombinierens unterschiedlicher Sinn-, Bedeutungs- und Funkti-onsebenen sowie des Erkennens von daraus resultierenden Zusammenhängen. Kreativität verlangt nach der Fähigkeit, in sich selbst hineinzuhorchen. Nur wenige besitzen diese Fähigkeit. Neffodow postuliert diese Fähigkeit im Hinblick auf den 6. *Kondratieff*, also für eine zukünftige Gesellschaft. Das Diktum von Joseph Beuys: „Jeder Mensch ist ein Künstler" meint genau diesen Sachverhalt. Was Neffodow als das 'Psychosoziale' bezeichnet, benennt Beuys als die schöpferische, kommunikative Kompetenz des Einzelnen, im Rahmen seiner jeweiligen gesellschaftlichen Verantwortung. Beuys hat den Künstler explizit aus seiner Marginalisierung befreit. Er hat ihn mitten in die Gesellschaft integriert, auch als der Außenseiter, der er ist. Er hat damit potentiell einem jeden den Status der Kompetenz verliehen. (Der Künstler Joseph Beuys ist bei Neffodow nicht zu finden, was ich als außerordentlich wohltuend empfinde.)

Wenn der Mensch im Zentrum des 6. *Kondratieff* steht, kann das Thema der Kunst nur der Mensch sein. Das war er stets. Aber er könnte es noch viel spezifischer werden. Die merkwürdige Vorstellung eines 'gläsernen Menschen' kann doch nur das Gegenteil meinen. Je transparenter der Mensch aus wissenschaftlicher Sicht erscheinen mag, desto dunkler, mysteriöser und undurchsichtiger wird er.

Jede Kunst stammt aus der Erinnerung, aus dem Gedächtniskörper. Dieser Gedächtniskörper konstituiert sich aus einem genetischen, einem biographischen, einem erinnerten und einem kulturellen (kollektiven) Gedächtnis. Entscheidend ist, daß dieser Gedächtniskörper aus einem Bewußtsein und einem Denken von Gegenwart heraus handelt. Vielleicht kann man diesen Gedächtniskörper als eine Form des Selbst bezeichnen. Denn das Selbst ist die größte Grauzone im Menschen. Das Selbst handelnd zu erforschen, aus einem Bewußtsein von Gegenwart heraus, wäre somit ein Thema, das der übergreifenden Selbstfindung entspräche. Das Denken von Gegenwart ist das schwierigste, weil es ein übergreifendes Bewußtsein dieser Gegenwart voraussetzt. Gegenwart ist immer präzis und diffus zugleich. Aufgabe ist es, das Präzise diffus und das Diffuse präzis denken zu können.

Kunst dürfte sich in Zukunft verstärkt gegenläufig verhalten zu den Avantgarden im 20. Jahrhundert, die alle zehn Jahre eine neue Behauptung aufstellten. Die Grenzen zwischen den Generationen werden fließender, was nicht heißt, daß jede Künstlergeneration nicht alle zehn Jahre die Welt aus ihrer eigenen Sicht zu entdecken hat. – Die Kunst könnte im besten Sinne des Wortes archaisch werden.

Mit ein Grund dürfte sein, daß die Zentrierung auf den Menschen, diesen, jenseits von Egoismen, welcher Art auch immer, auf sich selbst aufmerksam macht. In dem Moment aber wird die Komponente Zeit, als genuin eigene Zeit zu einem wesentlichen Anliegen.

Nefiodow setzt das Ende des 5.*Kondratieff* zeitlich so an, daß die Informationstechnik ein Maß an Verallgemeinerung und Verinnerlichung erfahren haben dürfte, welche den Inhalten eine maßgebliche Priorität verleihe. Er schreibt: „Die Hardware wird zu einem so hohen technischen Leistungsstand ausgebaut, daß der menschlichen Phantasie im Hinblick auf neue Inhalte, multimediale Anwendungen und neue Geschäftsstrategien kaum noch Grenzen gesetzt werden."[14]

Daraus kann man für die Kunst zwei scheinbar gegensätzliche Strategien folgern. Zum einen können über neue Medien ungeahnte Werke entstehen, die eben beispielsweise gerade nicht auf den hektischen Schnitten unserer heutigen, bis in die Kunst hineinreichenden Alltagserfahrung beruhen. Zum anderen kann ich mir vorstellen, daß die Malerei, das Menschenbild und dessen Gegenständlichkeit eine Renaissance erfahren werden, denn die Langsamkeit der Pinselführung gleicht einem Hineinhorchen in den eigenen Resonanzkörper. Die Langsamkeit des Menschen ist sprichwörtlich, allein schon deshalb, weil er fast ein Drittel seiner Lebenszeit mit Kindheit, Jugend und Erwachsenwerden verbringt. Dieser Langsamkeit entspricht das Körpergedächtnis und stärker noch der Gedächtniskörper.

Was wissen wir über die Sichtweise der Künstlerinnen, wenn weibliche Kompetenz, gleichermaßen wie männliche, bestimmend in Gesellschaftsprozesse einfließt? Künstlerinnen haben in der Kunst keine Geschichte. Mit dem Ende der historischen Avantgarden, mit dem Beginn des 5. *Kondratieffs* setzt erstmals neben der Geschichte der Künstler auch eine Geschichte der Künstlerinnen ein. Dies gilt es schlicht und einfach zu bedenken.

Bekanntlich ist der beste Unternehmensberater noch kein Unternehmer und deshalb ersetzt auch das Austarieren möglicher Aktionsfelder im bildnerischen Bereich nicht den Künstler.

• Das Schaffen des Künstlers

Er arbeitet an etwas, dessen Endprodukt er nur sehr unscharf erkennen kann. Wüßte er im voraus, wie dieses Endprodukt aussieht, würde er wahrscheinlich das Tun unterlassen. Der Künstler ist kein Designer, der eine Form erprobt und anvisiert. Für ihn gilt das paulinische Wort, daß der Weg das Ziel ist. Der Künstler ist, weil zweckfrei, der beispielhaft Handelnde, er gleicht dem Forscher. Er hat zwar eine Vorstellung, aber er ist stets mit dem Scheitern konfrontiert. Denn das, was entsteht, entspricht möglicherweise nicht seiner Vorstellung, also verändert er das Tun oder er verändert die Vorstellung. Man kann auch sagen: das Tun verändert kontinuierlich die Vorstellung, weil das Tun wichtiger ist als die Vorstellung. Forscher und Künstler sind sich hier ganz nahe. Scheitert ein Forscher, wenn er statt des Anvisierten, also dem Auftrag, etwas ganz anderes an den Tag befördert? Man nennt dies 'spin-offs', also 'Abfallprodukte', die früher oder später unerwar-

---

[14] Leo A. Nefiodow, Der sechste *Kondratieff.* Bonn 1997, S. 100

teterweise ins Rampenlicht geraten. Der Künstler lebt von solchen spin-offs. Deshalb ist er so interessant für uns. Vor allem schafft ein Künstler nicht einfach Gegenstände. Der Künstler entwickelt über sein Tun ein bildnerisches Denken, das einer Sprache gleicht. Die Gegenstände, die er erschafft, sind Teil seiner Sprache und verkörpern sie. Damit in Zusammenhang steht die Schaffenszeit. Hierzu der Dichter Peter Hacks: „In der Tat hat jeder Künstler ein eingeborenes Tempo. Das eingeborene Tempo ist das Verhältnis von Arbeitsmenge je Arbeitsgeschwindigkeit. Der Künstler kann sich ungestraft weder antreiben noch bremsen. Er wird natürlich schlechter, wenn er schneller arbeitet, aber er wird auch nicht besser, wenn er langsamer arbeitet. Nimmt er sich mehr Weile, als er seiner Anlage nach benötigt, wird er durch Sorgfalt unsicher; es beginnt das Einarbeiten von Fehlern."[15]

• Die Arbeit des Künstlers

Erneut bringt es Peter Hacks auf den Punkt: „Der richtige Haushalt für den Künstler ist derjenige Haushalt, von dem er am wenigsten merkt. Kunstarbeit füllt die gesamte Seele. Des Künstlers ganzer Tag und Nacht sind Arbeitstag. Er befaßt sich aus freiem Willen mit der Welt; er darf von keinem Bestandteil der Welt genötigt sein, sich mit ihm zu befassen. Es ist bestimmt gut, wenn man ihn nicht stört. Worauf es also für ihn ankommt, ist Entlastung, und die größtmögliche Entlastung bietet vermutlich der Standard des gehobenen Mittelstandes."[16]

• Und was ist Kunst?

Es gibt zwei Antworten. Die eine, gemäß Carl Andre, lautet: „Kunst ist was Künstler tun", die andere kann nur heißen: ein Mysterium.

Die erste Antwort ist pragmatisch, richtig und unbefriedigend. Die zweite ist erklärungsbedürftig, aber wie ich meine, nicht weniger richtig. Wir können zwar all das aufzählen und erzählen, was Kunst ausdrückt, also die Formen der Kunst beschreiben und quer durch die Jahrhunderte und Jahrtausende deuten, aber damit haben wir noch nichts über die Kunst selbst gesagt. Da die Kunst so alt ist wie der Mensch denken kann, ist und bleibt sie ein mit der Natur des Menschen gekoppeltes Geheimnis. Da der Mensch aus der alttestamentarischen Sicht von Gott nach dessen Ebenbild geschaffen wurde, verlagerte dieser Schöpfergott seine Kompetenz in den Menschen als einen schöpferischen. So wie Gott nur tautologisch erklärbar ist, also selbstbezüglich, sprich: „Er, der ist" oder „Er, der sein wird", aber niemals: „Er, der geworden ist", ist Kunst, indem sie dem Wesen des Menschen eigen ist, begrifflich nicht weniger selbstbezüglich. Sie ist eine Form des Ausdrucks wie die Musik und der Tanz. Beide, so ein Anthropologe im Gespräch,

---

[15] Peter Hacks, Schöne Wirtschaft – Ästhetisch ökonomische Fragmente. Hamburg 1997, S. 29
[16] ebd. S. 18

seien möglicherweise dem Bildnerischen vorausgegangen. Als wir auf die Wandmalereien in der Grotte Chauvet, die vor zwei Jahren in der Ardèche entdeckt wurden, und deren Alter auf 40.000 Jahre geschätzt wird, zu sprechen kamen, meinte er, daß der Autor oder die Autoren weniger die dicht gedrängt sich bewegenden Herden festhalten wollten, als vielmehr das Geräusch der Hufe. So schwer nachvollziehbar auch dieser Gedanke ist, er überrascht, gewissermaßen durch die Umkehrung der Sichtweise.

Das bildnerische Denken des Künstlers entspricht einem schöpferischen Modell, das nicht 1:1 übertragbar ist, dessen Erkenntnisse jedoch sehr wohl extrapolierbar sind. Jedoch sind weder die Kohärenz des bildnerischen Denkens noch die Stringenz der einzelnen Schritte letztlich ausschlaggebend. Bestimmend sind die unverstellte Sicht, die Plötzlichkeit des Erkennens oder die kaum vorstellbare Kontinuität im Beharren. Vielleicht wäre hier der strapazierte Begriff der Poesie angebracht.

- **Der Künstler**

Ein Künstler muß nicht originell sein: Er mag noch so viele Einfälle haben, er mag 'witzig' sein, er mag sich spielerisch auf einer horizontalen Ebene bewegen. Aber damit hat es sich auch schon. Das Denken eines Künstlers muß originär oder genuin sein. Sein Verlangen muß sein, „die Wahrheit in Leib und Seele zu besitzen", schreibt Henry Miller über Arthur Rimbaud. Ein Künstler muß nicht schöpferisch sein – eine Tautologie – er muß seinen Weg gehen! Henry Miller spricht in bezug auf Rimbaud von einem 'minderen Paradies': „Es stellt den Zustand der Gnade des Menschen dar, der zur vollen Entfaltung seines Bewußtseins gelangt ist und durch die bedingungslose Bejahung seiner Hölle ein selbst geschaffenes Paradies entdeckt. Es ist die Auferstehung im Fleische."[17] Daran, so meine ich, wird sich auch in Zukunft nichts ändern.

- **Das Kunstwerk**

Erstens müssen wir festhalten, daß Kunst dort beginnt, wo der Geschmack aufhört! Jedoch kann der Zeitgeist Prioritäten setzen: Das 19. Jahrhundert hatte für Manierismus, Barock und Rokoko wenig Sympathien. Klassizismus und Renaissance standen im Vordergrund.

Zweitens: Das Training des steten Vergleichens führt zu einem hoch differenzierten Unterscheidungsvermögen. Was aber geschieht, wenn ich nicht vergleichen kann? Auch durch Erklären bewirktes Verstehen kann nie und nimmer die Intuition für das Besondere und Außergewöhnliche ersetzen.

Drittens: Dennoch kann das Verstehen eine Nachhaltigkeit erzeugen. Ich zitiere Hans Georg Gadamer: „Das sogenannte Schöne der Kunst aber hat Hegel als das sinnliche Scheinen der Idee definiert. Das soll gewiß kein bestimmtes Stilideal

---

[17] Henry Miller, Rimbaud oder Der große Aufstand. Zürich 1964, S. 143

formulieren, sondern eine philosophische Aussage über das sein, was Kunst als Kunst immer ist. Insofern wird zu fragen sein, wie diese Definition auch für die nachhegelsche Epoche und für unsere Zeit verstanden werden muß. Wie in dieser Definition der Begriff des Schönen durch Begriffe umgrenzt wird, enthält offenbar ein Äußerstes an Gegensatz, das Sinnliche und die Idee. [...] Das sinnliche Scheinen der Idee verkündet also im Grunde die Deckungseinheit von an sich gänzlich Geschiedenem, von Idee und Erscheinung. Das ist es auch wirklich, was wir alle an den großen Stilepochen der Vergangenheit der Kunst bewundern und was wir ebenso angesichts des Gelungenen in der Gegenwart erleben, diese ununterscheidbare, nicht unterschiedene Einheit von Erscheinung und Gehalt. [...] Die Deckungseinheit zwischen Idee und Erscheinung bleibt in gewissem Sinne eine gültige Definition des Schönen in der Kunst.[18]

- **Funktion der Kunst**

Hier schließt sich der Kreis mit den Überlegungen von Neffodow über den 6. *Kondratieff*. Wenn Kunst eine reale Symbolsprache ist, das heißt, eine Sprache, die konkrete Inhalte transportiert, dann werden die Bildsprachen der Kunst zu einem lebenswichtigen und lebenserhaltenden Kommunikationsmittel. Octavio Paz sagte einmal sinngemäß, Sprache und Sexualität verhielten sich zueinander wie die Poesie zur Erotik. Sprache und Sexualität seien funktionsbedingt, Erotik und Poesie seien reine Verschwendung, jedoch, so hält er lapidar fest, arterhaltende Verschwendung.[19]

Stärker als bisher wird sich die Kunst zum Menschen hin öffnen, wird sie Bilder und Emotionen, die ihn bewegen, in sich tragen, wird ihm das Staunen über sich selbst nahe bringen. Wie häufig sind Zweifel an der Gegenwartskunst zu hören bis hin zum kulturpessimistischen Reden vom Ende der Kunst. Ich zitiere Henning Ritter: „Alles ist durchgespielt, nur das Spiel selbst scheint noch zu fesseln. Der Umbau kultureller Konventionen, an dem die Kunst führend beteiligt war und dem sie ein beschleunigtes Tempo vorgegeben hat, ist als Gesamtprozeß beispiellos. Er wurde in Gang gesetzt, indem vor allem die Künste eine Emanzipation von Konventionen, eine Befreiung verursachten, die sich aber bald als illusionär herausstellte. Das Programm verwandelte sich deshalb in ein 'L'art pour l'art' der Befreiung. Wie bei Religionen nach dem Ausbleiben des Erlösers die Erlösungstat weiter gepredigt wird, wird hier das Neue weiter verkündigt, obwohl Neues nicht erscheint."[20]

Es ist gut, auch hier wieder Hans Georg Gadamer zu Worte kommen zu lassen. Er schreibt am Ende eines 1985 entstandenen Aufsatzes: „Doch vielleicht ist der Unterschied zwischen heutiger Kunst und früherer Kunst nicht so groß, wie er

---

[18] Hans Georg Gadamer, Das Erbe Europas. Frankfurt 1989, S. 72-73
[19] Octavio Paz, Die doppelte Flamme – Liebe und Erotik. Frankfurt am Main 1995, S. 14ff.
[20] Henning Ritter, Immergleiches Spiel der Überraschungen – Die Erschöpfte Freiheit der Kunst; in: Frankfurter Allgemeine Zeitung, 17.01.1998

meistens dann erscheint, wenn eine Gegenwart über ihre Gegenwart oder ihre jüngere Vergangenheit nachdenkt. Ein Ende der Kunst, ein Ende des nie rastenden Gestaltungswillen menschlicher Träume und Sehnsüchte, wird es so lange nicht geben, wie überhaupt Menschen ihr eigenes Leben gestalten. Jedes vermeintliche Ende der Kunst wird Anfang einer neuen Kunst sein."[21]

Aus der Sicht von Joseph Beuys, ich zitiere Stachelhaus: „Er geht von der Prämisse aus, daß der traditionelle Kunstbegriff zwar große und entscheidende Signale gesetzt, daß aber 'dieser große signalhafte Charakter die große Mehrheit der Menschen allein gelassen hat'. Er müsse sich fragen, für was denn eine solche Tragik ein Signal war: 'Hier wurde mir das Kunstwerk zum Rätsel, für das der Mensch selbst die Lösung sein mußte – das Kunstwerk ist das allergrößte Rätsel, aber der Mensch ist die Lösung. Hier ist die Schwelle, die ich kennzeichnen will als das Ende der Moderne, das Ende aller Traditionen. Wir werden gemeinsam den sozialen Kunstbegriff entwickeln als ein neugeborenes Kind aus den alten Disziplinen.'"[22]

Diese Worte stammen aus dem Vortrag, den Beuys 1985 in den Münchner Kammerspielen gehalten hat. Der Titel lautete: Reden über das eigene Land.

Zum Schluß zwei bedenkenswerte Worte. Zuerst jenes des Bundespräsidenten. Am 5. November 1997 sagte Roman Herzog in seiner Berliner Grundsatzrede zur Bildungsreform: „Ich warne davor, unsere Überlegungen zur Bildungsreform allein auf Naturwissenschaften, Technik und Wirtschaft zu konzentrieren. Wir werden auch diese Disziplinen Grenzüberschreitungen aus den Geisteswissenschaften und der Kunst aussetzen müssen, vor allem aus der Ethik und umgekehrt."

Sodann jenes von Kurt Weidemann, Designer und Unternehmensberater: „In dem Maße, wie wir Geschwindigkeiten und Beschleunigungen auf eine nicht mehr erfaßbare Weise hochgetrieben haben, sind unsere Sinnfragen zum Stillstand gekommen. Wir treiben uns in die Einsamkeit. Das vernichtet das Geistesleben. Wie sollte man da ein entspannteres Verhältnis zur Zeit, für Zeitvergehen und Zeitgewinn, bekommen. Jeder versucht seiner Gegen*wart* – zunehmend hemmungsloser – einen Gegen*wert* abzujagen. Das gibt dem Dasein kein Bewußtsein mehr."[23]

---

[21] Hans Georg Gadamer, Das Erbe Europas. Frankfurt 1989, S. 86
[22] Heiner Stachelhaus, Joseph Beuys. München² 1988, S. 85
[23] Kurt Weidemann, Wortarmut – im Wettlauf mit der Nachdenklichkeit. Karlsruhe 1995, S. 70

Heinz Dürr

Die Entdeckung der Geschwindigkeit
Die Zukunft der Bahn

Ich freue mich, über die Zukunft der Bahn im Zusammenhang mit der Entdeckung der Geschwindigkeit sprechen und ihre wirtschaftlichen und gesellschaftlichen Potentiale verdeutlichen zu können.

Sie bieten eine ungeheure Vielfalt auf diesem Symposium: Von der Geschwindigkeit im Unternehmen, über die Geschwindigkeit im Denken, bis zum schnell erreichbaren Glück. Auch ich werde versuchen, etwas beizutragen. Wenn ich von der Zukunft der Bahn sprechen soll, muß ich zunächst mal mit der Geschichte beginnen, denn unser Wahlspruch ist der Satz von Odo Marquardt, „Zukunft braucht Herkunft". Die Bahn hat eine großartige Herkunft und sie hat eine brillante Zukunft; was uns ein bißchen Schwierigkeiten macht, ist die Gegenwart. Aber auch hier werden wir die Dinge in Bewegung bringen. Sie wissen alle, daß die Bahn im 19. Jahrhundert die Triebkraft für den industriellen Fortschritt auf vielen Gebieten war, so z.B. in der Technik oder für die Entwicklung von Gebieten. Selbst die Revolution von 1848, über die ja zur Zeit viel gesprochen wird, wäre ohne die Bahn überhaupt nicht denkbar gewesen. So war die Bahn für die Revolutionäre das Fortbewegungsmittel schlechthin, bevor sich die ‘Obrigkeit’ ihrer bemächtigte. Weiterhin bildet die Entwicklung der Eisenbahn die Basis für einen Großteil des heutigen Ingenieurwissens. Selbst die in den dreißiger Jahren gebauten Autobahnen, wären ohne die Reichsbahn nicht denkbar gewesen, denn nur die Reichsbahner hatten für ein Infrastrukturprojekt dieser Größe die nötige Erfahrung. Damit haben sie dann praktisch ihren eigenen Konkurrenten auf die Beine gestellt!

Die Bahn erlebte ihren eigenen Niedergang nach dem Zweiten Weltkrieg hauptsächlich durch den Aufstieg des Automobils. Dieser Aufstieg zeigte sich im übrigen schon vor dem Zweiten Weltkrieg an, aber erst in den Nachkriegsjahren verlor die Bahn endgültig das Rennen gegen das Automobil. Dabei spielten einige Dinge eine Rolle: Die Bahn war alt und bekannt, das Auto aber war neu, es bedeutete Fortschritt und Kreativität und war ein Symbol für die Aufbruchsstimmung der fünfziger Jahre. Hinzu kam, daß die Bahn als Behörde überhaupt keine Chance hatte, mit den privatwirtschaftlich organisierten anderen Verkehrsträgern – Auto, Flugzeug oder Binnenschiffahrt – zu konkurrieren. Denn in einer Behörde kommt es nicht auf das Ergebnis an, sondern auf das Einhalten der Vorschriften: Die Mutter aller Dinge ist die Vorschrift – und ein wenig auch der Rechnungshof.

Diese Einstellung trug nicht gerade zur besseren Verständigung mit der freien Wirtschaft bei; man bewegte sich quasi auf zwei Ebenen. Entsprechend fielen die Marktanteile, die die Bahn nach dem Kriege noch hatte, sehr stark – im Personenverkehr von etwa 35-40% auf 6%. Der Siegeszug des Automobils dagegen war unaufhaltsam.

Ein bißchen anders ist das in der DDR gewesen. Dort war man zur Benutzung der Reichsbahn praktisch gezwungen, und im Güterverkehr ging es sogar so weit, daß alle Transporte über 50 km per Gesetz mit der Bahn transportiert werden mußten. Für einen LKW-Transport war eine Sondergenehmigung notwendig. Dennoch war 1989 die Reichsbahn in einem verrotteten Zustand.

Immer wieder wurden Anläufe genommen, um die Bundesbahn zu sanieren. Denn zum einen war ein Zustand erreicht worden, der nicht mehr haltbar war, zum anderen wurden auch die Zahlungen der Steuerzahler immer größer, mit denen das ständig wachsende Loch, das die Bahn in den Haushalt gerissen hatte, gestopft werden mußte. Insgesamt gab es 17 Versuche, die Bahn zu reformieren, und erst der 17., die Regierungskommission Bundesbahn, war dann erfolgreich. Hilfreich für die Bahnreform waren die völlig neuen verkehrspolitischen Gesichtspunkte, die sich durch Wende und Öffnung der östlichen Länder ergeben hatten: Deutschland wurde plötzlich das Transitland Nummer 1 in Europa. Jeglicher Verkehr von Ost nach West, von West nach Ost, von Nord nach Süd und von Süd nach Nord muß durch Deutschland hindurch. Für das deutsche Straßennetz ist dadurch eine kaum zu bewältigende Belastung entstanden. Das erkannten auch Politik und Bundesregierung, die, und hier ist der eigentliche Umschwung zu sehen, der Bahn eine Chance geben, sie nun wirklich nach vorne bringen und mehr Verkehr 'auf die Schienen' verlegen wollten.

Das Ergebnis war die Bahnreform, an der ich neben vielen anderen auch beteiligt war. Dadurch jedoch, daß die Bundesbahn als Behörde im Grundgesetz verankert war, war die Reform ein hochpolitisches Thema. Die Bundesbahn wurde in dem gleichen Artikel 87 erwähnt, in dem auch Außenministerium und Finanzministerium aufgeführt sind. Die Bundesbahn war somit auf den selben Prinzipien aufgebaut wie die politischen Behörden, was für die Umstrukturierung ein großes Problem bedeutete. Wenn die Bahn sich wie ein 'normales Unternehmen' verhalten, und in eine Aktiengesellschaft umgewandelt werden sollte, – bei einer Größenordnung von 30 Milliarden DM Umsatz geht es kaum ohne Aktiengesellschaft – um sich zu rentabilitieren, mußte das Grundgesetz geändert werden, das heißt: man brauchte eine 2/3-Mehrheit und somit das Einverständnis der Opposition. Dieses ist in einem schwierigen politischen Prozeß, in Überzeugungsarbeit, durch Reden vor Gewerkschaften und Beamtenbund – die Bahn hat bis heute noch sehr viele Beamte – gelungen. Wohl wurde das Ergebnis auch beschleunigt durch die Erkenntnis, daß eine Umstrukturierung der Bahn dringend erforderlich sei. Um der Bahn die Möglichkeit zu geben, als Aktiengesellschaft wenigstens gleich von vornherein schwarze Zahlen schreiben zu können, hat sie der Bund entschuldet und hat die ganzen alten Schulden von 60 Milliarden getilgt. Sie wissen ja alle, daß in einem Unternehmen, das grundsätzlich Verluste macht, die Motivation der Mitarbeiter kaum möglich ist. Das endet oft in einer 'Egal-Haltung' denn „wenn wir 10 Milliarden Defizit haben, dann kommt es ja nicht darauf an, was ich in meinem Bahnhof mache, ob ich da 50.000 Mark spare." Diese schwarze Null, für die ich immer plädiert habe, und die mit der Bahnreform erreicht werden mußte, um Einnahmen und Ausgaben zumindest zu nivellieren, ist psychologisch von großer Bedeutung.

Der Bund hat eine Regelung für die Finanzierung der Infrastruktur und auch den Nahverkehr gefunden, denn ohne Subventionen des Steuerzahlers ist der Nahverkehr in Europa und auch in Deutschland nicht möglich. Zur Erläuterung möchte ich einige Zahlen nennen – sicher benutzen viele von Ihnen den Nahverkehr: Der Gesamtumsatz des Nahverkehrs der DB AG liegt bei 11 Milliarden DM, davon kommen 3 Milliarden DM aus dem Fahrkartenverkauf und 8 Milliarden DM vom Steuerzahler. Dieses Geld geht direkt an die Länder, die bei uns die Züge bestellen, die eingesetzt werden sollen.

Seit dem 1. Januar 1994 sind wir eine Aktiengesellschaft; das sind jetzt vier Jahre und alle vier Jahre waren positiv. Der Steuerzahler muß weniger zahlen, die Bahn hat positive Ergebnisse erzielt, wir haben neue Angebote gemacht. Aber von Anfang an waren wir uns völlig darüber im Klaren, daß die Umstrukturierung der Bahn nicht nur durch Umlegen eines Schalters erfolgt, sondern daß ein langfristiger Prozeß nötig sei, der bis zu zehn Jahren dauern könnte. Es ist eine Frage der Geschwindigkeit, denn heute sind die ersten vier Jahre bereits vorbei, und die nächsten sechs kommen wahnsinnig schnell. Soll die Bahn weiterkommen, dann muß sie durch Leistung überzeugen. Die politische Hochhaltung allein nutzt nicht viel, denn in der Politik ändert sich die Wetterlage schnell: Wird am Sonntag noch positiv für die Bahn gesprochen, wird bereits am Montag der nächste Autobahnanschluß in Betrieb genommen.

Einige unserer Ziele möchte ich anhand des Personenverkehrs verdeutlichen, der Güterverkehr kann aber genauso parallel gesehen werden. Wie bekommen wir mehr Kunden, wie bekommen wir mehr Verkehr auf die Schiene? Kunden werden nur durch mehr Komfort und kürzere Reisezeiten geworben. Die Preise spielen natürlich auch eine Rolle, aber die Preisangebote sind, richtig verglichen, in den meisten Fällen positiv. Von Bedeutung ist auch unser sogenannter „komparativer Konkurrenzvorteil". Die Bahn kann prinzipiell auf die Minute pünktlich sein müßte, da sie die Gleise allein benutzt. Das Thema hat einen sehr hohen Stellenwert bekommen, denn Pünktlichkeit wird bei der Bahn ganz anders gemessen als z.B. beim Auto. Stehen Sie eine Stunde im Stau, haben Sie vielleicht sogar noch ein persönliches Glücksgefühl. Im Eisenbahnverkehr ist der Gast schon nach fünf oder zehn Minuten ungehalten. Und natürlich ist die Verspätung manchmal auch noch größer. Das Problem liegt darin, daß Betrieb und Maschinen veraltet sind und Lokomotiven mit einem Durchschnittsalter von fast 30 Jahren plötzlich ausfallen können, weil sie müd' und alt sind. Pünktlichkeit ist aber bei uns ein absoluter Schwerpunkt, und hier wird sehr viel getan. Unter meinem Nachfolger, Herrn

Ludewig, hat sich das bereits sehr gebessert, und 95 - 96% aller Züge kommen pünktlich. Zum Vergleich: Als ich 1991 bei der Bahn angefangen habe, waren es nur 68%.

Zweiter wichtiger Punkt ist der Komfort in den Zügen. Besonders die neuen ICE-Züge, 60 der ersten Generation und 44 der zweiten sind in dieser Hinsicht hochmodern. (Die dritte Generation kommt 1999 auf die Schienen. Sie hat den großen Vorteil der Mehrstromanlage. In Europa haben wir bekanntlich ja verschiedene Stromsysteme. Wir haben 16 $^2/_3$ Hertz, die anderen haben 50 Hertz. Unter Umständen braucht eine Lok auf dem Weg von Heidelberg nach Paris drei verschiedene Stromsysteme. Bisher mußte bei jedem System die Lok ausgewechselt werden; der neue ICE kann diese Schwierigkeiten nun durch moderne Leistungselektronik bewältigen.) Nicht nur die Züge, auch die Trassen müssen weiterentwickelt werden, denn die Hochgeschwindigkeitszüge (bereits bestehend: Mannheim - Stuttgart, im Bau: Köln - Frankfurt) brauchen neue Trassen. Um jedoch hohe Investitionen in die Infrastruktur zu vermeiden, mußte eine moderne Lösung für die Nutzung der vielen alten, noch vorhandenen Trassen gefunden werden. Hier kommen sogenannte Neigezüge 'zum Zuge'.

Neben hochwertigen Zügen ist der Komfort der Bahnhöfe eines der größten Themen, die wir haben. Hier ist auch eine Lösung für unser drittes Ziel zu suchen: Der Verkehr kommt über die Bahnhöfe auf die Schiene. Sind diese verkommen und verdreckt, wird sich niemand, der nicht unbedingt muß, darin aufhalten. Die Behörde Bahn selbst hat für Bahnhöfe praktisch nichts tun können. Denn in einer Behörde gilt nun einmal das Haushaltsrecht. Da der Mehrgewinn durch Sanierung eines Bahnhofes nicht vorherzusagen und zu errechnen ist, schien eine Verbesserung unnötig zu sein. Die Deutsche Bahn AG hat ein Programm von 30 Milliarden DM entwickelt, um alle Bahnhöfe in Ordnung zu bringen. Insgesamt gibt es über 6000 Bahnhöfe und Haltestellen in Deutschland. Darunter sind allein 250 große Bahnhöfe, von denen jeder Millionen DM und viel Zeit verschlingt.

Verbesserungen sind auch für die Abwicklung einer Reise geplant. Der normale Reisende will von A nach B, muß dazu, vielleicht noch mit einer Zwischenstation, von seinem Haus zum Bahnhof fahren, von da zu seinem Reiseziel und eventuell auch wieder zurück. Um diese Mobilitätskette muß sich die Bahn kümmern, sie muß bequemer, einfacher und durchlässiger werden. Kooperation mit dem Automobil und die Informationstechnologie, sind der Schlüssel zu Produktivität und zu mehr Kundenfreundlichkeit bei der Bahn. Informationstechnologie vereinfacht ja schon weitgehend die Steuerung der Züge, die hauptsächlich über Signale von außen gesteuert werden. Längst ist der Fahrplan auf dem Rechner, per Funk kommen die Daten in die Lok, werden dort verarbeitet, und es wird danach gefahren, und mit Hilfe des Global Positioning System kann die aktuelle Position jedes Zuges jederzeit kontrolliert werden. Damit sind Stellwerke überflüssig geworden. Nun wird daran gearbeitet, Informationstechnologien auch einzusetzen, um die Orientierung der Kunden zu vereinfachen und sie besser über die Züge, Anschlüsse, Anfahrtswege etc. zu informieren. Auch die Bezahlung der Bahnfahrkarten soll bequemer und einfacher werden. Es ist ein großer Nachteil, daß der Kunde, will er nicht einen Zuschlag zahlen, seine Karte vor Abfahrt des Zuges lösen muß. Eine Möglichkeit wäre sicher eine Kreditkarte, die vor dem Einsteigen und nach dem Aussteigen elektronisch gelesen, und von der am Ende des Monats der entsprechende Betrag abgebucht wird. Diese Art der bargeldlosen Bezahlung verbraucht weniger Kosten und Zeit und gewinnt für den Fernreisenden damit an Attraktivität.

Soweit die Verbesserungen auf technischer Ebene, auf dem Bahnhof und in der Kundenbetreuung. Ansprechen möchte ich nun noch die Bedeutung der Geschwindigkeit, bzw. die eigentliche Reisezeit, denn die mögliche Geschwindigkeit eines Zuges ist für den Reisenden nur insofern von Bedeutung, als sie sich mit der tatsächlichen Reisezeit deckt. Denn es nützt nichts, wenn der Hochgeschwindigkeitszug, wie auf der Strecke von Mannheim nach Stuttgart, 270 km/h fahren kann, und auf den Nebengleisen ab Kornwestheim mit 60 in den Bahnhof bummelt. Würde man direkt in den Bahnhof fahren, so wie das in Stuttgart gerade geplant wird, könnte man die Geschwindigkeit verringern, die eigentliche Länge der Reisezeit aber beibehalten. Natürlich sind die Ingenieure immer wieder begeistert, wenn sie 350 km/h fahren und gekränkt, wenn eine andere Eisenbahn einen neuen Weltrekord aufgestellt hat. Doch dieser nützt dem Reisenden, den Kunden der Eisenbahn, nichts.

Größter Konkurrent der Eisenbahn ist nach wie vor das Automobil. Besonders deutlich ist das am Beispiel des Güterverkehr zu sehen, der immer wieder in den Diskussionsmittelpunkt gerät, sobald die Autobahnen verstopft sind. Eine Alternative ist der sogenannte „kombinierte Verkehr“: Die Waren werden per LKW zu dem nächsten Umschlagbahnhof transportiert, auf den Zug geladen und am Zielort wieder per LKW in die nächste Fabrik gebracht. Leider ist dieser Vorgang ziemlich kompliziert, insbesondere das zweimalige Umladen. Damit sich das Prozedere für die Unternehmen lohnt, muß die Bahn auf ihrem Hauptlauf, zwischen den beiden Umschlagstationen, schneller fahren, als der direkt von A nach B fahrende LKW. Die Bahn wird also versuchen, ihre Durchschnittsgeschwindigkeit immer weiter zu erhöhen. Heute fährt der ICE im Durchschnitt etwa 130 km/h, seine Spitzengeschwindigkeit liegt bei 270 km/h und die Normgeschwindigkeit bei 250 km/h. Beim IC sind die Differenzen ähnlich: Bei einer Spitzengeschwindigkeit von 200 km/h mit den neuen Lokomotiven 120 und 101 hat er nur eine Durchschnittsgeschwindigkeit von 97 km/h, da er in den großen Knotenpunkten sehr viel Zeit verliert. Bis zum Jahr 2002 sollen sich die Durchschnittsgeschwindigkeiten des IC von 97 km/h auf 130 km/h erhöhen. Das Ziel ist eine Reisegeschwindigkeit von etwa 150 km/h im Durchschnitt. Am schnellsten wird dieses Ziel wohl bei den Neigezügen erreicht werden, in die im Augenblick sehr viel investiert wird. Diesen Punkt möchte ich noch einmal betonen: Für die Bahn ist es im Augenblick wichtiger, in die Knotenpunkte als in die Hochgeschwindigkeitszüge zu investieren, um eine gleichmäßige, schnelle Reisezeit zu erlangen. Zur Verdeutlichung einen Blick auf Frankfurt am Main, einer der hauptbefahrensten Bahnhöfe und besonders wichtiger Knotenpunkt. Die Züge, Güter- und Personenzüge, kommen von allen Seiten, ständig, beinahe ohne Unterbrechung. Oft genug müssen Züge vor dem Bahnhof auf einen freien Platz warten.

Das liegt auch an einem schweren Fehler aus der Vergangenheit: Auf dem gleichen Gleis konkurrieren die Nahverkehrszüge, die Fernverkehrszüge und die Güterzüge. Die letzteren werden oft zur Seite gestellt, wenn ein Nahverkehrszug die Trasse braucht, haben somit also eine noch längere Fahrtzeit. (Das TGV-Netz der Franzosen z.B. liegt völlig separat von den anderen Trassen.) Wir haben nun unsere Hochgeschwindigkeitsgleise so gebaut, daß sie auch von schweren Güterzügen benutzt werden können. Leichte Güterzüge, die auch 160 km/h fahren können, beeinträchtigen den normalen Personenverkehr nicht. Es muß also eine Trennung zwischen leichten und schweren Güterzügen stattfinden, das sogenannte 'Netz 21'.

An einigen Beispielen und Zahlen möchte ich die Reisezeit näher bestimmen: Die Dauer für die Strecke Stuttgart – Mannheim, derzeitig 40 Minuten, soll auf 30 Minuten verkürzt werden, die Dauer für die Fahrt Berlin – Dresden, heute zwei Stunden, soll auf eine Stunde verkürzt werden. Die Strecke Berlin – Hannover, heute 2h40, soll schon in diesem Herbst in 1h40 bewältigt werden, die Fahrtzeit Berlin – Frankfurt liegt bei 4h40, betrüge sie 3h, wäre die Eisenbahn mit dem Flugzeug konkurrenzfähig. Hier ist immer wieder interessant, wie schnell die Gesamtreisezeiten, nicht die Hochgeschwindigkeit, der Bahnfahrten sind. Beispiel Köln-Rhein-Main: Es ist langwierig von Frankfurt ins Ruhrgebiet zu fahren, denn die Fahrt bis Köln braucht entlang dem Rheintal 2h15. Die sechsspurige Autobahn erlaubt jedoch, außer vielleicht am Freitag mittag, relativ zügig durchzukommen. Die Autofahrt ist hier noch schneller und somit insbesondere für Geschäftsleute attraktiver. Die neue Trasse wird nun parallel zur Autobahn gebaut, auch um weitere Landschaftszerschneidungen zu vermeiden, und soll im Jahre 2000 fertiggestellt sein und im Jahr drauf in Betrieb genommen werden. Die Fahrtzeit von Frankfurt nach Köln wird von 2h15 auf 1h reduziert, die Strecke wird also deutlich schneller zu bewältigen sein als mit dem Auto, insbesondere bei der Weiterfahrt nach Düsseldorf.

Die Deutsche Bahn AG hat große Pläne und Ideen, die Investitionen und intelligente Steuerungstechniken verlangen. Es ist aber durchaus möglich, so die Konkurrenz mit dem Automobil aufzunehmen.

Zum Schluß noch einige grundsätzliche Gedanken zum Reisen im Zug. Ein Reisen, das gänzlich anders verläuft als die Reise im Auto oder im Flugzeug, das also auch eine andere Einstellung verlangt. Ist im Zug die Zeit für Gespräche, Meditation, Essen, Lesen etc. vorhanden, fehlt sie im Flugzeug durch die Hektik der An- und Abreise, die schnelle Ankunft am Zielort fast völlig. Sich für die Zugfahrt die Zeit nehmen, sie nutzen und sie leben, das könnte man in Verbindung setzen mit dem Begriff vom sogenannten "temporalen Doppelleben" des Menschen, den der Philosoph Odo Marquardt einst geprägt hat. Er sagt zum einen: „Unsere Zeit ist Frist. Das Leben ist kurz. Darum können wir nicht beliebig lange warten, sonst verpassen wir unser Leben, denn unsere Zukunft ist todesbedingt kurz. So müssen wir also ungeduldig sein und eilen. Was wir an Neuem erreichen wollen, müssen wir schnell erreichen." Es ist also die Kürze unseres Lebens, das Wissen um die Endlichkeit der Zeit, die uns Menschen zwingt, immer schneller zu werden, mit 350 km/h zu reisen. Jedoch frage ich mich, ob das ein anthropologisch vertretbares Maß ist. Zweitens sagt Marquardt: „Unsere Zeit ist befristet, das Leben ist kurz. Darum können wir nicht beliebig viel Neues erreichen. Uns fehlt die Zeit dazu, denn unser Tod kommt einfach zu schnell für viele Innovationen. Das limitiert unsere Veränderungsfähigkeit, unsere Schnelligkeit" – das ist dann der Interregio. Die Menschen, so Marquardt, seien durch ihre Lebenskürze zur Schnelligkeit gezwungen. Und die moderne Welt forciert natürlich diese Schnelligkeit so, als ob es möglich wäre, die menschliche Langsamkeit besiegen zu können. Die moderne Welt als beschleunigter Prozeß wird dann zur reinen Fortschrittswelt, das Innovationstempo wächst, die Dinge veralten viel schneller als früher. Der Kollege Lübbe, auch ein Philosoph wie Odo Marquardt, spricht dann davon, daß das Veränderungstempo gesteigert wird, weil "die methodische Neutralisierung der menschlichen Langsamkeit, vor allem der Traditionswelt, als ein harmonisierter Prozeß durchgeführt wird". Lapidar formuliert heißt das, daß Traditionen beseitigt werden, damit Mensch und Welt sich schneller drehen können. Auch die Eisenbahn ist Tradition, selbst wenn die Züge noch so schnell fahren, ja, selbst wenn sie magnetgetrieben sind. Damit wird die Bahn eigentlicher Teil des zweiten Teils dieses temporalen Doppellebens. Denn die Menschen sind durch ihre Lebenskürze eben auch zur Langsamkeit gezwungen, sie sind herkunftsbezogen langsam, sie wollen in vertrauter Umgebung leben und bleiben. Kleine Kinder seien ein Beispiel für die Übernahme der eigenen Langsamkeit in die Schnelle der heutigen Zeit, so Odo Marquardt: „Die, für die die Welt in ihrer Wirklichkeit so neu und fremd ist, als für Kinder die Erwachsenenwelt, tragen ihre eiserne Ration an Vertrautem ständig bei sich und überall mit sich herum, ihren Teddybären." „Die Kinder", so sagt er weiter, „würden so ihr Vertrautheitsdefizit mit der schnellen Welt der Erwachsenen durch eine Dauerpräsenz des Vertrauten kompensieren." Bei Erwachsenen findet man ein ähnliches Verhalten: Sie tragen ihren Teddybären in Form eines Klassikers mit sich herum, eines Almanachs, (Mit Goethe durch das Jahr), oder sie halten an Vertrautem fest, geben sich Geborgenheit, in dem sie Traditionen bewahren, so die Fahrt mit der Eisenbahn. „Je schneller die Zukunft modern, für uns das Neue wird", so Marquardt weiter, "desto mehr Vergangenheit müssen wir teddybärengleich in die Zukunft mitnehmen und dafür immer mehr Altes auskundschaften und pflegen. Zukunft braucht Herkunft." Die Frage, ob der Bahn dieser psychologische Spagat in diesem temporalen Doppelleben gelingt, die Frage, ob z.B. dem Rat, "Reisezeit ist Lesezeit" gefolgt wird, diese Frage müssen die Reisenden selber beantworten.

Horst W. Opaschowski

Macht Geschwindigkeit glücklich?
Zukunftsperspektiven von Freizeitverhalten, Mobilität und Schnellebigkeit

Nach einer alten persischen Sage hat ein Höfling seinem König ein kunstvolles Schachbrett geschenkt. Als Lohn dafür erbat er sich demütig nur ein einziges Getreidekorn für das erste Feld auf dem Schachbrett und für jedes weitere Feld die doppelte Kornzahl. Großzügig ließ sich der König auf diesen bescheidenen Wunsch ein. Das war sein Fehler. Denn am Ende war er zahlungsunfähig. Schon auf das zehnte Feld entfielen 512 Körner, auf das 21. über eine Million. Ja, es gab seinerzeit gar nicht so viele Getreidekörner auf der Erde, wie für das 64. Schachfeld hätten bezahlt werden müssen. Der König hatte mit linearem, nicht aber mit exponentiellem Wachstum gerechnet. Die Wachstumskurve erreichte ganz unerwartet astronomische Höhen - nämlich die unvorstellbare Zahl 18 mit 18 Nullen, was 263 entsprach. Der König hätte also etwa 25 Milliarden Lastwagen voll mit Getreide ordern müssen ...

So dramatisch wie im Märchen kann durchaus auch die Zukunftsentwicklung im Bereich von Freizeit und Mobilität sein. Was zunächst ganz problemlos erscheint, kann sich als gigantische Explosion entpuppen. Als beispielsweise Aldous Huxley vor über sechzig Jahren seinen Zukunftsroman 'Schöne Neue Welt' schrieb, da war er davon überzeugt, daß wir bis zum 6. oder 7. Jahrhundert 'nach Ford' noch viel Zeit hätten: Von der ständigen Ablenkung durch Unterhaltungsangebote des Sports und der Musicals über die Verabreichung einer pharmakologisch hervorgerufenen Glückseligkeit bis zur Abschaffung der Familie reichte der Spannungsbogen seines ebenso phantasievollen wie zynischen Bilds einer neuen Gesellschaft. Doch schon knapp drei Jahrzehnte später (1959) mußte Huxley eingestehen: „Die Prophezeiungen von 1931 werden viel früher wahr, als ich dachte."

Die Zukunftsentwicklung hängt auch davon ab, ob wir gewillt sind, aus dem Wissen von heute einen Handlungsbedarf für morgen zu erkennen. Es reicht wohl nicht aus, wenn wir der Generation nach dem Jahr 2000 verkünden: Das haben wir alles schon gewußt! – aber keine Antwort auf die Frage geben können: Warum habt ihr denn nichts dafür oder dagegen getan?

Im Mittelpunkt meiner Zukunftsforschung steht der Wandel der Lebensgewohnheiten. Dabei geht es weniger um das, was ist – sondern mehr um das, was sich verändert. Konkret:

* Was hat sich verändert?
* Was kommt auf uns zu?
* Und wie werden wir damit fertig – was müssen wir also heute tun, um das Morgen meistern zu können?

Stellen Sie sich einmal folgende Zukunftsperspektive vor: Die technologischeEntwicklung ermöglichte nur mehr 40 Prozent der Bevölkerung eine bezahlte Tätigkeit am Arbeitsplatz. Diese gingen regelmäßig ihrer Alltagspflicht nach, um die übrigen 60 Prozent der Bevölkerung mit dem Lebensnotwendigen zu versorgen: „Das soziale Netz wäre nicht mehr so engmaschig wie früher, der Lebensstandard geringer, die Lebensweise bescheidener. Arbeit wäre nur mehr für wenige da. Die Arbeitsgesellschaft würde – unter Einbußen zwar – weiterleben können, doch die Vollbeschäftigungsgesellschaft wäre am Ende, die Anspruchsgesellschaft auch. Wird der Einstieg in die 35-Stunden-Woche zum sozialen Abstieg? Weniger arbeiten und weniger verdienen gehören wohl unmittelbar zusammen. An einer Senkung der Realeinkommen kommt kaum einer vorbei." Dies ist keine Beschreibung von heute, sondern war vielmehr meine Prognose für heute – geschrieben vor 15 Jahren im Jahre 1983.

Andererseits: Sind wir nicht schon auf dem besten Wege dorthin? Wie sähe das Szenario eigentlich heute – aus der Sicht von 1998 – aus? Fast genauso! Nehmen wir ein konkretes Beispiel: Zur Zeit werden immer mehr Autos mit immer weniger Mitarbeitern gebaut. Und in den nächsten fünf Jahren soll die Produktivität weiter gesteigert werden. Jeder Arbeiter soll dann pro Jahr 22 Autos (und nicht mehr nur wie heute 14) bauen. Die Produktivität nähme in fünf Jahren um über 50 Prozent zu, obwohl im gleichen Zeitraum nur 26 Prozent mehr Autos benötigt würden. Daraus folgt: **Die Produktivität steigt in Zukunft schneller als der Absatz und die Nachfrage.**

Mein erstmals in den achtziger Jahren prognostiziertes Modell einer '40-zu-60-Gesellschaft' droht mittlerweile fast Wirklichkeit zu werden: Nur mehr 34,5 Millionen Erwerbstätigen stehen heute 47,5 Millionen Nichterwerbstätige gegenüber, was der Formel 42 zu 58 entspricht. Zwei Beschäftigte müssen für drei Nichtbeschäftigte aufkommen. Doch dies scheint nur die Spitze eines Eisbergs zu sein. 500 führende Politiker, Wirtschaftsführer und Wissenschaftler aus allen Kontinenten haben unlängst auf einer Weltkonferenz in San Francisco ein zynisch anmutendes Zahlenpaar ernsthaft diskutiert: Die '20-zu-80-Gesellschaft'. 20 Prozent der arbeitsfähigen Bevölkerung sollen im kommenden Jahrhundert ausreichen, um die Weltwirtschaft in Schwung zu halten: „Mehr Arbeitskraft wird nicht gebraucht."[1] 80 Prozent der Bevölkerung sollen ohne Job bleiben. Alles dreht sich dann nur noch um die Frage, wie das wohlhabende Fünftel den sogenannten 'überflüssigen Rest' auf Dauer beschäftigen könne.

Unter dem derzeit am meisten diskutierten Stichwort 'Globalisierung' ist nichts anderes als die Verteilung der Arbeit rund um den Globus gemeint. Konkret: der weltweite Export von Arbeitsplätzen. Damit wird aber auch zwangsläufig

---

[1] vgl. Martin/Schumann 1996, S. 12

ein Teil des materiellen Wohlstands und der sozialen Wohlfahrt exportiert. **Mehr Wohlstand für alle kann nicht mehr garantiert werden**. Die sozialen Leistungen gehen spürbar zurück, weil es weniger Arbeitsleistungen gibt.

Gleichzeitig wird die Arbeit für die privilegierten **Fulltime-Jobber** immer intensiver und konzentrierter, zeitlich länger und psychisch belastender, dafür aber auch – aus der Sicht der Unternehmen – immer produktiver und effektiver. **Die neue Arbeitsformel für die Zukunft lautet: 0,5 x 2 x 3**, d.h. die **Hälfte** der Mitarbeiter produziert **doppelt** so viel mit einer **dreifach** so hohen Arbeitsproduktivität wie früher. Die ständige Arbeitsproduktivitätssteigerung bewirkt, daß nun immer weniger Mitarbeiter immer mehr produzieren. Höhere Produktivität erweist sich dabei kaum als Mittel zur Verhinderung von Arbeitslosigkeit, sondern trägt ganz im Gegenteil eher zum weiteren Abbau von Arbeitsplätzen bei.[2]

Der amerikanische Sozialforscher Jeremy Rifkin aus Washington sagt uns für die Zukunft gar ein 'Ende der Arbeit'[3] voraus. Die neuen Informationstechnologien rotten die Arbeit praktisch aus. Bereits im Laufe der nächsten 25 Jahre werden wir die Abschaffung der Fließbandarbeit im Produktionsprozeß erleben: Das Industriezeitalter schaffte die Sklavenarbeit ab, das neue Informationszeitalter schafft die Massenbeschäftigung ab. Ist eine Welt fast ohne menschliche Arbeit überhaupt vorstellbar - und wenn ja, mit welchen Folgen?

Die italienischen Psychologen Fausto Massimini und Antonella delle Fave[4] interviewten italienische Bauern in den hochgelegenen Bergtälern der Alpen, die von der industriellen Revolution weitgehend verschont geblieben sind. In ihren Interviews kam zum Ausdruck, daß die Bauern ihre Arbeit nicht von ihrer Freizeit unterscheiden konnten. Bei den Interviewern entstand ein doppelter Eindruck: Die Bauern arbeiteten sechzehn Stunden am Tag oder sie arbeiteten überhaupt nicht. Sie melkten Kühe, mähten Wiesen, erzählten ihren Enkeln Geschichten, spielten Akkordeon für Freunde. Und auf die Frage, was sie denn gern tun würden, wenn sie mehr Zeit zur Verfügung hätten, kam die Antwort: Kühe melken, Wiesen mähen, Geschichten erzählen, Akkordeon spielen ... Für ihr ganzes Leben galt und gilt eigentlich nur ein Grundsatz: „Ich tue, was ich will." Das Leben, auch das Arbeitsleben, bot und bietet ständig und gleichermaßen Herausforderungen dafür.

Politik und Wirtschaft sollten sich rechtzeitig auf den sich ankündigenden Wertewandel in Richtung auf eine **neue Gleichgewichtsethik**[5] einstellen und mehr fließende Übergänge zwischen Berufs- und Privatleben schaffen. Insbesondere die junge Generation befindet sich derzeit auf dem Wege zu einer neuen Lebensbalance. Leistung und Lebensgenuß sind für sie keine Gegensätze mehr. Ganz anders, als es in den 70er und 80er Jahren befürchtet und diagnostiziert worden war, hat sich die Einstellung der jungen Generation zu Arbeit und Leistung entwickelt: Die befürchtete Leistungsverweigerung fand und findet nicht

---

[2] vgl. Charles Handy/Walter Ch. Zimmerli 1997
[3] Rifkin 1996
[4] Massimini u.a. 1991
[5] vgl. Strümpel 1988

statt. Im Zeitvergleich der letzten Jahre ist beispielsweise erkennbar, daß **Leistung und Lebensgenuß** immer gleichgewichtiger beurteilt werden. Die Einstellung der jungen Generation läßt darauf schließen, daß Leistung und Lebensgenuß ihren Alternativ- oder gar Konfrontationscharakter verloren haben. Offensichtlich gehören Leistung und Lebensgenuß einfach zum Leben dazu. Kein Lebensgenuß ohne Leistung. Umgekehrt gilt auch: Lebensgenuß lenkt nicht mehr automatisch von Leistung ab. Und wer sein Leben nicht genießen kann, wird auf Dauer auch nicht leistungsfähig sein.

Das Lern- und Leistungsziel der Zukunft heißt Lebensunternehmertum: Der Arbeitnehmer als Leitfigur des Industriezeitalters wird zunehmend abgelöst von einer Persönlichkeit, die gegenüber dem eigenen gesamten Leben eine unternehmerische Grundhaltung entwickelt – im Erwerbsbereich genauso wie bei Nichterwerbstätigkeiten. Prononciert: **Jeder sein eigener Unternehmer!** Dies kann je nach Lebenssituation bedeuten, daß z.B. einmal dem Partner, den Kindern oder einem sozialen Engagement das Hauptgewicht gewidmet wird, „während zu einem anderen Zeitpunkt die gesamte Energie in den beruflichen Erfolg einfließt."[6]

In die Zukunft projiziert ergibt sich das Bild einer neuen Arbeitspersönlichkeit, die vom Wertewandel der letzten Jahrzehnte gezeichnet ist. **Selbständigkeit heißt dann die wichtigste Arbeitstugend der Zukunft.** Der unselbständig Beschäftigte kann nicht mehr Leitbild sein. Und die klischeehafte Rollenverteilung „Der Arbeiter arbeitet – und der Chef scheffelt" gilt schon lange nicht mehr. Der 'neue Selbständige' ist gefragt, bei dem Persönlichkeitsentwicklung genauso wichtig wie berufliche Fortbildung ist.

Arbeitnehmer, die Ideen und Mut haben, müssen sich selbst zunehmend **auch als 'Unternehmer' verstehen.** Auf dem Weg in das 21. Jahrhundert reicht es nicht mehr aus, wenn nur neun Prozent der Berufstätigen selbständig sind – eine Selbständigenquote, die europaweit nur noch von Dänemark unterboten wird. Arbeitnehmer müssen daher selbst etwas unternehmen, d.h. zum Existenzgründer werden und ihre neuen Arbeitsplätze selber schaffen. Die Erfahrung lehrt: Jeder Existenzgründer schafft im Durchschnitt vier bis fünf weitere Arbeitsplätze. Nur so hat die bezahlte Arbeit in den westlichen Wohlstandsländern noch eine Wachstumschance.

Seit mehr als dreißig Jahren favorisiert die Bevölkerung beim Medienkonsum Fernsehen, Zeitunglesen und Radiohören. Daran hat sich bis heute nichts geändert: Fernsehen, Zeitunglesen und Radiohören stellen nach wie vor die am meisten genannten Beschäftigungen dar. Die überwältigende Mehrheit der Bevölkerung hält an ihren alten Konsumgewohnheiten fest. Für Neuheiten auf dem Medienmarkt fehlt den meisten das technische Verständnis, die finanziellen Mittel und auch die nötige Zeit. Neuere Sozialforschungen[7] weisen nach, daß die intensive Multi-Media-Nutzung in der privaten Lebensgestaltung **keine Zeitspareffek-**

---

[6] Lutz 1997, S. 133
[7] vgl. Lüdtke 1994

te hat, vielmehr entgegengesetzt im Sinne einer **Zeitfalle** wirkt. Die Interaktion mit Multi-Media 'vereinnahmt' die Zeitressourcen der Konsumenten. Die Folgen sind Streß und chronische Zeitnot.

Vor zwei Jahren beschäftigten sich z.B. lediglich 12 Prozent der Bevölkerung nach Feierabend mit dem Computer, im vergangenen Jahr sind es 14 Prozent gewesen, also gerade zwei Prozent mehr. Wo ist da die elektronische Revolution geblieben? Da der Anteil der Jugendlichen immer kleiner wird, gleicht der Multimediazug ins 21. Jahrhundert eher einem Geisterzug, in dem sich derzeit ein paar Nintendo- oder Sega-Kids geradezu verlieren, während die Masse der Konsumenten nach wie vor 'voll auf das TV-Programm abfährt'. Im Jahr 2000 wird der Anteil der PC-**Nutzer** vielleicht bei maximal 20 Prozent liegen. Bis also die Mehrheit der Bevölkerung ihre Freizeit multimedial verbringt, vergehen noch zwanzig bis dreißig Jahre. Bis dahin gehen die meisten Menschen nach Feierabend lieber aus und bleiben nicht On-line allein zu Haus ...

Die hohen Erwartungen an das internationale Computer-Netzwerk ('Internet') haben sich bisher nicht erfüllt. Unaufhaltsam soll sich das Internet in aller Welt ausbreiten. Doch die Wirklichkeit sieht anders aus: **Lediglich zwei Prozent der Bevölkerung surfen gelegentlich im Internet durch die Welt. 92 Prozent aber 'zappen' lieber im Fernsehen regelmäßig durch die Programme.** Und auch für Teleshopping kann sich nur ein Prozent der Bevölkerung begeistern, während 99 Prozent den traditionellen Einkaufsbummel attraktiver finden. s

Unsere aktuellen Umfragen weisen nach, daß es weit weniger Netz-Surfer gibt als allgemein angenommen oder vermutet. Die elektronischen Datennetze liegen voll im Trend, die Konsumenten liegen lieber auf der faulen Haut. Hauptursachen hierfür sind nicht nur Bequemlichkeit oder Mangel an Zeit, sondern vor allem Kompetenzdefizite: Der Cyberspace wird fast nur von Höhergebildeten bevölkert. Die problemlose Datensuche im Handumdrehen wird vor allem von Universitätsabsolventen beherrscht, während der Anteil der Haupt- und Volksschulabsolventen bei unter 0,5 Prozent liegt. Die typischen Internet-User sind auch nicht die 14- bis 17jährigen Multimedia-Kids, sondern eher die jungen Erwachsenen im Alter von 20 bis 24 Jahren. **Die meisten Konsumenten nutzen ihren PC lediglich als Schreibmaschine** für das Briefeschreiben oder vergnügen sich bei Spielprogrammen. Programmieren (3%) und Datenbankanwendung (4%) oder Video-, Bild- und Musikbearbeitung (jeweils 2%) stellen mehr die Ausnahme als die Regel dar. Und selbst für die Internet-User gilt das, was der Sprecher eines Computer-Clubs kürzlich so auf den Punkt brachte: "Wir wissen ja auch nicht, wo wir hin wollen, aber wir werden auf jeden Fall als erste dort sein".

Resümee: **Der Internet-Boom ist einstweilen eine Legende.** Anno '98 gleicht der Information-Highway keiner Datenautobahn, sondern einem Trampelpfad, auf dem sich ein paar elektronisch Gebildete geradezu verlieren. Für die Masse der Konsumenten sind Videospiele einfacher und Fernsehen bequemer. Die von der Medienbranche geschürte Euphorie, wonach der Computer schon in den nächsten Jahren allgegenwärtig und überall in den Wohnzimmern steht, drückt mehr Wunschdenken als Wirklichkeitssinn aus. Natürlich ist aus der Sicht der Anbieter alles überall und jederzeit möglich – aber nicht umsonst. Es kostet Zeit, Geld und Nerven. Die multimedialen Unterhaltungsangebote wachsen schneller als die Nachfrage der Konsumenten. Statt im Internet oder in acht Sekunden um die Welt zu surfen, surfen die Konsumenten doch lieber vor Sylt auf dem Wasser. Also: Wir leben nicht in einer Informationsgesellschaft, wir reden nur seit über zehn Jahren davon. Die **multimediale Zukunft** wird kommen – aber nicht morgen früh.

Dies macht auch die Aussage des Medienwissenschaftlers Nicholas Negroponte verständlich, wonach manche Menschen in den Entwicklungsländern schneller Online-Dienste in Anspruch nehmen als die Bevölkerung in Deutschland, „weil die meisten Länder der sogenannten Dritten Welt keine Geschichte mit sich herumtragen und deren Bevölkerung meistens auch jünger ist."[8] **Abendländische Kultur** und Geschichte sowie eine immer älter werdende Gesellschaft können zur größten **Innovationsbremse** für die Zukunft der Informationsgesellschaft in Deutschland werden.

Selbst Bill Gates meldet neuerdings erhebliche Zweifel an. In einem Interview gab er unlängst selbstkritisch zu, daß technischer Fortschritt allein nicht mehr ausreicht. Die Menschen müssen sich ändern – sonst ändert sich auch nichts auf dem Weg in die Informationsgesellschaft. Die **Menschen** aber – so muß er eingestehen – „**ändern nur langsam ihre Gewohnheiten**", ja oftmals ändern sich Verhaltensweisen „**erst mit einer neuen Generation.**"[9] Die Informationsgesellschaft kann und wird es also im Jahr 2000 noch nicht geben. Es dauert Jahre und manchmal auch ein bis zwei Generationen, bis sich die Menschen an Neues gewöhnen.

Stellen Sie sich einmal das folgende unvorstellbare Zukunftsszenario vor: In hundert Jahren wachen Sie eines Morgens aus Ihrem Tiefschlaf auf und stellen fest, daß Sie noch immer mit der Hand schreiben können, von Ihrem Schreibtisch Briefumschläge und Papier nicht verschwunden sind und auch die Tinte im Füller nicht vertrocknet ist. Sie öffnen den Mund – und ein Laut kommt heraus. Sie haben es auch dann nicht verlernt, miteinander zu kommunizieren, laut zu lachen und sich die Hände zu schütteln.

Sicher: Die Kinder werden in Zukunft lieber mit dem Home-Computer als mit dem Holz-Baukasten spielen. Nur: Die multimediale Entwicklung wird bis dahin weder unser menschliches Kommunikationsbedürfnis beeinträchtigen noch unser Interesse am Lesen von Büchern, Zeitungen und Zeitschriften verkümmern lassen. Und je mehr sich Telebanking und Teleshopping ausbreiten, desto größer wird unser Bedürfnis nach persönlichen Kontakten und Sehen-und-gesehen-Werden beim Einkaufsbummel sein. Denn: **Die Sinne konsumieren weiter mit.** Auch im Jahr 2010 werden die meisten Menschen keine Telearbeiter sein, sondern wie bisher eher müde von der Arbeit nach Hause kommen, sich vor den Fernseher

---

[8] Buchreport Nr. 21 vom 23. Mai 1996, S. 10
[9] Interview vom 18. Mai 1997 in WELT am SONNTAG, S. 64

setzen und mit nichts anderem als ihrem Partner oder ihrem Kühlschrank interagieren...

Damit aber nicht genug. Der Konsument von morgen will möglichst 'alles' haben, zur Ruhe kommen und gleichzeitig rund um die Uhr mobil sein wollen. Kommen bald amerikanische Verhältnisse auf uns zu? Fast alle Prognosen für die Zukunft gehen von einer weiteren Steigerung der Auto-Mobilität aus. Das vorausgesagte Multimedia-Zeitalter zwischen Bildtelefon und Videokonferenz, Telearbeit und Teleunterricht wird den Anteil des Berufsverkehrs sinken und den Freizeit- und Urlaubsverkehr weiter steigen lassen. Denn der mobile Mensch sucht auch in Zukunft: „Null Kilometer Langeweile ..." Zeit- und Raumgewinn stellen eher vorgeschobene Gründe dar. Vielmehr ist anzunehmen, daß die Zeit subjektiv so wertvoll wird, daß sie einfach 'genutzt' werden muß – **um möglichst viel zu erleben**.

Weder der Drang ins Grüne oder Freie noch der Wunsch nach Orts- oder Tapetenwechsel motiviert die Menschen am meisten zu massenhafter Mobilität. Was nach Meinung der Bevölkerung dieses Mobilitätsbedürfnis am ehesten erklärt, ist die **„Angst, etwas zu verpassen."** Viele haben die Befürchtung, geradezu am Leben vorbeizuleben, wenn sie sich nicht regelmäßig in Bewegung setzen. Motorisierte Mobilität entwickelt sich insbesondere bei Männern nicht selten zum körperlichen Bewegungsersatz. Vielleicht sind manche Männer im Grunde ihres Herzens immer noch Jäger oder Cowboys, die auf ihren Pferden durch die weite Prärie reiten und das Wild oder die Rinder vor sich hertreiben. Wenn kein Pferd oder Rind in der Nähe ist, dann kann es auch ein Auto sein ...

Die künftige Generation wird also auch eine mobile Generation sein, die 'nur ja nichts verpassen' will. Das Nomadisieren („Heute hier – und morgen fort") gehört dann immer dazu. Unsere Befragungsergebnisse bestätigen geradezu Analysen des Amerikaners Vance Packard aus den siebziger Jahren, der seinerzeit der Frage nachging, warum die Menschen immer unzufriedener, anspruchsvoller und rastloser werden – im Grunde genommen nicht auf irgendein Ziel hin, sondern immer von etwas weg. Packard nannte dieses Phänomen das „Kalifornien-Syndrom".[10] **Das Kalifornien-Syndrom basiert auf den beiden Wohlstandssäulen Geld und Zeit:** Aus jedem Tag und jeder Stunde muß soviel wie möglich herausgeholt werden. Man lebt und konsumiert im Hier und Jetzt: „Lebe dein Leben, genieße es – so lange du kannst." Hauptsache, die Langeweile ist ganz weit weg.

Eine chinesische Delegation war unlängst im Ruhrgebiet zu Gast. Mit einer deutschen Expertengruppe von Verkehrspolitikern fuhr diese Delegation aus China durch Nordrhein-Westfalen. Bei der Ankunft auf dem Ruhr-Schnellweg B 1 ging nichts mehr: Die Autos standen in einem gigantischen Stau, die Luft war schlecht – doch die Stimmung der Chinesen gut. Warnend und fast beschwörend appellierte dennoch der Sprecher der Deutschen an die ausländische Delegation: „Setzen Sie in China nicht so stark auf die Autos", ließ er den Dolmetscher über-

---

[10] Packard 1973

setzen. „Schauen Sie her, zu was das bei uns geführt hat." Die Chinesen sahen sich wechselseitig relativ verständnislos an und gaben dann dem Dolmetscher die Frage zurück: „Wieso macht Ihr Deutschen es denn, wenn es so blöd ist?"[11] Recht haben sie. Offensichtlich ist bei den meisten Autofahrern – trotz Stau – die Lust immer noch größer als der Frust – sonst würden sie es doch nicht tun. Werden also die 400 Millionen Chinesen, die heute noch mit dem Fahrrad fahren, in Zukunft mit 400 Millionen Autos unterwegs sein, weil auch sie etwas erleben wollen?

Andererseits könnte man auch fragen: Wird Mobilität nicht sinnlos, wenn sie im chronischen Stau endet? Mobilität heißt immer mehr Freizeitmobilität und immer weniger Berufsverkehr. Auf einen Kilometer Arbeitsweg kommen heute schon zwei Kilometer Wegstrecke für Freizeitfahrten. Und auch in Zukunft sind beim Freizeitverkehr (einschließlich Ferienverkehr) die meisten Zuwächse zu erwarten. In der wachsenden Umweltbelastung durch mehr Autoverkehr 'sieht' die Bevölkerung zwar ein großes Umweltrisiko – 'handelt' selbst aber ganz anders. Im Interessenkonflikt zwischen Sommersmog und Sommerfreuden entscheiden sich die meisten Autofahrer nach wie vor für das eigene Freizeitvergnügen.

Die Zahlen sprechen für sich: Das Jahr 1998 begann wieder einmal spektakulär auf den Straßen – mit einem Rekordstau von 150 Kilometern Länge von Salzburg bis München und stundenlangem Kriechtempo bis Nürnberg sowie teilweisem Stop-and-go-Verkehr bis Frankfurt: Die Weihnachtsferien gingen für Hunderttausende von Pkw-Urlaubern zu Ende ...

Verkehrspolitiker stehen einer neuen Herausforderung gegenüber: Je mehr Gedanken sie sich um Lösungen für sogenannte 'Zwangsverkehre' (Berufs-, Ausbildungs-, Wirtschaftsverkehr) machen, desto stärker wachsen die sogenannten **"Wunschverkehre"** (Freizeit-, Urlaubs-, Einkaufsverkehr). Auf immer mehr Straßenabschnitten werden die Belastungsgrenzen im Feierabend-, Wochenend- und Ferienverkehr erreicht oder überschritten: „Auch fährt man im Pkw und in der Freizeit selten allein."[12] Jeder Autofahrer bringt im Durchschnitt etwa **drei Tage pro Jahr im Stau** zu. Etwa **4,5 Milliarden Stunden** gehen in Staus verloren. Und ein Ende der wachsenden Freizeit- und Urlaubsmobilität ist nicht absehbar.

Alle Anzeichen sprechen dafür, daß die freizeitmobile Lust am Autofahren in den nächsten Jahren weiter zunimmt. Für die meisten Bürger ist das Autofahren selbst schon eine Freizeitbeschäftigung, während öffentliche Verkehrsmittel die Menschen nur zur Freizeit 'transportieren'. Hingegen beginnt für viele mit der Fahrt im eigenen Auto das Freizeitvergnügen oder setzt die Urlaubsstimmung ein. Vorteile von öffentlichen Verkehrsmitteln stellen sich bei näherem Hinsehen meist nur als Schwachstellen des Autos dar. **Bisher leben öffentliche Verkehrsmittel fast nur von den Defiziten des Autos** (z.B. Parkplatzsuche, Staus, Umweltprobleme). Öffentliche Verkehrsmittel liefern mehr Argumentationshilfen

---

[11] Holzapfel 1995, S. 218
[12] Heinze/ Kill 1997, S. IX

für als Alternativen gegen den Autoverkehr.

Die Vernunft spricht sicher für die Förderung des öffentlichen Personennahverkehrs, aber das eigene Auto liegt den meisten Menschen doch „näher am Herzen". Aus Gründen einer vernünftigen Gesundheitsvorsorge werden sich Autofahrer zeitweilig (z.B. bei Sommersmog) mit gesetzlichen Restriktionen (z.B. Fahrverboten) sicher arrangieren. Ansonsten aber leben sie lieber mit überlasteten Straßen oder chronischem Stau, als daß sie freiwillig ihr Freizeit-Recht auf Mobilität und ihre Freude am Autofahren aufgeben. Illusionslose Aussichten für die Zukunft: Die Freizeitlawine rollt weiter...

Techniker, Planer und Politiker sollten sich daher in Zukunft nicht nur mit technologischen Neuerungen, sondern auch mit der Psychologie der Menschen beschäftigen. Fehleinschätzungen und Fehlprognosen sind vorprogrammiert, wenn in den Zukunftsplanungen die erlebnispsychologischen Bedürfnisse der Menschen nicht stärker berücksichtigt werden.

Das Auto wird in Zukunft nicht nur ein Ausdruck automobiler Freiheit sein können. Ganz im Gegenteil: Es kann sich genauso zu einem **Vehikel großer Abhängigkeit** entwickeln. Denn durch größere Geschwindigkeiten gewinnen wir nicht mehr Zeit: Weil wir uns immer schneller bewegen können, legen wir auch immer größere Entfernungen zurück. Auf diese Weise sind wir eher länger unterwegs als früher und unser subjektives Gefühl nimmt zu, wir stünden unter größerem Zeitdruck.

Höhere Geschwindigkeit und höhere Ansprüche bezahlen wir letztlich mit mehr Zeit. Zu den Stunden, die wir im Wagen unterwegs sind, müssen wir jene hinzuzählen, „die wir brauchen, um das Geld zu verdienen, das ein Auto mehr als das Bahnfahren kostet."[13] Das Auto als Zeitsparmaschine ist eine Illusion. Im gleichen Maße, wie es Zeit sparen hilft, verführt es zu immer weiteren Strecken. Die Folge: **Explosion des individuellen Aktionsradius**, so daß die scheinbar gewonnene Zeit wieder „zurückinvestiert wird in längere Entfernungen".[14] Und die Freizeitmobilität wird eher ein „Krieg gegen die Zeit"[15] – davon jährlich etwa 65 Stunden im Stau. Und alle Versuche zur Überlistung der Zeit tragen eigentlich nur zur Verlangsamung bei – sozusagen von Stau zu Stau. Was wir in Zukunft brauchen und wiedererlernen müssen, ist eher eine Lebenskunst der neuen Gelassenheit, die sich mit Gemächlichkeit arrangiert. Andernfalls würden sich alle nur noch fortbewegen, aber kaum mehr treffen.

Die Automobilindustrie kann dem gehetzten Freizeitkonsumenten auf der **Suche nach der 'verlorenen' Zeit** nur scheinbar entgegenkommen. Verbesserte Technik und erhöhte Sicherheit können keine Garantie für den Gewinn und Genuß an freier Zeit sein. Schließlich läßt sich der Freiheitsgrad der eigenen Freizeitnutzung nicht einfach an der Zahl der gefahrenen Kilometer messen. „Freie Fahrt für freie Bürger" kann auch heißen: Weniger oft Auto fahren, damit die

---

[13] Klingholz 1988, S. 46
[14] Sachs 1990, S. 217
[15] Bastian 1991, S. 517

Zufahrten zu attraktiven Freizeit- und Urlaubszielen frei bleiben und nicht „Wegen Überfüllung geschlossen" werden müssen. Freizeitmobilität kann doch nur dann ein Stück Lebensqualität sein, wenn sie als Ausdruck bewußten Lebens 'nach Maß' verwirklicht wird. Wer sich danach sehnt, die Seele baumeln zu lassen, muß auch die „Seele auf Rädern"[16] einmal stillstehen lassen können.

Die derzeitige Angebotsflut im Konsum- und Medienbereich hat viele Beschäftigungen attraktiver gemacht, den Konsumenten zugleich aber Streß und Hektik beschert: Die Frage „Was zuerst?" oder „Wieviel wovon?" beantwortet der gestreßte Konsument in seiner Zeitnot mit Zeitmanagement: In genausoviel Zeit werden mehr Aktivitäten 'hineingepackt' und untergebracht, schnell ausgeübt oder zeitgleich erledigt. Die neue Erlebnisgeneration agiert nicht alternativ – z.B. PC-Nutzung **statt** Bücherlesen oder Video **statt** Radio. Für sie heißt es eher: Video + Radio + Computer + Buch + Free TV + Pay TV + Teleshopping + Einkaufsbummel + Wochenendfahrt ... **Sie will alles und von allem noch viel mehr.**

Wieviel Beschleunigung kann der Mensch eigentlich ertragen? „Im internationalen Wettbewerb verändert sich das Warenangebot so schnell, daß selbst Dreißigjährigen die Konsumwelt von wenige Jahren jüngeren Teenagern fremd ist".[17] Daraus folgt: Bei diesem beängstigenden Lebenstempo bleiben viele Menschen auf der Strecke. So droht eine Orwell-Vision Wirklichkeit zu werden: „Wir beschließen, uns rascher zu verbrauchen. Wir steigern das Lebenstempo, bis die Menschen mit dreißig senil sind ..."[18]

Die psychosozialen Folgen bleiben nicht aus. Wegen der Fülle und Vielfalt der Angebote können viele Eindrücke und Informationen nur noch konfettiartig nebeneinander aufgenommen werden: **Kennzeichen einer Konfetti-Generation.** Die Impressionen bleiben bruchstückhaft und oberflächlich. Zwischen Wortfetzen und Bildsplittern hin- und hergerissen, hat sie am Ende nur wenig Zusammenhängendes gehört und gesehen. Mit der Gewöhnung an das Trommelfeuer ständig neuer Reize bekommt selbst das Außergewöhnliche den Charakter des Vorübergehenden – auf dem Weg zum nächsten Ereignis. Sobald etwas uninteressant zu werden droht, springt der Konsument einfach weiter. So muß die 'Hopping-Manie' unweigerlich in Überreizung enden. Der hastige Konsument kommt nicht zur Ruhe. Innere Unruhe weitet sich zum Dauerstreß aus. Der Wunsch kommt auf: „Am besten mehrere Leben leben"[19] – der vermessene Traum eines hybriden Menschen.

Der Eindruck entsteht: Der moderne Mensch will einen 48-Stunden-Tag haben, abends schon die Zeitung von morgen lesen, vier Jahreszeiten an einem Tag erleben, möglichst jeden Tag jemand anders sein oder spielen und am liebsten **in einer Endlos-Serie leben.** Getrieben von der Angst, vielleicht im Leben etwas zu verpassen ...

---

[16] Siro Spörli
[17] Martin/Schumann 1996, S. 250f
[18] Orwell 1949, S. 271
[19] Popcorn 1992

„Jeden Morgen wacht in Afrika eine Gazelle auf. Sie weiß, sie muß schneller laufen als der schnellste Löwe, um nicht gefressen zu werden. Jeden Morgen wacht in Afrika ein Löwe auf. Er weiß, er muß schneller als die langsamste Gazelle sein. Sonst würde er verhungern. Es ist egal, ob man ein Löwe oder eine Gazelle ist: Wenn die Sonne aufgeht – mußt Du rennen!" Weltweit gilt diese Geschichte als **Symbol einer Nonstop-Gesellschaft**,[20] in der Zeit-Optimierung und Speed-Management, Rast- und Ruhelosigkeit den Ton angeben.

Alles muß schneller gehen: Das Essen, das Fernsehen, das Bücherlesen. **Bigger - Better - Faster - More** - eine multioptionale Konsumgesellschaft verspricht grenzenlose Steigerungen. Wer früher ins Bett geht, kann nicht einschlafen – vor lauter Angst, etwas zu verpassen.[21] Immer mehr läuft rund um die Uhr, das Radio, das Fernsehen... Eine Konsumkultur, die nur auf Steigerung, Vermehrung und Intensivierung setzt, gleicht einer '**Mobilmachungskultur**',[22] die nicht unendlich steigerbar ist und Grenzen hat – psychische Grenzen (Ermüdung), materielle Grenzen (Müll) und ökosystemische Grenzen (Klima- und Wassernotstände).

„Mehr tun in gleicher Zeit": Mit dieser Formel läßt sich ein Wandel in den letzten Jahren beschreiben, der allen Aktivitäten den Stempel der Hektik aufdrückt. Immer mehr Beschäftigungen werden im fast-food-Stil bzw. zeitgleich erledigt. Die Schnellebigkeit nimmt überall zu. Für zeitaufwendige Beschäftigungen bleibt uns immer weniger Zeit (oder richtiger: nehmen wir uns weniger Zeit). Aus einer Zeitbudget-Studie im 10-Jahres-Vergleich geht hervor: Ob Beschäftigung allein, mit dem Partner oder mit den Kindern – **alles, was über zwei Stunden dauert, stagniert oder geht zurück**.[23] Wir sind heute für viele Tätigkeiten aufgeschlossen – solange sie nicht über zwei Stunden dauern. Das bekommt auch der Partner zu spüren: Die gemütlichen 3-Stunden-Abende zu Hause mit dem Partner werden seltener. Wir leben im 2-Stunden-Takt. Spätestens alle zwei Stunden wollen wir etwas Neues erleben. Ohne uns lange niederzulassen, springen wir von einem Ereignis zum anderen.

Sieht so unsere Zukunft 2010 aus? Am Donnerstagabend Kinohopping, am Freitagnachmittag Frustrationseinkäufe – drei CDs und zwei Bücher und dann keine Zeit mehr, sie zu hören und zu lesen. Am Wochenende drei Einladungen und Besuche und im nächsten Urlaub weit reisen, oft wechseln und kurz bleiben?

In den folgenden Ausführungen wird einmal szenenhaft durchgespielt - was passieren kann, wenn nichts passiert, wenn also das Lebenstempo so anhält oder gar weiter gesteigert wird. Die einzelnen Eskalationsstufen erinnern an psychische und soziale Prozesse, die wir aus eigener Erfahrung kennen – z.B. aus dem Verhalten als TV-Konsument: Vom Springen durch die einzelnen Kanäle ('Hopping') bis zum Abschießen eines unliebsamen Programms ('Zapping'). Diese Reaktionsweisen können zeitlich nacheinander, aber auch nebeneinander erfolgen. Nach

---

[20] vgl. Adam u.a. 1998
[21] vgl. Gross 1994, S. 62
[22] Peter Sloterdijk
[23] vgl. Opaschowski 1995

der dritten Stufe muß sich nicht 'automatisch' die vierte anschließen. Wir könnten genauso gut den Prozeß aufhalten oder an den Flanken ausbrechen. Es gibt nicht 'den' Weg wie beim Zug der Lemminge. Das Szenario hält uns eher einen Spiegel vor. Was machen wir eigentlich? Wie werden wir damit fertig? Und was kommt danach?

1 'Alles sofort': Instant-Konsum

Bürger in westlichen Konsumgesellschaften leben wie in einer 'Verpaß-Kultur': Sie neigen zu sofortiger Bedürfnisbefriedigung. Ihre Ungeduld wächst. Sie kennen keinen längeren Schwebezustand zwischen Wunsch und Erfüllung mehr. „Genieße das Leben – jetzt!" Die Faszination des Augenblicks bewirkt, daß Spontaneität und Impulshandlungen zunehmen. Diese Form des 'Instant-Konsums' mit seiner Genieße-Jetzt-Mentalität führt langfristig zur **Entwertung von Vorfreude und Lebenserfahrung**, weil ja 'alles sofort' konsumiert und erlebt werden kann. Ein Instant-Gefühl wie Instant-Kaffee: Schnell löslich und nicht von langer Wirkungsdauer. So sind Unzufriedenheit und Enttäuschung geradezu vorprogrammiert. Man kann das vermeintliche Glück nicht festhalten und in Ruhe genießen – aus Angst, vielleicht gleichzeitig etwas anderes zu verpassen. Das Konsumieren bekommt fast zwanghafte Züge.

2. 'Immer mehr': Erdnuß-Effekt

Die Lebenseinstellung „Je mehr – desto besser" fördert den Konsum von Überflüssigem. Hauptsache mehr – mehr TV, mehr Kino, mehr Kneipe, mehr Kleidung und mehr Reisen. Ein 'Erdnuß-Effekt' entsteht: Man 'muß' einfach weiter konsumieren – bis zur Übersättigung. Zeitnot („Der Tag hat nur 24 Stunden ...") und persönliche Schwierigkeiten bei der Verkraftung des Überangebots bzw. des 'Immer-Mehr' stellen sich ein.

Die Angst vor Leere steigert die Gier nach mehr. Die Philosophie des 'Immer-Mehr' ist kein Zeitphänomen der 90er Jahre. Sie kündigte sich in den USA schon in den 70er Jahren an und läßt sich so umschreiben: „Wir werden noch weiter reisen. Und viel öfter. Wir wollen auch mehr Tennis spielen. Und am Wochenende häufiger skifahren oder campen. Und unsere allmonatliche Wein- und Käse-Party können wir jetzt **jede Woche** feiern. Wir wissen eben, was wir vom Leben wollen ... Wir können nicht nur **mehr** reinstecken, sondern auch **mehr** herausholen."[24] Wir wollen immer intensiver leben.

3. 'Immer hastiger': Hopping-Manie

Der gehetzte Konsument kommt eigentlich immer zu spät. Seine Jagd nach Glück beschert ihm ein Leben mit Tempo und mit Spaß. Immer auf der **Suche nach schnellen Sensationen,**[25] kann er nie lange bei einer Sache verweilen. Er lebt nach der Devise: „Mehr tun in gleicher Zeit." Nirgends mehr gibt es einen

---

[24] Anzeige in der NEW YORK TIMES vom 24. September 1976
[25] Walter Benjamin, Gift der Sensation

Ruhepunkt. Die Sucht nach Spaß gewährt dem unter Zeitnot Leidenden nur flüchtigen Genuß: TV-Hopping, Kino-Hopping, Party-Hopping, Island-Hopping... und dann ganz schnell wieder weiter. Am Ende hoppt der Mensch nicht nur durch Szenen und Kulissen, sondern durch das ganze Leben selbst: „Heute hier – und morgen fort".

Die verdiente Frei-Zeit zerrinnt zwischen den Fingern. Statt im Überfluß der Zeit zu baden, setzt sich der moderne Mensch dem rastlosen Zeitdruck aus. Mögliche erfüllte Zeit verwandelt sich in 'verdünnte Zeit'.[26] Und die vermeintliche Frei-Zeit erweist sich dabei als semantische Falle, die lediglich Wahlfreiheit gewährt und Hast und Hektik eskalieren läßt. So wird die Zeitfreiheit zur Zeitfalle. Die Angst, etwas zu verpassen, hält den gestreßten Menschen ständig auf Trab: Vom Bürosessel auf den Autositz. Die Lebensqualitätsforschung[27] weist im übrigen nach: **Familien mit Kindern leiden mittlerweile schon mehr unter Alltagshektik (50%) als unter Geldnot (43%).** Am meisten davon betroffen sind Bevölkerungsgruppen, die beruflich und privat 'mitten im Leben stehen' und daher den Streß- und Hektikbedingungen am intensivsten ausgesetzt sind – also Familien, voll Erwerbstätige sowie die mittlere Generation der unter 50jährigen.

4. 'Immer maßloser': Thrilling-Ventil

Die Wünsche eskalieren. Der Drang nach neuen Aufregungen wächst. Zu wenig Aufregung ist langweilig, zu viel Aufregung stressig. Das Mittelmaß, die Mitte und das Augenmaß gehen verloren. Ständig auf der Suche nach einem neuen Reizoptimum („Scharf auf alles, was kribbelt") wird der 'Thrill', der letzte 'Kick', herbeigesehnt, der Nervenkitzel, das flaue Gefühl in der Magengegend, das wilde Herzschlagen im Brustkorb. Beta-Endorphine, körpereigene Wirkstoffe im Zentralnervensystem, blockieren opiatähnlich die Schmerzempfindungen und rufen euphorische Gefühle hervor. Dem Zirkel von Langeweile und Genuß entgeht man dabei nicht, die **Abhängigkeit von immer maßloseren Erlebnissteigerungen** wird eher größer.

Damit wächst auch die Neigung zu Extremen. Thrilling-Situationen wirken wie ein Ventil als Druck- und Spannungsausgleich. Das Ausmaß durchgestandener Ängste erhöht das Selbstbewußtsein: Angst (vorher) und Lust (nachher) gehen eine Verbindung ein: Thrilling als neue Angstlust. Die Gefahr unkontrollierten Auslebens von Aggressionen ist dabei groß. Alltägliche Herausforderungen ermüden auf die Dauer oder stumpfen ab: Thrilling 'muß' die Wirklichkeit übertreffen und im Wasser, in der Luft und auf der Erde Sprünge erlauben, die eigentlich die menschlichen Fähigkeiten überfordern. Am Ende wird selbst der Zustand der Aufregung normal und der Konsument verlangt nach immer stärkeren Reizen: Riskantere Abenteuer, gefährlichere Sportarten. Die Suche und Sucht nach ständiger Steigerung ('High', 'Super', 'Ultra', 'Mega', 'Brisant', 'Explosiv' u.a.), die kein Maß und keine Grenze kennt, wirken wie eine Droge: „no risk – no fun." Es

---

[26] Max Frisch, Homo Faber
[27] vgl. B.A.T Institut 1993

ist eine **Droge nach Extremen**, die die Frage „Was kommt danach?" unbeantwortet läßt.

5. 'Immer überdrüssiger': Zapping-Phänomen

Mit der Überfülle wächst das Orientierungsdefizit. Der ständig geforderte Mensch fühlt sich überfordert und wird orientierungslos. Er verliert das Maß und den Maßstab für die Auswahl. Mit den Fragen „Was?", „Wieviel?", „Wozu?" bleibt er bei seiner Erlebnisjagd weitgehend allein. **Überfluß bringt Überdruß.** Angebotsinflation macht verdrossen: Konsumverdrossen, sozialverdrossen, politikverdrossen. Lästigen sozialen Verpflichtungen geht man aus dem Wege, um Zeit für sich zu retten. Konsumartikel werden zu Wegwerfartikeln. Und den eigenen Überkonsum bewältigt man durch Abknallen bzw. Abschießen ('Zapping') von Langweiligem. Nur so glaubt man, der Konsum-Verweigerung ('Null Bock auf nichts') entgehen zu können.

Die Nonstop-Gesellschaft tritt in ihre inhumane Phase: Alles wird wie eine Ware aufgerechnet und dem harten Kosten-Nutzen-Denken geopfert. Soziale Verankerungen lösen sich auf und soziales Engagement 'lohnt' sich nicht mehr. Minderheiten sollen sich selber helfen. In diesem Endstadium empfindet der Gejagte seine Inhumanität gegenüber Schwächeren kaum noch. Der Verlust an sozialer Sensibilität fördert den Kälte-Tod der Beziehungen.

6. 'Abdriften ins Leere': Drop-out

Wer alles gleichzeitig erleben will, dem bleibt am Ende nur noch die Flucht in Drogen und Heilslehren, in Kunst- und Scheinwelten. Der Computer wird zum Erlebnispartner. Wie von Sinnen, aber vor allem mit allen Sinnen taucht der Konsument in 'Als-ob-Welten' und künstliche Paradiese ein, in der es kaum noch Bindungen und Verantwortung mehr gibt.

Der Rausch des 'Immer-Mehr' verlangt nach künstlichen Aufregungs- und Beruhigungserlebnissen. Hier werden dann Abenteuer in Serie konsumiert, aber nicht mehr selbst 'erlebt'. Das Leben findet eher in der Phantasie statt. Es lebt lediglich von der Verheißung und Imagination, daß es entspannend, gefährlich oder erlebnisreich sein könnte. Unter Zuhilfenahme bewußtseinserweiternder Substanzen kann die Erlebnisintensität so gesteigert werden, daß sie nach Wiederholung verlangt und abhängig macht. Cyber-Animationen produzieren eine 'Virtuelle Realität' (VR), eine von Computern erzeugte dreidimensionale künstliche Erlebniswelt, die jederzeit und beliebig verfügbar und abhängig macht. Es ist ein Leben wie im Schein und wie im Rausch: Der Konsument hebt nicht ab ins Glück, sondern stürzt eher in die Tiefe oder wird gar in die Sinnlosigkeit katapultiert.

Auf der Suche nach dem inneren Frieden wird die **Psycho-Szene** entdeckt, die Wege zu sich selbst verspricht: New Age und Esoterik, Parapsychologie und Psychotherapien, Tarot und I Ging, Sekten und destruktive Kulte entwickeln sich zu einem neuen Erlebnismarkt. Sekten wirken dann auf viele wie eine große Apotheke, von der sie sich eine Befreiung ihres postmodernen Leidens erhoffen: Zuflucht zu Bescheidenem und Friedfertigem.

Und **Psychopharmaka** können die Drop-out-Quote erhöhen. Aldous Huxley's 'Schöne Neue Welt', 1931 noch als Utopie entworfen, kann von der Wirklichkeit eingeholt werden. An die Stelle der Glückspille 'Soma' treten Antidepressiva, die heiter und fröhlich stimmen. Abgehoben und losgelöst amüsieren sich dann die Konsumenten – nicht zu Tode, aber am wirklichen Leben vorbei.

Der amerikanische Literatur-Nobelpreisträger SAUL BELLOW sagt uns für die Zukunft ein Martyrium unseres modernen Bewußtseins voraus. Wir erleben eine neue Form des Leidens, das wir gar nicht mehr als Leiden erkennen, weil es in der Gestalt von Vergnügungen auftritt. In endloser Serie konsumieren wir Dinge, die uns ständig neue Höhepunkte liefern: „Alles steht bereit für ein Leben in Bequemlichkeit, mit Tempo und mit Spaß. Und da gibt es etwas in uns allen, das sagt: Und was jetzt? Und was dann?"[28] Da sitzt man also im Kino oder in der Erlebniskneipe und fragt sich erneut: Was nun? **Nirgends mehr gibt es einen Ruhepunkt**, der mit Sinn oder Selbstbesinnung verbunden ist. Doch wenn wir ehrlich sind, dann werden wir doch erdrückt von all den schönen Dingen und wunderbaren Dienstleistungen. In gewisser Weise sind wir ihnen dienstbar und nicht sie uns. Werden wir eines Tages noch die Kontrolle über uns verlieren, weil wir uns in der Gewalt einer riesenhaften Erlebnisindustrie befinden, die sofortige Glückserfüllung verspricht, aber permanenten Konsum meint?

Es ist nicht auszuschließen, daß sich eine Prognose aus den 60er Jahren bewahrheitet: Danach wird der Mensch mit optischen und akustischen Reizen so überfüttert und überflutet, daß er nur noch auf immer massivere Reizanstürme mit echten Empfindungen reagieren kann. Als Ausweg aus der ständigen sinnlichen Sensationssteigerung bietet sich das **Ausweichen auf Gebiete kinästhetischer Empfindungen** an.[29] Statt optischer und akustischer Reize sehnt sich der Mensch dann nach Bewegungsempfindungen beim Autofahren oder im Extremsport. Bewegung, Mobilität und Beschleunigung schaffen neue Empfindungsqualitäten: Veränderte Körperlagen (z.B. beim Kurvenfahren, Bungee-Jumping, Fallschirmspringen, Looping-, Achterbahnfahren) können rauschartige Zustände auslösen (z.B. Geschwindigkeits-, Höhen-, Tiefenrausch), die viel unmittelbarer, vitaler und opiatähnlicher auf den Körper einwirken als es akustische und optische Reize je vermögen. Die Suche und Sucht nach neuen Bewegungsgefühlen als **Ausgleich und Ventil für sinnliche Reizüberflutungen** können auch eine Erklärung dafür sein, warum sich Extrem- und Risikosportarten so ausbreiten.

Im ausgehenden 20. Jahrhundert hat die westliche Erlebniskultur mit dem **Wahn des Übermaßes** zu kämpfen. Vielleicht hat Blaise Pascal, selbst vom „Elend des Menschen ohne Gott" überzeugt, schon vor über dreihundert Jahren den heutigen Erlebniswahn vorwegempfunden: „Kein Übermaß ist sinnlich wahrnehmbar. Zu viel Lärm macht taub; zu viel Licht blendet; was zu weit ist und zu

---

[28] S. Bellow: ZEIT-Gespräch vom 13. Januar 1989
[29] vgl. Knebel 1960, S. 99

nah ist, hindert das Sehen... Das Übermäßige ist uns feindlich und sinnlich unerkennbar. Wir empfinden es nicht mehr, wir erleiden es.“[30]

Wir haben beim Lesen arabischer Märchen beständig das sehnsüchtige Gefühl: „Diese Leute haben Zeit! Massen von Zeit! Sie können einen Tag und eine Nacht darauf verwenden, ein neues Gleichnis für die Schönheit einer Schönen oder für die Niedertracht eines Bösewichts zu ersinnen! Sie sind Millionäre an Zeit!“ Das schrieb Hermann Hesse am 28. Februar 1904 in der Neuen Züricher Zeitung. Hesse lieferte die Begründung gleich mit: „Wenn ich nicht im Grunde ein sehr arbeitsamer Mensch wäre, wie wäre ich je auf die Idee gekommen, Loblieder und Theorien des Müßiggangs auszudenken.“ In der Tat: **Der geborene Müßiggänger denkt nicht über Muße nach, er hat sie.**

Die Kunst des Faulenzens, das Nichtstun mit Methode und großem Vergnügen zu pflegen, ist im Industriezeitalter der letzten hundert Jahre außer Übung geraten. Hunger und Sehnsucht nach Zeit fanden noch Ende des 19. Jahrhunderts in Richard Dehmels Gedicht „Der Arbeitsmann“ (1896 vom ‘Simplicissimus’ als das „beste sangbare Lied aus dem deutschen Volksleben“ preisgekrönt) ihren sinnfälligen Ausdruck.

Der Arbeitsmann (1896)
Wir haben ein Bett, wir haben ein Kind,
Mein Weib!
Wir haben auch Arbeit, und gar zu zweit.
Und haben die Sonne und Regen und Wind.
Uns fehlt nur eine Kleinigkeit,
Um so frei zu sein, wie die Vögel sind:
Nur Zeit!

Ein Jahrhundert später könnte das Gedicht so lauten:

Der, Erlebniskonsument (2000)
Wir haben ein Hobby, ein Auto und viel Freunde, mein Weib!
Wir treiben auch Sport, und gar zu zweit.
Und haben noch viele offene Wünsche und – irgendwann – ein
Kind.
Uns fehlt nur eine Kleinigkeit,
Um so frei zu sein, wie die Vögel sind:
Nur Zeit!

Ein Jahrhundert später haben sich die Hoffnungen des Arbeitsmannes noch immer nicht erfüllt. Wir haben zwar mehr Freizeit und Konsumangebote, aber kaum Ruhe zum Genießen der freien Zeit. Nur noch neidisch können wir auf frühere Kulturen zurückblicken, die im **Zeitwohlstand** lebten und sich eine

---

[30] Pascal ‘Pensées’/ 1670

'mañana'-Mentalität leisten konnten: Morgen ist auch noch ein Tag. Wir aber haben heute ständig das Gefühl, morgen könnte es bereits zu spät sein: Konsumiere im Augenblick und genieße das Leben jetzt. Wir nutzen die Zeit mehr, als das wir sie verbringen.

Als Problemlösung bietet sich die Selbsterkenntnis an: Wir haben keine Muße mehr. Und weil wir immer höhere Konsumansprüche stellen, nimmt das **Gefühl von Zeitknappheit** zu. Was haben wir schon von einem Kinobesuch oder Einkaufsbummel, wenn wir sie nicht in Ruhe genießen können? Im gleichen Maße, wie die Produktivität der Arbeitszeit steigt, versuchen wir auch die Konsumzeit zu steigern und immer mehr in gleicher Zeit zu erleben. Konsumwünsche werden miteinander kombiniert – der Einkaufsbummel mit dem Treffen von Freunden, das Essengehen mit dem Knüpfen geschäftlicher Verbindungen, das Fernsehen mit dem Zeitunglesen oder die Urlaubsreise mit dem Erlernen neuer Sportarten. Auf diese Weise **nimmt die Konsum-Produktivität zu, aber die freie Verfügbarkeit von Zeit ab.**

Schon vor über vierzig Jahren sagte der amerikanische Nationalökonom George Soule voraus, daß die Zeit als Wirtschaftsfaktor immer wichtiger werde und die Bedeutung eines „knappen Rohstoffes"[31] bekomme. Und der Schwede Staffan B. Linder führte knapp zwei Jahrzehnte später aus, „warum wir keine Zeit mehr haben."[32] Wir arbeiten weniger, leisten uns mehr und kommen nicht zur Ruhe. Werden wir zu Zeitkonsumenten, die beim Konsumieren Zeit verbringen und verlieren?

Wir umgeben uns mit einem dichten Dschungel von Konsumgütern – von Zweitauto und Drittfernseher, Video und Sportgeräten – und vergessen dabei oft, daß es Zeit erfordert, davon Gebrauch zu machen. Wir entwickeln uns zu ruhelosen Freizeitkonsumenten, die für sich selbst, zur Entspannung, zur Selbstbesinnung und auch zum nachdenklichen Lesen kaum noch Zeit finden. „Die Welt von heute", so hatte schon der italienische Schriftsteller Alberto Moravia in den sechziger Jahren angekündigt, „hat zum Lesen keine Zeit mehr."[33]

Die Konsumangebote werden immer vielfältiger, das Lebenstempo immer hektischer und die Menschen immer ruheloser. Das Gefühl für den Wert der Zeit nimmt zu. Mehr Geld allein erscheint wertlos, wenn nicht gleichzeitig auch mehr Zeit 'ausgezahlt' wird. Das bekommen viele Manager und Politiker heute schon zu spüren. Zeit ist für sie zum knappsten und wertvollsten Gut geworden.

Jugendliche werden aggressiv, wenn sie nicht in Ruhe gelassen werden. Jeder zweite Jugendliche gerät in Wut, wenn er in seiner Freizeit „von anderen gestört wird" (56%) oder den eigenen Aktivitäten nicht nachgehen kann, weil er „auf andere Rücksicht nehmen muß" (51%). Viele Jugendliche können sich aus dem selbstgemachten Streß nur mehr durch Sich-Abreagieren befreien. Sie haben zunehmend das Gefühl, daß ihnen die Zeit davonläuft. Und je mehr Freizeit sie zur

---

[31] Soule 1955
[32] Linder 1973
[33] Interview in 'La Tribune de Genève' am 9./10. September 1967 mit Moravia

Verfügung haben und je vielfältiger die Konsumangebote sind, desto stärker wachsen auch ihre persönlichen Wünsche. Wenn ihnen dann alles zuviel wird, weil sie sich „zu viel vorgenommen" haben, werden sie ein **Opfer ihrer eigenen Ansprüche**: 28 Prozent aller 14- bis 19jährigen Jugendlichen können sich dann nur noch mit Aggressionen helfen. Die innere Unruhe und Unzufriedenheit mit sich selbst 'muß raus': Sie nerven die eigene Familie, reagieren sich beim Jogging und Fußball ab oder suchen bewußt Streit mit anderen. Viele Jugendliche haben Schwierigkeiten, sich Grenzen zu setzen – zeitlich, finanziell und auch psychosozial. Die Folge ist **Erlebnisstreß, der auch explosiv werden kann** – vor lauter Angst, vielleicht etwas zu verpassen.

Den Konsum-Imperativ „Bleiben Sie dran!" erleben sie als eine einzige Streß-Rallye. Die ständige Anforderung droht zur Überforderung zu werden. So nehmen sich Jugendliche vor allem an Wochenenden mehr vor, als sie eigentlich schaffen können. Jugendlicher: „Mit dem Freizeitstreß ist es wie mit dem Tagespaß beim Skifahren: Man muß unbedingt weiterfahren, obwohl man eigentlich schon kaputt ist."

Die junge Generation wehrt sich gegen die ständige Reizüberflutung auf ihre eigene Weise: Sie resigniert nicht, wird nicht apathisch, zeigt sich weder verunsichert noch verwirrt. Sie reagiert vielmehr ihre innere Unruhe einfach ab: **Lust schlägt in Wut um und aus Nervosität wird Aggressivität.**

* Wenn sich Erwachsene gestreßt fühlen, werden sie erst einmal unruhig und nervös.

* Wenn Jugendliche 'voll im Streß' sind, werden sie eher aggressiv.

Und eine Generation, die in ständiger Spannung und Anspannung lebt und auch nach der Arbeit nicht zur Ruhe kommt, riskiert am Ende Dauerstreß: Auf chronischen Streß reagiert der Körper mit der vermehrten Ausschüttung von Adrenalin. Der Blutdruck geht nicht wieder auf sein normales Niveau zurück: **Der hohe Blutdruck wird auf Dauer zum Risikofaktor.** Die natürliche Hemmschwelle zum Ausleben von Aggressionen kann in Zukunft im gleichen Maße sinken, wie sich Grenzerlebnisse und die Gier nach Sensationen zwischen 'Thrill' und 'Crash' ausbreiten.

Bisher ist die Wirtschaftswissenschaft fast ausschließlich von dem **Modell der Knappheit** ausgegangen, nach dem wir viele Bedürfnisse und Wünsche, aber nicht genügend Geld und Zeit haben, um sie alle vollständig zu befriedigen. Dabei wurde übersehen, daß vor allem Kinder und Jugendliche mitunter mehr konsumieren 'müssen', als sie eigentlich 'wollen' bzw. psychologisch und ökonomisch verkraften können. Dieser These liegen Erkenntnisse der Motivationspsychologie, insbesondere der Reiz-Reaktions-Psychologie ('stimulus-response psychology') zugrunde. Es geht dabei um die zentrale Frage, **wie sich Reize und Reizüberflutung langfristig auf die menschliche Psyche, den Organismus und die zwischenmenschlichen Beziehungen auswirken.** Für die bloße Hoffnung darauf, daß sich das Problem der Reizüberflutung eines Tages von selbst löst, weil es gewissen Sättigungsgesetzen unterliegt, gibt es keine nachweisbaren Belege. Das Gesetz der Bedürfnissättigung gilt lediglich für physiologische Bedürfnisse, nicht aber für sozial bedingte Bedürfnisse (z.B. Geltungs-, Kontaktbedürfnis, Anspruchsdenken).

Andererseits gibt es die ganz persönliche Erfahrung, daß übermäßige Reize Ruhelosigkeit und Unwohlsein, Aggressivität und Wut auslösen können. Zu viele Reize, aber auch zu wenig (oder gar keine) Reize werden als unangenehm empfunden. Aus der Psychologie ist bekannt: Das Angenehme (= das 'Reizoptimum') liegt zwischen den Extremen des Zuviel und des Zuwenig. Dies erklärt auch die Paradoxie, daß **selbst zuviel des Guten schlecht sein kann.** So kann beispielsweise der Besuch eines Freizeitparks oder ein Kindergeburtstag, der ja eigentlich Freude bereiten sollte, mit Streit, schlechter Laune der Eltern oder Weinen der Kindern enden.[34]

Noch nie zuvor waren die Menschen einem solchen Angebotsstreß ausgesetzt wie heute. Ständig müssen wir uns entscheiden, ob wir etwas machen oder haben, selektiv nutzen oder ganz darauf verzichten wollen:

- Was ist eigentlich für mich wichtig und was nicht?
- Woher nehme ich den Mut, auch nein zu sagen?
- Und wie schaffe ich es, mich zu bescheiden, auch auf die Gefahr hin, etwas zu verpassen?

Früher galt der Grundsatz „Eine Sache zu einer Zeit". Daraus ist heute die Gewohnheit „Mehr tun in gleicher Zeit" geworden.

Daraus folgt: Insbesondere die junge Generation muß kompetenter werden, um in Zukunft den Anforderungen an das Leben genügen zu können. Wer persönliches Wohlbefinden (und nicht nur materiellen Wohlstand) erreichen will, muß geradezu die folgenden von mir ganz persönlich gemeinten **Zehn Gebote des 21. Jahrhunderts** beherzigen:

1. Bleib nicht dauernd dran; schalt doch mal ab.
2. Jag nicht ständig schnellebigen Trends hinterher.
3. Kauf nur das, was du wirklich willst, und mach dein persönliches Wohlergehen zum wichtigsten Kaufkriterium.
4. Versuche nicht, permanent deinen Lebensstandard zu verbessern oder ihn gar mit Lebensqualität zu verwechseln.
5. Lerne – zu lassen, also Überflüssiges wegzulassen: Lieber einmal etwas verpassen als immer dabeisein.
6. Entdecke die Hängematte wieder. Lerne wieder, 'eine Sache zu einer Zeit' zu tun.
7. Genieße nach Maß, damit Du länger genießen kannst.
8. Mach nicht alle deine Träume wahr; heb' Dir noch unerfüllte Wünsche auf.
9. Tu nichts auf Kosten anderer oder zu Lasten nachwachsender Generationen: Sorge nachhaltig dafür, daß das Leben kommender Generationen lebenswert bleibt.
10. Verdien Dir Deine Lebensqualität – durch Arbeit oder gute Werke: Es gibt nichts Gutes; es sei denn, man tut es.

---

[34] vgl. Berlyne 1974

Literatur

Adam, B. (Hrsg. u.a.), Die Nonstop-Gesellschaft und ihr Preis. Vom Zeitmißbrauch zur Zeitkultur. Stuttgart-Leipzig 1998

Opaschowski. H.W., Deutschland 2010. Wie wir morgen leben. Hamburg 1997

Opaschowski, H.W., Feierabend? Von der Zukunft ohne Arbeit zur Arbeit mit Zukunft. Opladen 1998

Opaschowski, H.W., Leben zwischen Muß und Muße. Die ältere Generation: Gestern. Heute. Morgen. Hamburg 1998

Klaus Beck

Mehr Geschwindigkeit oder mehr als Geschwindigkeit?
Medien zwischen Dromokratie und Chronotop

Über die Macht der Medien und die Herrschaft der Geschwindigkeit

„0043 Sekunden braucht es heute, um die gesammelten Werke von William Shakespeare in 200 Sprachen von New York nach Omaha zu schicken – das ist die Zeit, die eine Kugel braucht, um einen Apfel zu durchschlagen", meldete die Neue Zürcher Zeitung am 24. Februar dieses Jahres.[1] Die erzielte Geschwindigkeit von 2,4 Gigabit pro Sekunde ist aber nicht nur für schweizerische Verhältnisse äußerst hoch. Sicherlich ist der normale User des Internet, insbesondere des WWW-Dienstes weit davon entfernt, in den (vielleicht zweifelhaften) Genuß solcher Geschwindigkeiten zu kommen, die derzeit nur im sogenannten 'Backbone' erreichbar sind. Doch wenn sich nicht alle Prognosen als bloßer 'Hype' herausstellen, werden die meisten von uns solche Geschwindigkeiten auch als private User noch erleben.

Der wichtigste Unterschied besteht aber schon heute nicht mehr zwischen denjenigen, die sich mühsam mit dem Modem über die altmodische Telefonleitung zum Surfen begeben, und denjenigen, die kostenfrei und hochkomfortabel die breitbandige Standleitung vom Arbeitsplatz aus nutzen können. Denn beide Gruppen können durchaus miteinander und schnell kommunizieren.

Der bedeutendere Unterschied besteht vielmehr zwischen denjenigen, die schnelle Telekommunikations- und Computermedien nutzen (und dabei sogar deren Langsamkeit als 'WorldWideWaiting' beklagen), und denjenigen, denen alles zu schnell geht, die sich auf der Datenautobahn durch jung-dynamische High-Tech-Raser längst überfahren und von der gesellschaftlichen Entwicklung abgehängt fühlen. Glaubt man den Apologeten der sogenannten Informationsgesellschaft, dann geht es allerdings denjenigen noch schlechter, die längst abgekoppelt sind, dies aber noch nicht wissen, weil sie zu langsam kommunizieren und begreifen.

Beschleunigung und Zeitsparen sind die, zu pseudo-moralischen Maximen erhobenen, zweckrationalen Zauberformeln einer Ökonomie, die sich anschickt, alle Lebensbereiche – vom Reisen (Transrapid) über das Essen (Fastfood) und den

---

[1] vgl. Borchers 1998 (vgl. Lit.Vz. für alle Angaben in den Fußnoten. Anm. d. Hg.)

Sex (Quickie) bis hin zur Kommunikation – zu dominieren. Die Kluft zwischen Zeitarmen und Zeitreichen, wie Rentner, Arbeitslose und Sozialhilfeempfänger neuerdings heißen, ist eine ernstzunehmende gesellschaftliche Kluft. Sie kann sich durch Beschleunigungstechniken, zu denen der Zugang sozial ungleich verteilt ist, noch vergrößern. „System kolonisiert Lebenswelt" lautet folgerichtig das Menetekel der Kulturkritiker.

Jenseits der Kulturkritik haben wir im Alltag längst ein ambivalentes Verhältnis zu den Techniken der Beschleunigung entwickelt: Wer klagt nicht über Hetze, Streß und Zeitnot, ist zugleich aber froh darüber, mal „ganz rasch" einen Freund besuchen zu können, der früher eine Tagesreise entfernt gewesen wäre oder sich einer lästigen Pflicht *sofort* telefonisch zu entledigen.

Für viele ist der Gedanke fürchterlich, sich Musikvideos auszusetzen, die eine rasche Schnittfolge von etwa 100 Einstellungen in dreieinhalb Minuten aufweisen, also etwa alle 2 Sekunden ein neues Bild auf dem Schirm präsentieren. Die gleichen Menschen halten aber Alfred Hitchcocks 1960 gedrehten „Psycho" (zu Recht) für ein Meisterwerk, ohne zu wissen, daß die berühmte Mordszene so spannend ist, weil innerhalb von 45 Sekunden 70 Schnitte erfolgen! Ambivalente Bewertungen der Beschleunigung also auch im Bereich der Massenmedien.

So wenig die individuelle und kollektive Erfahrung einer umfassenden Beschleunigung aus unserem Alltagsbewußtsein wegzudiskutieren ist, so überzogen und einseitig scheinen die Klagen der 'postmodernen' Beschleunigungs- und Medientheoretiker, die eine „Herrschaft der Geschwindigkeit" (Virilios „Dromokratie") verkünden und dabei die Vielfalt lebensweltlicher Zeitstrukturen („Chronotop") völlig aus dem Blick verlieren.

Lassen wir als 'Kronzeugen' den französischen Urbanisten Paul Virilio zu Wort kommen, der von einem „exponentiellen Anstieg der Geschwindigkeit der Massenkommunikationsmittel"[2] ausgeht. Medientechnologien verändern laut Virilio unsere gesamte „Logistik der Wahrnehmung" grundlegend, denn mit ihnen – und den eng verwandten Kriegstechnologien – werde Schnelligkeit zum transhistorischen Bestandteil des Wesens der menschlichen Gesellschaft. Auf der Strecke bleibe der Fortschritt (also die Moderne). Die Akzeleration finde ihr Ende erst im „rasenden Stillstand": Der Mensch – eingezwängt in ein Korsett audiovisueller Wahrnehmungsapparate – verharre bewegungslos an einem beliebigen Ort. Er bewege sich nicht mehr im Raum, denn die audiovisuellen Medien bringen alles zu ihm. Die moderne Differenz von Wirklichkeit und Simulation gehe verloren.[3]

Im Gegensatz zu Eisenbahn und Automobil handele es sich bei den audiovisuellen Medien nicht mehr um raumbezogene Techniken, sondern um 'Chrono-Technologien', also 'Zeit-Maschinen' von ganz neuer Qualität. Virilio diagnostiziert einen grundlegenden Wandel im Wesen der Zeit: Die neuen audiovisuellen

---

[2] Virilio 1978, S. 51
[3] Virilio 1980, S. 62; Virilio 1989, S. 144-145 u. S. 166; Virilio 1991, S. 275-276

Medien bewirken eine Destruktion der Zeit. Die drei Zeitformen Vergangenheit, Gegenwart und Zukunft werden „*heimlich* durch zwei Zeitformen ersetzt, die reale Zeit (Echtzeit) und die aufgeschobene Zeit", also die in Telepräsenz fixierte, aufgezeichnete Vergangenheit.[4]

Diese Formulierungen klingen nicht nur wie die einer Verschwörungstheorie, sie sind offenbar auch so gemeint: Denn es sind die *Medien*, die zum Mittel unheimlicher Mächte geworden sind und hinter unserem Rücken bewußtseinsverändernd und handlungsmanipulierend wirken. Ist es in der 'klassischen' Kulturkritik tendenziell das Großkapital, das sich der starken Medien bedient, so ist es beim bekennenden Katholiken Virilio eine noch höhere Macht: die gottgleiche Geschwindigkeit selbst. Dromokratie, Herrschaft der Geschwindigkeit, ist der Begriff, mit dem Virilio versucht, der gesellschaftlichen Beschleunigung durch Medien eine politische Wendung zu geben.

Drei Einwände lassen sich gegen diese postmodernen Beschleunigungsthesen vorbringen:

- *Der erste Einwand ist ein logischer:*

Die Grundfrage, die an Beschleunigungstheorien zu richten ist, lautet: Was wird eigentlich schneller und wie kann man eine solche Beschleunigung messen? Vier Antwortmöglichkeiten bieten sich an:

1.1 Würde *alles*, quasi die gesamte Welt einer Beschleunigung unterliegen, könnten wir diese Temposteigerung nicht wahrnehmen. Einem weltlichen Beobachter würde jeglicher konstante Maßstab fehlen, der als Tertium Comparationis die logische Voraussetzung für das Messen von Veränderung (also das Vergleichen mit Invariantem) darstellt.

1.2 Würde sich *nur die Gegenwart* beschleunigen, dann stellte sich die alte Frage nach dem „Wesen der Gegenwart". Entweder ist sie ein ausdehnungsloser Punkt, der nicht meßbar und nicht zu beschleunigen ist, oder die Gegenwart besitzt eine Dauer, die sich durch Akzeleration verkürzen könnte. In diesem Falle würde *eine* Gegenwart von der folgenden 'abgelöst', aber die Gegenwart selbst würde damit noch nicht beschleunigt, sondern ihre Abfolge in der Zeit.

1.3 Diese Annahme, *die Zeit selbst* würde beschleunigt, wirft allerdings mehr Probleme auf, als sie löst: Wird Zeit als Bewegung definiert, kann sie eine Geschwindigkeit besitzen. Fraglich ist dann aber, woran die Geschwindigkeit gemessen werde soll, denn normalerweise wird sie als Bewegung je Zeiteinheit definiert.

1.4 Soziale *Handlungen und Kommunikation* können ein Tempo haben, weil sie Zeit erfordern. Im Prinzip können Handlungen verschieden schnell ausgeführt werden, allerdings handelt es sich dann eben nicht mehr um die *gleichen* Handlungen. Die Frage ist sogar, inwiefern sie noch *vergleichbar* sind. Aus soziologischer Sicht sind hier die Grenzen eng zu ziehen: Wie Sorokin, Halbwachs und Schmied[5] zutreffend bemerkt haben, ist beispielsweise der populäre Stadt-Land-

---

[4] Virilio 1989, S. 51; Hervorhebung K.B.
[5] vgl. Schmied, 1985, S. 110

Vergleich in Bezug auf das Tempo des sozialen Lebens soziologisch unsinnig. Beim 'Stadtleben' und beim 'Landleben' handelt es sich nämlich um qualitativ *unterschiedliche* soziale Phänomene und nicht um beschleunigte oder verlangsamte Formen *desselben* Lebens.

- *Der zweite Einwand ist ein kultur- und sozialwissenschaftlicher:*

Die Beschleunigung gesellschaftlicher Prozesse ist im Gegensatz zu Virilios Theorem eine genuin *moderne* Erscheinung und die Tempoerfahrung ist eine der Grunderfahrungen der *Moderne*, nicht erst der *Post*moderne. Dies wird deutlich, wenn man sich auch als Theoretiker etwas mehr Zeit nimmt als Virilio und sich die Mühe macht, wie Rudolf Wendorff oder Peter Becker kulturhistorisch zu denken. Becker hat am Beispiel der Eisenbahn gezeigt, wie ein zeitsparender Lebensstil sich in den letzten 150 Jahren, also im Verlaufe von fünf Generationen durchgesetzt hat und welche 'Zeit-Werte' sich dabei herausgebildet haben: Geschwindigkeit (vor allem beim materiellen Transport), Gleichzeitigkeit (durch die Parallel-Verknüpfung vormals konsekutiver Prozesse, z.B. im fahrenden Speisewagen) und Pünktlichkeit (bei der Koordination von Maschinen und Menschen durch den Fahrplan).[6] Schon in der Mitte des 17. Jahrhunderts reflektierte Blaise Pascal über seine von Eile und Hektik getriebenen Zeitgenossen.[7] Bereits das Fahrrad galt Zeitgenossen als Symbol des 'Geschwindigkeitskults' und veranlaßte sie zu Warnungen vor dem geschwindigkeitsverzerrten „bicycle face".[8] Beschleunigung ist also keineswegs ein postmodernes Phänomen: Die „Schere von Lebenszeit und Weltzeit"[9] ist eine anthropologische Konstante und nicht das Signal einer Epochenschwelle. Zudem ist die Erfahrung von Beschleunigung und Zeitknappheit global und sozial sehr ungleich verteilt. Dies sollte – gerade vor dem Hintergrund von Globalisierung und wachsenden sozialen Ungleichheiten (Stichwort: Zeitbudget und Zeiterfahrung von Arbeitslosen) – Anlaß zu differenzierten Überlegungen sein, und stützt technikdeterministische Universaltheorien vom Schlage Virilios nicht. Tatsächlich ist unsere alltägliche Zeiterfahrung keineswegs ausschließlich durch Beschleunigung und Raserei gekennzeichnet, noch immer gibt es Momente der Besinnung und der Ruhe, und vielleicht haben diese Momente als Kontrapunkte an Bedeutung in letzter Zeit noch weiter gewonnen.

- *Der dritte Einwand ist ein kommunikationswissenschaftlicher:*

Virilio argumentiert bei näherer Betrachtung nicht mit einer beschleunigten Handlungsfolge, denn Menschen spielen in seiner Theorie nur eine untergeordnete Rolle. Die von ihm konstatierte Beschleunigung der Kommunikation ist *allein* festgemacht an einer gesteigerten *technischen Übertragungsgeschwindigkeit*. Was sich – wenn sie an mein Eingangs-Beispiel denken – beschleunigt hat, ist lediglich

---

[6] vgl. Becker 1997
[7] vgl. Wendorff 1985, S. 241
[8] vgl. Kern 1983, S. 111
[9] Blumenberg 1986

die Möglichkeit, Daten zu übermitteln. Aus diesem *technischen* Wandel aber ohne weiteres einen fundamentalen *sozialen* Wandel hin zur Dromokratie (als Herrschaft der Geschwindigkeit) abzuleiten, ist nicht überzeugend.

Virilio ignoriert in seiner Medientheorie souverän wichtige begriffliche Unterscheidungen. Er setzt vorschnell übertragene Daten mit bedeutungsvollen Informationen gleich, die jedoch erst durch ein wahrnehmendes und interpretierendes Subjekt erzeugt werden können. Und er reduziert den Kommunikationsbegriff auf einen bloßen Transport von Daten; Verständigung spielt bei Virilio keine Rolle mehr. Verständigung ist aber der zentrale Begriff bei der Beantwortung der hier zu diskutierenden Frage: Spaltet oder verbindet Geschwindigkeit?

Die entscheidende Schwäche besteht bei Virilio (und tendenziell auch in der soziologischen Systemtheorie) darin, daß Menschen als Subjekte (oder zumindest als „kognitive Systeme") aus sozialen Prozessen ausgeblendet werden. Sie werden zu bloßen Objekten, die gleich technischen Empfangsgeräten programmiert und ferngesteuert werden. Zugrunde liegt ein Kommunikations- und Informationsbegriff, der auf die mathematische Informationstheorie von Shannon und Weaver zurückgeht. Beide haben schon in den 40er Jahren – leider vergeblich – versucht, einer vorschnellen Übertragung auf menschliche Kommunikation (auch wenn sie technisch vermittelt erfolgt) vorzubeugen.

Kommunikationsmedien sind nämlich mehr als nur technische Übertragungsmedien; sie sind *soziale Institutionen*, die aus komplexen Handlungsgefügen, kulturellen *Werten* und handlungsleitenden *Normen* bestehen. Sie unterliegen (wie Technik überhaupt) einem sozialen Gestaltungs- und Vermittlungsprozeß. Ich möchte dies an einem Beispiel verdeutlichen:

Die technisch möglich gewordene und im 2. Golfkrieg von CNN teilweise praktizierte Art der sogenannten 'Echtzeit'-Berichterstattung ist keineswegs der Beginn eines besonders aktuellen Nachrichtenjournalismus gewesen, sondern seine Negation: Zwar rücken durch Satellitentechnik Ereignis und Bild des Ereignisses chronometrisch so nah zusammen, daß man von Simultaneität sprechen kann, doch wird damit eben ein qualitativer Sprung von der Aktualität zur Simultaneität vollzogen. Simultaneität schließt Nachricht und Berichterstattung aus, weil keine Zeit bleibt für geistige, sprachliche oder sonstige symbolische Be- und Verarbeitung, für Reflexion, Analyse oder gar Kritik – kurz: für Journalismus. Das Fernsehen ist dann kein *kommunikatives* Medium mehr, das etwas vermittelt, denn Vermittlung bezeichnet einen – zeitlich ausgeprägten – Bearbeitungsprozeß. Das Fernsehen ist bei der Simultan-Übertragung ein rein *technisches* Medium, so wie eine Brille, ein Fenster oder ein Fernglas. Zugleich ist die hergestellte Simultaneität trügerisch, denn es wird keine Ko-Präsenz zwischen menschlichen Akteuren erzeugt, die Interaktion erlauben würde. Lediglich ihr Phantom (Günter Anders), eine Art Tele-Präsenz oder simulierte Präsenz, ist auf diese Weise herstellbar. Schnelle Übermittlung ist also nur die *Voraussetzung* für Aktualität, hinzu treten muß aber noch eine besondere – sozial unterschiedlich ausgeprägte – Relevanz und die Möglichkeit des Reagierens.

Medien als Zeitvermittler

Ulrich Saxer hat in seiner Züricher Abschiedsvorlesung zu Recht bemerkt, daß „Medien ... offenbar Symptom, Determinante und Agens gesellschaftlich verbreiteter, ja herrschender Zeitmuster" sind. Medien vermitteln verschiedene Eigenzeiten[10]: die der Medien selbst (also die Produktionsroutinen und Zeitlogiken der Medienbetriebe), die der „Sozialgebilde", die zum Gegenstand, aber auch zum Initiator gesellschaftlicher Kommunikation werden (wie zum Beispiel das politische System) und die Eigenzeit des Publikums, bzw. der individuellen Nutzer.[11]

Leider fehlt mir hier die Zeit, *alle drei* Beziehungen gründlich zu behandeln. Ich werde mich deshalb auf die Eigenzeiten der Rezipienten und ihren Umgang mit Medien konzentrieren. Zu den anderen Aspekten nur einige Randbemerkungen, um die Notwendigkeit einer weiteren, kritischen Auseinandersetzung zu unterstreichen:

Medien reduzieren Komplexität, und dies tun sie nicht erst, seit Niklas Luhmann dies systemtheoretisch formuliert hat. Das heißt, Kommunikatoren müssen auswählen und verkürzen, also auch die zeitliche Komplexität eines Ereignisses oder Prozesses in ihrer Berichterstattung bearbeiten. Medienästhetisch wenig befriedigend und mitunter publizistisch bedenklich ist es allerdings, wenn schwierige Zusammenhänge in Kurz-Statements von 'Schnell-Denkern' oder in Hörfunk-Beiträge von 1:30 gepreßt werden. Doch mindestens genauso bedenklich ist es, wenn die politischen Akteure (die im übrigen ein Mediensystem mit solchen 'Sachzwängen' politisch durchgesetzt haben) der Medienlogik aufgrund der symbiotischen Beziehung zwischen Politik und Medien Folge leisten. Wenn also der Zwang zu Aktualität und Live-Berichterstattung vom Mediensystem übergreift auf das politische System, das aus gutem Grund für bestimmte Entscheidungen seine Zeit der Abwägung und Debatte bräuchte, dann steigt die Gefahr, daß symbolische Politik weiter an Bedeutung gewinnt. Der französische Soziologe Pierre Bourdieu ist „überzeugt", daß es „eine Verbindung zwischen Geschwindigkeit und Denken [gibt], und zwar eine negative." Im Fernsehen kommen aber nur noch Denker zu Wort, die als „fast-thinkers" in „Gemeinplätzen" denken und kommunizieren.[12] Ein demokratischer Diskurs über die öffentlichen Angelegenheiten ist – jedenfalls im Leitmedium unserer Gesellschaft – nicht mehr möglich. Geschwindigkeit und Zeitdruck tragen hier also nicht zur Verständigung bei: Sie verbinden nicht, sondern sie spalten.

Um die zentrale Frage unseres Kolloquiums wirklich beantworten zu können, dürfen wir aber nicht bei der Betrachtung von Technologien oder Medien*angeboten* stehen bleiben. Zum Prozeß gelingender Kommunikation gehören ganz wesentlich Menschen, nämlich Kommunikatoren auf der einen und Rezipienten oder Mediennutzer auf der anderen Seite. Die Frage muß also nicht heißen: Was ma-

---

[10] vgl. Prigogine 1985 und Nowotny 1989
[11] Saxer 1996
[12] Bourdieu 1997

chen die Medien mit den Menschen? Sondern: Was machen die Menschen mit den Medien? *Wir* sind verantwortlich für Spaltung oder Integration in unser Gesellschaft.

Lassen Sie mich deshalb den Akzent meiner folgenden Ausführungen auf die Handlungsweisen und -spielräume der Mediennutzer legen.

Mediennutzer als Zeitgestalter

Die Mediennutzer entwickeln – in individuell unterschiedlichem Maße – Medienkompetenz, d.h. sie erwerben Kenntnisse über die Zeitgestalten der Medien, und sie gehen kreativ mit diesen Möglichkeiten um. Je nach Ausprägung der Kompetenz und nach ihren alltäglichen Bedürfnislagen erproben sie unterschiedliche Strategien oder zumindest Taktiken im zeitlichen Umgang mit den Medien. Sie nutzen Medien zur Zeitgestaltung und räumen ihnen einen hohen Stellenwert in ihrer Lebenswelt ein, die dadurch wiederum zunehmend durch mediale Eigenzeiten geprägt wird.

Die Zeitgestalten der Medien sind also sozial bestimmt, werden aber individuell angeeignet. Die Formen der individuellen Aneignung sind dabei keineswegs beliebig, doch sind die Spielräume so groß, daß man *nicht* von einseitigen oder gar deterministischen Wirkungen der Medien, etwa in Richtung einer sozialen Beschleunigung, sprechen kann. Medien sind Teil unserer zeitlich komplex strukturierten Umwelt, eines Chronotops.[13] Sie fungieren als *Vermittler* zwischen sozialen Zeitordnungen und individuellem Zeitbewußtsein.

Medienhandeln kann sehr vielfältig motiviert sein; es unterliegt dabei nicht nur zweckrationalen Kalkülen, wie sie die zeitökonomische Forschung akzentuiert. Medienhandeln zielt vielmehr auf die sinnvolle Integration unterschiedlicher Zeiterlebnisse in ein Chronotop, also eine zeitlich komplex strukturierte Lebenswelt. Die Betrachtung sollte deshalb nicht auf die Frage der Geschwindigkeit eingeengt werden, sondern versuchen auch andere Zeitqualitäten zu berücksichtigen.

Zeitgestaltung durch Medien: Zeit-Taktiken und Zeit-Strategien der Mediennutzer

Eine Untersuchung der zeitlichen Aspekte der Mediennutzung zeigt, daß die eingangs referierte Beschleunigungsthese zu kurz greift, weil nur einige der behandelten Zeit-Taktiken im Umgang mit Medienangeboten zeitökonomischen Effizienzkalkülen folgen, während andere eher als *aktive Gestaltung der zeitlichen Struktur der Lebenswelt* zu begreifen sind.

1)   Eine der eindeutig zeitökonomisch motivierten Formen des Umgangs mit Medien stellt zweifellos das **Zeitsparen** dar. Die vorgegebene, nicht vermehrbare Ressource Lebenszeit wird im Alltag als knappes Gut erlebt. Weil sie sich nicht extensivieren (also ausdehnen) läßt, versucht man sie zu intensivieren. *Eine* Form

---

[13] Hörning/ Gerhardt/ Michailow 1990, S. 138

der Zeitintensivierung (die andere bezeichne ich als Zeitverdichtung) ist die Beschleunigung von Kommunikation und Mediennutzung. Die Dauer der kommunikativen Handlung bzw. der Mediennutzung wird verkürzt, indem die Abfolge von Bild- und/oder Ton-Sequenzen beschleunigt, der vorgegebene Erscheinungs- bzw. Senderhythmus unterlaufen sowie auf einzelne Medieninhalte selektiv (also unter Auslassung zeitextensiver Rezeption) zugegriffen wird.

• Im Bereich der interpersonalen Kommunikation sind Telefon, Telefax und zunehmend auch E-Mail bewährte Beschleunigungs- und 'last minute'-Techniken. Auch ein Teil der WWW-Nutzung dürfte zeitökonomisch motiviert sein: die direkte Recherchemöglichkeit bzw. der Zugang zu aktuellen Informationen gehört zu den Nutzungsmotiven, ist allerdings bislang noch häufig unbefriedigend. Der Einsatz von Suchmaschinen und sogenannten intelligenten Agenten im Internet beschleunigt die Auswahl aus einem Medienangebot, wenngleich hier Zweifel an der Zuverlässigkeit und der Treffgenauigkeit angebracht sind. Im Ergebnis kann die Recherchezeit sich durch den Einsatz dieser Beschleuniger erheblich verlängern.

• Die Ausstattung von Arbeitsplätzen mit PC-Netzen und Internetzugang wird von den Unternehmen mit der Absicht vorangetrieben, Effizienz und Produktivität der Mitarbeiter zu erhöhen. Und dies dürfte sicherlich auch in Teilen gelungen sein, jedoch offenbar bei weitem nicht in dem Maße, wie erhofft: In den USA führen besorgte Zeitökonomen mittlerweile eine Debatte darüber, ob der Computer nicht eher ein 'Zeitdieb' sei, der die nun im Web surfenden Mitarbeiter von der Erledigung ihrer eigentlichen Aufgaben ablenke oder gar abhalte.[14] Die von teuren Unternehmensberatern entwickelten und aufgepfropften Unternehmensphilosophien, die Kommunikation zur Ideologie im Interesse des Umsatzes stilisiert haben, erweisen sich als kontraproduktiv, weil Menschen sich Techniken auf ihre *eigene* Art und in ihrem *eigenen* Rhythmus aneignen.

• Der Videorekorder eröffnet die verbreitet genutzte Möglichkeit, durch schnellen Vorlauf und das Überspringen ganzer Sequenzen die Programm-Medien partiell zu 'entprogrammieren'. Als Medium der Reproduktion, der 'De-Montage' und 'Ent-Programmierung' erhöht er die zeitliche Verfügungsgewalt im Umgang mit programmierten medialen Formen. Mit großen ökonomischen, ästhetischen und sogar wissenschaftlichen Aufwand (nämlich der Mediennutzungsforschung) versuchen die Rundfunkanbieter, ein Non-Stop-Programm zu komponieren, daß auf kontinuierlichen Konsum abstellt. Alles – einschließlich der Werbespots – soll vollständig, ohne Pause und in der vorgeschriebenen Geschwindigkeit rezipiert werden. Mit Hilfe von audiovisuellen Teasern und Voice-Over-Ankündigungen soll der Zuschauer, während er noch den beschleunigt abgespielten Abspann des einen Films sieht, bereits in die nächste Sendung hineingezogen werden. Schnelle Schnittfolgen in den Musikvideoclips und in der Werbung, die zunehmend die Gestalt sog. 'Clutter' (also 10 bis 15 Sekunden dauernder Kurz-Spots) annimmt,

---

[14] vgl. Siegele 1997

sollen Augenkitzel erzeugen: rasende Bilder sollen den Rezipienten zum Stillstand bringen – vor allem soll er seine Finger von der Fernbedienung lassen. Doch der ganze Aufwand ist, wenn vielleicht auch nicht vergeblich, so doch nicht von dem gewünschten Erfolg gekrönt: Fernbedienung und Videorekorder helfen, das beschleunigte Kontinuum des Programms zu entschleunigen.

• Die Effekte von Videorekorder und Fernbedienung sind widersprüchlich: Als Mittel der 'Ent-Programmierung' ermöglichen sie 'verkürzte', hoch-selektive Rezeptionsweisen, die sich auf die gezielte Vermeidung von Werbung ('Ad-Voidance') oder bestimmter abstoßender Szenen richten. Auch die Nutzung der Fernbedienung zielt beim 'Zapping' auf eine Beschleunigung des Fernsehens. Die zeitliche Manipulation medialer Formen durch den Nutzer dient aber nicht nur dem Zeitsparen, sie führt auch zur Konstruktion individueller Kontinuitäten oder Diskontinuitäten, die als sinnhaft rezipiert werden können. Der Rezipient kann mit Hilfe dieser Zusatztechniken seine eigene Rezeptionsgeschwindigkeit gestalten: Er kann beschleunigen oder entschleunigen (etwa durch die Wiederholung bestimmter Szenen).

Medientechniken der Beschleunigung können also genutzt werden, um schneller eine Verbindung zu einem Speichermedium oder einem menschlichen Kommunikationspartner herzustellen. Doch die Technik allein reicht eben nicht aus: Sie kann sich sogar als kontraproduktiv erweisen, wenn sie noch nicht ausgereift oder nicht nutzerfreundlich ist.

2) Die *zweite* Form der Zeitintensivierung neben der Beschleunigung des Medienhandelns bzw. dem Zeitsparen durch Mediengebrauch, ist die **Zeitverdichtung** oder Zeitvertiefung. Sie ist der Versuch, die vorgegebene lebenszeitliche Dauer angesichts eines übermächtigen weltzeitlichen Angebots auszudehnen, indem man Zeit doppelt oder mehrfach nutzt. Zeit wird als knapp empfunden, und muß daher besonders intensiv genutzt werden. Da man sie nicht vermehren kann (auch nicht durch Zeitsparen), versucht man gleich zwei oder mehr Dinge zur gleichen Zeit zu tun. Die Medienhandlung wird bei dieser Strategie durch Parallelhandlungen begleitet oder sie stellt selbst eine Parallelhandlung dar. Der Wunsch nach zeitlicher Vertiefung kann sogar zu zwei parallelen *Medien*handlungen führen, die zeitgleich oder sehr engmaschig alternierend erfolgen. Aus der Computernutzung ist dies als 'Multitasking' bekannt, die parallele Nutzung mehrerer Programm-'Fenster' ist hier beinahe der Normalfall.

• Der Hörfunk hat sich mit seinen Programmen bereits weitgehend zum problemlos konsumierbaren Tagesbegleitmedium entwickelt, beim Fernsehen sind diese Tendenzen nicht nur in den USA ebenfalls klar erkennbar. Je nach empirischer Studie schwanken die Werte, doch man muß wohl davon ausgehen, daß 90% der Radionutzung (Hördauer) und etwa 20% der Fernsehnutzung lediglich Sekundärtätigkeiten darstellen. Weniger als ein Fünftel der Zuschauer verrichtet neben dem Fernsehen *keine* weiteren Tätigkeiten.[15]

---

[15] vgl. Beck 1994, S. 300

• Während sich das klassische Programmfernsehen zum Tagesbegleit-, Parallel-
oder Sekundärmedium für die Nutzung von Zeitresten und zur Zeitverdichtung
entwickelt, werden Videomedien, Pay-TV, zukünftige Formen 'interaktiven'
Abruf-Fernsehens (Video-on-demand) sowie online-Medien die Rolle okkasiona-
ler Ereignismedien spielen, die gezielt und aufmerksam genutzt werden. Schon
heute ist zu beobachten, daß auch diese Medien parallel genutzt werden: Online-
Nutzer, die mitunter lange auf den Empfang von Web-Seiten warten müssen,
hören gerne Radio und sehen zum Teil auch Fernsehen nebenher. 1996 stellte
Statistical Re-search fest, daß über 40 Prozent der US-Haushalte, die über einen
PC verfügen, Fernsehen und Computer zumindest gelegentlich auch gleichzeitig
nutzen.[16] Laut ARD-Online-Studie 1997 sind Nebentätigkeiten während des Surfens weit verbreitet: 35% der Befragten geben an, gleichzeitig weitere PC-
Anwendungen zu nutzen, jeweils ein Drittel hört Radio oder CD, 14% blättern
häufig Zeitschriften durch und 13% sehen häufig oder gelegentlich gleichzeitig
fern. Knapp die Hälfte der Nutzer gab an, sich während der Online-Nutzung mit
anderen Menschen zu unterhalten.[17]
• Die Kombination von (Zeitungs-)Lektüre mit Hörfunk oder Fernsehen,
'Puzzle-TV' und vergleichbare Formen der Zeitverdichtung sind durch chronome-
trische Methoden der Mediennutzungsforschung kaum erfaßt; Selbstbeobachtung
und qualitative Interviews weisen aber auf die Relevanz dieser Zeitverdichtungs-
handlungen im Alltag hin. So schildert Luger beispielsweise den Fall eines Jugendlichen, der allabendlich gezielt zwei zeitlich parallel ausgestrahlte Spielfilme
in dem Bestreben nutzt, beide „inhaltlich vollständig" ('Puzzle-TV') zu verstehen.[18] Auch beim sogennanten 'Grazing' ist die Fernbedienung hilfreich: Durch
das (im Gegensatz zum 'Zapping') ziellose Absuchen mehrerer oder aller Kanäle
entsteht ein panoramatisches 'Gesamtprogramm'. Wird relativ gezielt zwischen
einer begrenzten Kanalzahl hin- und hergeschaltet, so spricht man von
'Switching', einer Zeitvertiefungstechnik, bei der neue Dramaturgien aus Bruchstücken vorhandener Spielhandlungen erzeugt werden können.
    Zur Zeitverdichtung durch Parallelnutzung neigen vor allem sogenannte 'Zeit-
Macher',[19] also Menschen, die davon überzeugt sind und folglich aktiv versuchen,
ihre Zeit durch Organisations- und Managementleistungen in den Griff zu bekommen.
    Es sind also nicht die Medien, die unser Handeln beschleunigen, sondern es
sind die Nutzer, die ihre Zeit so gestalten, weil ihnen die Medien (jedenfalls eines
für sich allein genommen) nicht zu viele, sondern zu wenige Reize bieten.

---

[16] Stipp 1998, S. 79
[17] van Eimeren/ Oehmichen/ Schröter 1997, S. 554
[18] Luger 1989, S. 231
[19] vgl. Neverla 1992, S. 141

3)　Zeitsparen und Zeitverdichten werden ergänzt durch die Möglichkeit der **Zeitdehnung.**

• Auch hier spielt der Videorekorder eine bedeutende Rolle: Der Nutzer erhöht seine persönliche Zeitautonomie, indem er Anfang oder Ende einer Medienhandlung unbestimmt verzögert oder planmäßig verschiebt. Auch das wiederholte Abspielen bestimmter 'Lieblings'-Sequenzen steigert durch Zeitdehung die empfundene Angst, Lust oder Angstlust.

• Nicht die schnelle Zielerreichung, sondern die offenbar als lustvoll erfahrene, gedehnte Zeit der Suche, scheint auch ein Motiv bei der Nutzung des Internet zu sein. Ein Beispiel hierfür ist die Nutzung erotischer und pornografischer Angebote im WWW: Das dort dargebotene Material ist in den meisten Fällen wohl rascher, preiswerter und in höherer technischer Qualität an jedem Bahnhofskiosk, der zudem ebenfalls eine hinreichende Anonymität gewährt, erhältlich. Gleichwohl scheint der besondere Reiz im mühsamen und langsamen Weg des Suchens und Findens zu liegen. Nicht Zeitökonomie und Beschleunigungstendenz diktieren hier das Verhalten, sondern spielerischer Umgang mit Zeit und Medien.

4)　Das **Zeitfüllen** durch Medienhandlungen ist eine Strategie oder bloße Taktik gegen die Langeweile. Mediennutzung erfolgt als Beschäftigung in biographischen und/oder tageszeitlichen Phasen, in denen unausgefüllte Zeit als Last empfunden wird. Irene Neverla spricht im Falle der Fernsehnutzung von „Beschäftigungssehen", das tendenziell mit sehr hoher Sehdauer und -häufigkeit einhergeht.[20] Fernsehen kann, wie Harold Mehling in den USA bereits 1962 schrieb, als „great time-killer"[21] genutzt werden. Gefüllt oder überbrückt werden vorzugsweise Wartezeiten oder sogenannte 'Splitter'-, Rest- und Lückenzeiten.[22]

• Fernsehnutzung erfolgt oftmals sehr gegenwartszentriert: Entspannend wirkt das Fernsehen nur *während* des Fernsehens, während mit dem Ende des Fernsehens auch das Ende der Entspannung zu kommen scheint.[23] Postkommunikativ wird lange Fernsehnutzung oftmals mit Schuldgefühlen verbunden. Gleichwohl fällt es vielen schwer, sich vom laufenden Bild zu trennen. Weit verbreitet ist die Erfahrung, daß etwas zu Ende gesehen wird, obwohl es nicht gefällt. Mediennutzungsdauer und Medienbewertung fallen beim Fernsehen also häufig auseinander. Gesucht wird nicht unbedingt ein bestimmter Medieninhalt, sondern der Zeitvertreib als gestaltete Langeweile. Daß nicht mehr nur das Radio, sondern zunehmend das Fernsehen als 'Restzeitfüller' genutzt wird, zeitigt Folgen für die Zeitgestalten der Medien: Die Nutzer regen die Macher zur Gestaltung 'kurzatmiger', beschleunigter Programmfolgen an.

• Bislang liegen erst wenige Erkenntnisse über die zeitlichen Qualitäten der online-Nutzung vor. Gleichwohl läßt sich die These begründen, daß auch die Nutzung kombinierter Text-Bild-Angebote im Web aus dem Motiv des Zeitfüllens

---

[20] Neverla 1992, S. 167-178
[21] Mehling 1962, S. 22
[22] vgl. Müller-Wichmann
[23] Kubey/ Csikszentmihalyi 1990, S. 122-124

erfolgt. Die Kurzzeitigkeit und beliebige Kombinierbarkeit des Web-Angebotes, wie es beim 'Browsen' mehr oder weniger ziellos erlebt werden kann, sowie die Möglichkeit, sich im chaotischen Angebot von Link zu Link zu verlieren, legen eine solche Nutzungsstrategie zumindest nahe. Für diese These spricht auch die Beobachtung, daß in der postkommunikativen Phase die Entspannung aufhört, ja ein Gefühl der Reue ob der Zeitverschwendung einsetzen kann. Erste Nutzungsstatistiken weisen im übrigen darauf hin, daß das Surfen im Netz bei einigen Nutzerschichten Teile des Fernsehkonsums substituiert. In einer amerikanischen Untersuchung gaben immerhin 22% der 100.000 befragten Netznutzer an, sie würden zugunsten des Surfens auf Fernsehen verzichten, während nur 12% aufgrund der Netznutzung weniger Zeitung lesen und 3% weniger Radio hören.[24] Bei der ARD-Online-Studie 1997 gab ein Drittel der Befragten an, aufgrund der Internet-Nutzung weniger fernzusehen.[25]

Das hinter dem Zeitfüllen stehende Motiv ist weder zeitökonomisch auf Effizienzsteigerung ausgerichtet, noch dient es der Beschleunigung. Im Gegenteil: Hier werden Medien von sogenannten 'Zeit-Reichen' genutzt, um die reichlich vorhandene Zeit zu füllen oder um sie – sozusagen unter Wert – zu verschleudern. Die Medien erzwingen nicht eine Beschleunigung unseres Handelns und Lebens, sondern sie dienen als Zeitvertreib.

5)   Medienhandeln kann ferner eine Strategie darstellen, unstrukturierte **Zeit zu strukturieren.** Unstrukturierte Zeit ist oftmals ein Ergebnis von Flexibilisierungsprozessen oder hoher Zeitautonomie. Mediale Zeitordnungen werden vielfach als – vielleicht letzte – Brücke zur sozialen Umwelt verstanden und als relativ verbindlich akzeptiert[26]: Das Individuum richtet dann mitunter weite Teile seines Tagesablaufs an den Programmstrukturen des Fernsehens aus. Dieses Phänomen ist jedoch weniger eine Wirkung des Fernsehens, als das Ergebnis eines Problemlösungsversuchs. Ursache und Voraussetzung liegen hier im Vorhandensein unstrukturierter Zeit (z.B. durch Arbeitslosigkeit). Im Gegensatz zum Zeitfüllen geht es beim Strukturieren von Zeit um ein erkennbares 'Timing' im Sinne eines aktiven 'Scheduling' und nicht um ein Anfüllen der Zeit mit 'beliebigen' Medienangeboten. Beim Zeitstrukturieren handelt es sich wie beim Zeitfüllen nicht um einen Akt der Beschleunigung, sondern um die Schaffung von wiederkehrenden Ruhepolen, von festen Marken im Fluß der Zeit.

6)   Diesem Zweck dient auch die **Habitualisierung und Ritualisierung** des Medienhandelns. Alltägliche Routinen reduzieren den Zeitdruck, der durch gesellschaftliche Beschleunigungstendenzen möglicherweise entsteht oder verschärft wird. Gewohnheiten entlasten von ständig neu zu treffenden Entscheidungen und sie schaffen Vertrautheit und Sicherheit. Hierauf zielen vor allem die seriellen Formen des Fernsehens ab. Untersuchungen ergeben allerdings, daß die meisten

---

[24] Wired News Report 1998
[25] van Eimeren/ Oehmichen/ Schröter 1997, S. 554
[26] Kubey/ Csikszentmihalyi 1990, S. 184

Zuschauer tatsächlich nicht jede Serienfolge sehen, sondern „immer mal wieder reinschauen"; die Serientreue von Folge zu Folge beträgt meist nur bis zu 40%.[27] Beruhigend wirkt offenbar schon das Gefühl, auf etwas Bekanntes zurückgreifen zu *können*, auch wenn man dies nicht ständig tut.

Unter **Ritualisierung** verstehe ich eine klare, durch wiederkehrende Medienhandlungen erzielte Zeitstrukturierung, bei der Mediennutzung eine besondere symbolische Bedeutung besitzt. Medien, insbesondere periodische und serielle Formen sowie einmalige Medienereignisse eignen sich als soziale Zeitgeber: Sie synchronisieren Subjekte[28] und vermitteln einen sozialen Sinn, der im Erlebnis sozialer Gleichzeitigkeit bzw. einer zumindest „rezipierenden Partizipation" am öffentlichen Leben und am Gemeinwesen zum Ausdruck kommt. Ritualisierte Medienhandlungen können also kommunisierende Wirkungen entfalten, und an ihnen wird die Vermittlung einer sozialen Zeitordnung, nämlich des Kalenders, besonders deutlich. Schnelle Medien spalten hier nicht, sondern sie verbinden, denn individuelle Eigenzeiten werden gebündelt zu einem Publikum (Öffentlichkeit). Neben diesen „kalendarischen Riten", die durch „kalendarisch verfaßte Massenmedien"[29] zelebriert werden, können Medienhandlungen auch symbolischer Ausdruck individueller 'Übergangsriten' (rites des passages) sein: So kann die Tagesschau „den Feierabend einläuten", die Morgenzeitungslektüre den Tagesbeginn markieren, der Radiowecker mit vertrauten Stimmen oder Melodien sich allmorgenlich melden oder der Jahreswechsel immer wieder zur „Same Procedure" (Freddy Frintons „Dinner for one") werden.

Die zunehmende Segmentierung des Medienangebotes und eine durch Computermedien weitergehende Individualisierung der Mediennutzung stellen sozial verbindliche Medienrituale in Frage. Gleichwohl zeigen über 5 Milliarden Fernsehzuschauer bei der Live-Übertragung der Trauerfeier für Lady Di, daß auch unter Vielkanal-Bedingungen Medienereignisse Ritualcharakter erlangen können. Auch hier kann die Diagnose also nicht lauten, die Beschleunigung der Medien spalte die Gesellschaft. Unabhängig von der technischen Übertragungsgeschwindigkeit können elektronische Medien durchaus zur gesellschaftlichen und kulturellen Integration beitragen, auch wenn die Gegenstände gesellschaftlicher Kommunikation nicht immer politisch hochbrisant sein mögen.

7) Medienhandeln kann das taktische oder gar strategische Ziel der 'Auszeit' verfolgen. Gesucht werden entweder besondere Augenblicke und herausgehobene Momente, die uns zumindest scheinbar vom „Rausch der Geschwindigkeit" oder doch zumindest vom „Fluß der Zeit" suspendieren. Dies können große Medienereignisse und -rituale sein, aber auch Zeiten individueller Meditation vor der „buddhistischen Maschine" Fernseher (Enzensberger). Auszeiten dienen der persönlichen Muße und dem Ausstieg aus den sozialen Zeitzwängen des Alltags.

---

[27] vgl. Beck 1994, S. 316-320
[28] Pross 1983, S. 8
[29] Pross 1974, S. 128-136

Zusammenfassung und Schlußfolgerungen

Als Ergebnis läßt sich festhalten, daß Medien als technische Artefakte keine eindeutigen Zeitstrukturen aufweisen, von denen sich im Sinne der Beschleunigungsthese deterministische Zwänge auf unser Zeiterleben und unser Zeitbewußtsein ableiten ließen. Medien – begriffen als kulturelle Formen – weisen eine *komplexe* zeitliche Struktur auf: Ein Teil dieser Zeitgestalten ist dabei das Resultat zeitökonomischer bzw. medienökonomischer Kalküle auf der Seite der Kommunikatoren. Hinzu treten aber eine Reihe von anderen Faktoren, von denen mir der medienästhetische der wichtigste zu sein scheint.

Vor allem aber sollte die Betrachtung der Mediennutzungsseite zeigen, daß Medienhandlungen nicht durch technische Strukturen determiniert oder vollständig zeitökonomischen Kalkülen untergeordnet sind. Jenseits der Beschleunigung existiert eine Fülle weitere Zeit-Taktiken und Strategien. Aktive und zeitsensible Mediennutzer gestalten ihre Zeit mitunter sehr individuell und sicherlich nicht immer den Intentionen der Kommunikatoren folgend. Die Möglichkeiten eines *zeitökologischen* Gegensteuerns gegen *zeitökonomisch* motivierte oder technisch vorangetriebene und unterstützte Beschleunigungstendenzen sind keineswegs verspielt, wie das die Theoretiker der Postmoderne gerne – und publikumswirksam im langsamen Medium Buch – behaupten.

Literatur

Beck, K., Medien und die soziale Konstruktion von Zeit. Über die Vermittlung von gesellschaftlicher Zeitordnung und sozialem Zeitbewußtsein. Opladen 1994

Becker, P., Schneller, gleichzeitig, pünktlich; in: Zeit - ein knappes Gut. Beilage des Berliner „Tagesspiegel", 1.11.1997, S. 1

Blumenberg, H., Lebenszeit und Weltzeit. Frankfurt am Main 1986

Borchers, D., Der eingebildete Kranke; in: Neue Zürcher Zeitung, 24.2.1998, S. 40

Bourdieu, P., Wider den Terror der Einschaltquoten; in: SZ am Wochenende. Feuilleton-Beilage der Süddeutschen Zeitung, 27./28.12.1997

Hörnig, K.H./ Gerhardt, A./ Michailow, M., Zeitpioniere. Flexible Arbeitszeiten - neuer Lebensstil. Frankfurt am Main 1990

Kern, S., The Culture of Time and Space 1880-1913. Cambridge, Ma. 1983

Kubey, R./ Csikszentmihalyi, M., Television and the Quality of Life. How Viewing Shapes Everyday Experience. Hillsdale H, N.J./ Hove/ London 1990

Luger, K., Die Macht der Gewohnheit; in: Baacke, D./ Kübler, H.-D. (Hrsg.), Qualitative Medienforschung. Konzepte und Erprobungen. Tübingen 1989, S. 223-251

Mehling, H., The Great Time-Killer, New York/ Cleveland. Ohio 1962

Müller-Wichmann, C., Zeitnot. Untersuchungen zum „Freizeitproblem" und seiner pädagogischen Zugänglichkeit. Weinheim/ Basel 1984

Neverla, I., Fernseh-Zeit. Zuschauer zwischen Zeitkalkül und Zeitvertreib. München 1992

Nowotny, H., Eigenzeit. Entstehung und Strukturierung eines Zeitgefühls. Frankfurt am Main 1989

Prigogine, I., Vom Sein zum Werden. München/ Zürich 1985

Pross, H., Politische Symbolik. Theorie und Praxis der öffentlichen Kommunikation. Stuttgart u.a. 1974

Pross, H., Einleitung. Ritualismus und Signalökonomie; in: Pross, H./ Rath, C.D. (Hrsg.), Rituale der Medienkommunikation. Gänge durch den Medienalltag. Berlin/ Marburg 1983

Sandbothe, M., Zeit und Medien. Postmoderne Medientheorien im Spannungsfeld von Heideggers Sein und Zeit; in: Medien & Zeit 2/1993, S. 14-20

Saxer, U., Die Sekundenzeiger der Geschichte - Medien als Zeitmanager; in: Neue Zürcher Zeitung 3./4.8.1996, S. 7

Schmied, G., Soziale Zeit. Umfang, 'Geschwindigkeit' und Evolution. Berlin 1985

Siegele, L., Fehler im System; in: Die Zeit 42/1997 (10.10.1997), S. 48

Stipp, H., Wird der Computer die traditionellen Medien ersetzen? in: Media Perspektiven 2/1998, S. 76-82

Thomsen, F., Eine Art „Heimatsender"; in: Der Tagesspiegel 27.8.1993, S. 24

van Eimeren, B./ Oehmichen, E./ Schröter, C., ARD-Online-Studie 1997: Onlinenutzung in Deutschland; in: Media Perspektiven 10/1997, S. 548-557

Virilio, P., Fahren, fahren, fahren ... Berlin 1978

Virilio, P., Ästhetik des Verschwindens. Berlin 1980

Virilio, P., Die Sehmaschine. Berlin 1989

Virilio, P., Das letzte Fahrzeug; in: Barck et al. (Hrsg.), Aisthesis. Wahrnehmung heute oder Perspektiven einer anderen Ästhetik. Leipzig 1991, S. 265-276

Wendorff, R., Zeit und Kultur. Geschichte des Zeitbewußtsein in Europa. Opladen 1985[3]

Wired News Report, 25.3.1998 „I Want My Web, Not TV" (http://www.wired.com/news/News/email/member/culture/story/11211.html (26.3.1998)

Helmut Drüke

Geschwindigkeit als strategischer Erfolgsfaktor
Die Unterschiede zwischen Unternehmen Deutschlands, Japans,
Italiens und der USA in der Bewältigung des Zeitwettbewerbs

Die zentrale Bedeutung des Produktentstehungsprozesses im „neuen Wettbewerb"

> *„Denk schneller. Deine Idee von heute wird in fünf Jahren
> überholt sein. Die ganze Welt ist Dein Wettbewerb. Du mußt
> nicht erfinden, was Du kaufen kannst. Finde heraus, wo das
> Problem ist. Such nicht nach etwas Perfektem. Tu endlich
> was. Lieber nur 98,5 % als 1,5 Jahre zu spät – oder zu teuer.
> Perfektion ist Zeitlupe, Phantasie ist Lichtgeschwindigkeit.
> Wie schnell warst Du heute?"* (Aus einer Werbung des
> ABB-Konzerns)

Neue Produkte früher und in größerer Vielfalt auf den Markt zu bringen, ist
seit Mitte der achtziger Jahre von wachsender Bedeutung für die Unternehmen.[1]
Die Zahlen eines Reports von McKinsey & Co. sind hierfür instruktiv. Danach
werden Produktentwicklungsprojekte, die zwar im Budgetrahmen bleiben, aber
sechs Monate zu spät auf den Markt kommen, 33% weniger Erträge über fünf
Jahre bringen. Umgekehrt wird der Profit von Projekten, die rechtzeitig auf den
Markt gebracht werden, aber um 50% über dem Budget liegen, nur um 4% gegenüber den Planungen reduziert sein. Verschärft wird diese Situation durch die
Notwendigkeit, ein neues Produkt möglichst sogleich in Stückzahlen, die schon
kurz nach der Markteinführung größere Umsätze ermöglichen (Time to Volume),
auf den Markt zu bringen.

Neben Kosten- und Qualitätsaspekten spielt im Rahmen der veränderten internationalen Konkurrenz der Faktor Zeit eine immer größere Rolle. Alle drei
Aspekte haben einen gleichen Rang: nur Produkte mit hoher Qualität und zu
niedrigen Kosten haben eine Chance, wenn sie rechtzeitig auf dem Markt präsen-
tiert werden. Diese Interdependenz faßt Young (1996) in das Bild des „infernalen
Dreiecks". Aber die Verkürzung der Entwicklungszeiten für neue Produkte ist nur
der eine Antriebsfaktor für eine neue Sicht des Produktentwicklungsprozesses. In
einer Reihe von Untersuchungen wird herausgestellt, daß in den Frühphasen des
Produktentwicklungsprozesses ein Großteil der Produktionskosten festgelegt wird.

---

[1] vgl. Stalk/Hout 1990; Dertouzos et al. 1989; Porter 1986

Aus General-Motors-Quellen wird angeführt, daß die Fertigungskosten für Getriebe in Lastkraftwagen zu 70% in der Entwicklungsphase festgelegt werden, und in einer Studie von Rolls-Royce wird sogar ein Anteil von 80% genannt.[2] Diese Zahlen haben sich so weit verselbständigt, daß wie nie zuvor Kostenreduzierungsprogramme für den Produktentwicklungsprozeß in den Mittelpunkt unternehmerischer Strategien gestellt werden.

Somit steht in den Unternehmen eine Umstrukturierung der Vorgehensweisen über den gesamten Prozeß der Produktentstehung an, eine Überprüfung der Arbeitsteilung zwischen den internen Akteuren sowie zwischen Innen und Außen, d.h. den bisher einbezogenen oder potentiellen Lieferanten.

Abb.1: Produktlebenszeit und Pay-off-Periode im Vergleich*

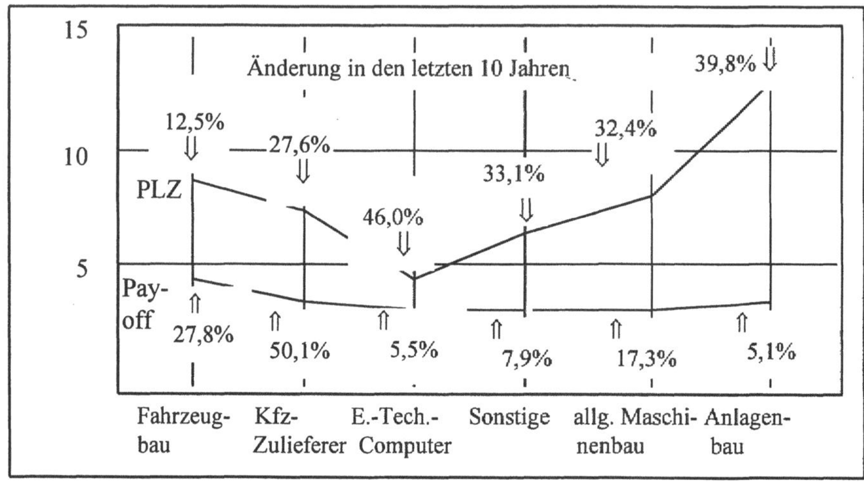

*Quelle: Bullinger et al. (1990), S. 34; * = Amortisationszeit einschließlich der Entwicklungskosten.*

Wie die Unternehmen in einer Branche wie der PC-Industrie, die wie nur noch die Konsumgüterindustrie (siehe auch Abb. 1) dem Diktat des Zeitwettbewerbs ausgesetzt ist, diese neuen Herausforderungen bewältigen, ist Thema der weiteren Ausführungen auf Basis eines international vergleichenden Forschungsprojektes, das zwischen 1990 und 1996 am Wissenschaftszentrum Berlin für Sozialforschung[3] durchgeführt wurde. Die PC-Industrie wird deshalb gewählt, weil sich

---

[2] Lecler 1992, S. 2

[3] Das von der Stiftung Volkswagen teilfinanzierte Forschungsprojekt untersuchte die „Strategien zur Verkürzung der Vorlaufzeiten für neue Produkte" in einem Länder- und Branchenvergleich. Die einbezogenen Branchen waren der Automobilbau, der Werkzeugmaschinenbau und die Computerbranche. Untersuchungen wurden durchgeführt in

hier sehr deutlich nationalspezifische Unterschiede in der Fähigkeiten der Unternehmen wie auch der nationalen Innovationssysteme (Ausbildung, staatliche Politik, etc.) insgesamt erweisen, und, um dies vorwegzunehmen, gravierende Schwächen der deutschen Unternehmen und des deutschen Innovationsmodells insgesamt.

Der Text gliedert sich wie folgt: Zunächst wird im Abschnitt 1 das theoretische Konzept für die anschließende Auswertung einer umfangreichen empirischen Untersuchung, nämlich die Differenzierung und Integration der Akteure in der arbeitsteiligen Prozeßkette, vorgestellt. Im Anschluß daran werden die Ergebnisse der empirischen Untersuchung in der PC-Industrie wiedergegeben. Im Abschnitt 3 wird dann versucht, eine Erklärung für die Unterschiede in der Performanz im Produktentstehungsprozeß zu geben, indem die untersuchten Unternehmen in zentralen Aspekten der Qualität von Kooperation und Kommunikation im Prozeß „concept to market" verglichen werden (Abschnitt 4). Die Darstellung schließt mit einer Erörterung der Probleme des deutschen Innovationsmodells.

1.   Differenzierung und Integration

Integration im Produktentwicklungsprozeß stellt formell gesehen die Zusammenführung der Resultate bzw. Zwischenergebnisse von Teiltätigkeiten dar. Der dazu erforderliche Prozeß ist die Kooperation und Kommunikation von arbeitsteilig vorgehenden Prozeßakteuren. Diese Akteure sind funktional und arbeitspolitisch differenziert.

- Funktional differenziert: Teilaufgaben werden von spezialisierten Abteilungen durchgeführt. Die Ordnung der Tätigkeitsabfolge und -verschachtelung ergibt sich aus der synchronalen (horizontale Arbeitsteilung) und diachronalen (Tätigkeitsfolge) Perspektive auf den Produktentwicklungsprozeß. Während der verschiedenen Hauptphasen product engineering und process engineering und der jeweiligen Teilprozesse (Konzeptfindung, Produktentwicklung, prototyping, Prozeßentwicklung, Nullserie bis zum Produktionsanlauf) kooperieren und kommunizieren die Prozeßbeteiligten ständig zur Erfüllung der einzelnen Aufgaben und im Sinne der Gesamtaufgabe.
- Arbeitspolitisch differenziert: Die Akteure sind nicht einfach nur Kooperierende im technisch-funktionalen Sinne oder Marktpartner im Sinne der klassischen Wirtschaftslehre. Unter den Bedingungen arbeitsteiliger Organisation des Produktentwicklungsprozesses ist es unvermeidbar, daß rivalisierende und häufig unvereinbare Vorstellungen und Interessen aufeinandertreffen. Es werden Machtpositionen abgeglichen, verteidigt, neu verteilt, befestigt, Spielregeln eingeübt, bestätigt, überprüft. Es wird Einfluß für Einzelpersonen und mehr noch für Gruppen zu Lasten anderer Bereiche erreicht – mithin erhalten die Differenzierungen und der Auseinandersetzungsprozeß einen politischen Charakter.

Deutschland, Italien, Japan und den USA. Außer mir waren U. Jürgens und I. Lippert beteiligt.

Politik ist in den Akteursbeziehungen in der Prozeßkette in zwei Dimensionen präsent: erstens in der vertikalen Dimension, d.h. zwischen dem Management und den Beschäftigten, und zweitens in der horizontalen Dimension, zwischen verschiedenen Beschäftigtenkategorien bzw. zwischen selbständigen Unternehmen und/oder zwischen einzelnen Projekten innerhalb eines Unternehmens.

Managementmacht im Produktentwicklungsprozeß ist nicht identisch und nicht zwangsläufig Resultat der Verfügungsgewalt des Kapitals über die Produktionsbedingungen. Wie in früheren Untersuchungen am WZB[4] und anderswo nachgewiesen worden ist, bricht sich die objektive Verfügungsgewalt des Kapitals im Arbeitsalltag mit der effektiven Kontrolle in den Prozessen und über die Prozesse. Nicht selten wird diese objektive Macht relativiert und überdeterminiert durch die Macht bedeutender Beschäftigtengruppen, wie z.B. Technikern und Ingenieuren.

Arbeitspolitik in der horizontalen Dimension verknüpft sich häufig mit der faktischen Kontrolle der Prozesse, wie eben angemerkt. Hier ist nun die faktische Durchsetzungsmacht von Akteuren als Personen oder Gruppen gemeint.

Die von den Akteursgruppen mobilisierbaren Einwirkungs- und Gestaltungsmöglichkeiten sind sehr eng an die von ihnen ausgeübte Funktion im Produktentwicklungsprozeß gebunden. So haben Entwicklungsingenieure im klassischen tayloristischen Entwicklungsregime[5] typischerweise eine sehr exponierte Position. Dies begründet massive Statusdifferenzen, die sich in der zumeist besten Bezahlung, dem höchsten innerbetrieblichen Status, den besten Aufstiegsmöglichkeiten usw. ausdrücken.

> *„Der Glaube, daß Produktentwicklung die entscheidende Funktion ist, verschaffte den Entwicklungsingenieuren den Status einer Elite... Konsequenterweise glaubten die Entwickler allmählich, sie wüßten besser als die Kunden, was die besten Produktfeatures und -attribute wären. Die vorherrschende Auffassung, daß Fertigungsleute und ihre Belange vergleichsweise weniger wichtig seien, wurde in beiden Unternehmen zu einem Problem. Schließlich wurden Fertigungsprobleme erst spät in den Projekten angegangen, was zu Verzögerungen, Nacharbeiten und höheren Kosten führte. Und weil die Fertigungsleute einen geringeren Status besaßen, hatten weniger Leute Interesse an dieser Funktion. Dadurch wurde die Fertigung immer weniger fähig, schwierige Probleme zu lösen, weshalb jeder überzeugt war, daß der geringe Status verdient sei."[6]*

---

[4] Naschold (1985).

[5] Tayloristisches Entwicklungsregime meint hier die strikte Trennung von Produktentwicklung und Fertigung in einer sequentiellen Anordnung der Tätigkeiten. Das mittlerweile fast jeden Vortrag zum Thema schmückende Bild der Entwicklungsingenieure, die das Ergebnis ihrer Arbeit über die Mauer auf den Schreibtisch des nächsten Prozeßbeteiligten werfen, ist ein sehr illustrativer Ausdruck der tayloristischen Organisation der Prozeßkette vom Konzept bis zum Produktionsanlauf.

[6] Bowen et al. 1994, S. 127f.

Eine zweite Konfliktlinie auf der horizontalen Dimension verläuft zwischen Endhersteller und Zulieferer, in der deutschen Diskussion verarbeitet als neue Konstellation der Macht von großen Automobilherstellern gegenüber den Zulieferern.[7] Die Ergebnisse der multisektoral angelegten WZB-Studie deuten auf eine Branchenvarianz hin: In der Elektronik ist das Hegemonieverhältnis nämlich genau umgekehrt. Die Hersteller der wesentlichen Komponenten diktieren den Rhythmus der Branche bis hin zu den Zeitpunkten und Konfigurationen der Systeme, die auf den Markt kommen.

Integration im Produktentwicklungsprozeß erfolgt bzw. wird versucht über:
1. räumliche Zusammenführung interner wie externer Akteure,
2. den Einsatz von Informationstechniken,
3. die organisatorische Verknüpfung von Einzelpersonen in Projektteams etc.,
4. personalpolitische Maßnahmen zur Erhöhung der Prozeßkettengerechtheit der Aktionen.

Mit diesem theoretischen Rüstzeug ist es möglich, die empirisch ermittelten Unterschiede der Unternehmen in ihrer Leistungsfähigkeit im Produktentstehungsprozeß zu erklären als Unterschiede in der Ausprägung der funktionalen und arbeitspolitischen Differenzierung und den damit erschwerten Bedingungen der realen Integration der Prozeßbeteiligten. In diesen Aspekten liegen die wesentlichen Gründe für den unterschiedlichen Erfolg der Unternehmen, im Zeitwettbewerb mit den Besten mitzuhalten.

Unternehmen können nicht ohne die durch die Branchenstruktur (wie Marktstruktur, technologischer Stand sowie Kräfteverhältnisse) gegebenen Bedingungen untersucht werden. Für die PC-Industrie war eine erhebliche Determinierung der Vorgehensweisen der Unternehmen durch die bestimmte Governance-Struktur der Branche formuliert worden. Das Verständnis der spezifischen Machtkonstellation in der PC-Industrie ist unverzichtbar, um die Unterschiede in der Leistungsfähigkeit der Unternehmen im Produktentstehungsprozeß zu verstehen.

2. Die Hegemonie der zentralen Komponentenhersteller

Die Gestalt des Zeitwettbewerbs in der PC-Industrie und seine Konsequenzen für die Leistungsfähigkeit der Unternehmen im Produktentstehungsprozeß kann man nur angemessen einschätzen, wenn die Spezifik der Industrie richtig verstanden wird:

Erstens ist der PC ein aus Komponenten zusammengesetztes Produkt, was bedeutet, daß es „aus einer Vielfalt von Produkten, hergestellt von Hardware- und Softwareherstellern gemäß Standards, besteht".[8] Jeder Zulieferer arbeitet gemäß den de-facto-Standards, also den Regeln, nach denen Komponenten und Module in ein Produkt zusammengefügt werden können.

---

[7] Siehe für viele Bieber 1992

[8] Ferguson/Morris 1993: 119

Zweitens ist die PC-Industrie hierarchisch strukturiert. Nur einige Unternehmen haben die standardsetzende Macht. Je niedriger ein Unternehmen auf der „Machtpyramide" angesiedelt ist, um so geringer ist sein Einfluß auf Architektur und Standards in der Branche. Intel dominiert klar das Feld der Mikroprozessoren und Chipsätze, den wichtigsten Komponenten in einem PC. Mehr als 90% aller PCs weltweit laufen mit „Intel inside". Microsoft beherrscht den Markt für Anwendungssoftware im Fall der Textverarbeitung zu 90% und bei den Kalkulationsprogrammen zu 87%. 86% aller PCs laufen mit der Windows Plattform und 55% arbeiten mit dem Netzwerk-Betriebssystem „Windows NT".[9]

Die Branchenführer sind in der Position, die Standards und Protokolle zu bestimmen, denen die anderen zu folgen haben.[10] Sie besitzen die technische Spezifikation, die Standard zumindest für die Kernkomponenten, die Bus-Architektur und die Basissoftware geworden sind. Auf dieser Basis üben sie Architektursteuerung des Systems, im wesentlichen auf den genannten Gebieten Logikchips, Bus-Architektur und Betriebssysteme, aus.

Abb.2:Die Wissenspyramide in der PC-Industrie

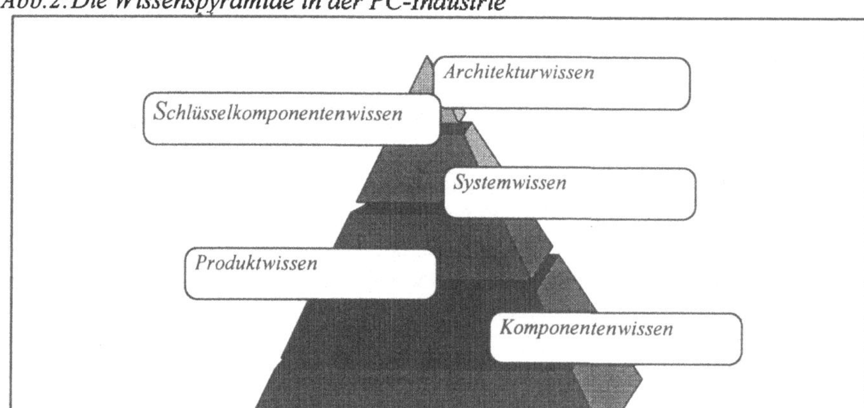

Quelle: auf Basis von Ferguson/Morris (1993)

---

[9] Business Week Jan. 19, 1998, p. 34f.

[10] Finanzielle und intellektuelle Kraft sind die Basis von Intels Erfolg. Seit 1987 hat das Unternehmen aus Kalifornien seinen Gewinn beständig erhöht. In 1997 auf 6,9 Md. Dollar, was einem Anteil am Umsatz von 22% entspricht, das sind 33% mehr als im Vorjahr. Intel gibt ungefähr 2,8 Md. Dollar im Jahr für Forschung und Entwicklung aus (alle Zahlen aus dem *Handelsblatt* vom 15. 01. 1998). Allein die Entwicklung des ersten Pentium erforderte 1,2 Md. Dollar über vier Jahre. Auch hinsichtlich der Beschäftigtenzahl gehört Intel zu einer anderen Liga: mit 45 000 Beschäftigten hat Intel die dreifache Mitarbeiterzahl wie z.B. AMD, ein Konkurrent aus Sunnyvale, Kalifornien.

Diese Vormachtstellung begründet eine spezifische „Zulieferarchitektur",[11] die wiederum ihren Kern in der Durchsetzung und Behauptung von de facto Standards hat. Damit sind solche verbindlichen Regeln und Normen gemeint, die durch die faktische Marktstellung wesentlicher player und nicht durch Abkommen von staatlichen oder para-staatlichen Gremien kodifiziert werden, in der PC-Industrie also die IBM-Produktarchitektur, die ihrerseits auf der Prozessortechnologie von Intel und den Betriebssystemen von Microsoft fußt.

Durch die fortwährende Verbesserung der Funktionalitäten, die schiere Größe der installierten Basis und Fortschritte in Geschwindigkeit und Nutzerfreundlichkeit verteidigt Wintel (Kunstwort aus: *Windows* für Microsoft und *Intel*) ihre vorherrschende Stellung. Es ist bislang nicht abzusehen, wie ein anderer Komponentenhersteller oder ein anderer Softwarehersteller diese Position gefährden will. Kompatibilität schlägt hier technologische Überlegenheit anderer Architektur wie von Apple z.B..

Welche Rolle spielt diese Branchenstruktur mit der spezifischen Zulieferarchitektur auf Basis der Hegemonie der Komponentenhersteller für den Produktentstehungsprozeß? Welche Strategien der Endhersteller sind hier gefordert?

2.1 Hegemonie und Endherstellerstrategie

Die geschilderte Branchenhegemonie wirkt sich in zweierlei Weise auf das Vorgehen der Endhersteller aus:

Erstens ist der Produktlebenszyklus von PCs weitgehend vom Lebenszyklus der wesentlichen Komponenten bestimmt, und dies unter zwei Aspekten:

- *Produktinnovation* folgt dem beständigen Zyklus der Einführung neuer Technologie auf den Gebieten der Mikroprozessoren/Chipsätze und der Bus-Architektur. Technologische Fortschritte auf diesen Feldern verbessern das System nachhaltig, so daß neue Systeme mit den neuen Komponenten angeboten werden müssen.

- *Die Abkündigung von Systemen* hängt ebenso von der Produktpolitik Intels und Microsofts ab. Systeme mit alten Komponenten können nicht mehr verkauft werden, wenn Intel die Lieferung alter Komponenten einstellt, um den Absatz von Chips der neuen Generationen zu fördern.

Zweitens geht der Druck des Zeitwettbewerbs einher mit dem Druck, rechtzeitig ein großes Volumen zu präsentieren. Da nur ein globaler Hersteller überleben

---

[11] Der Begriff „Zulieferarchitektur" betont die „Struktur der Märkte und anderer organisierter Interaktionen (wie z.B. gemeinsamer Entwicklung), durch die Technologien zum Hersteller von Systemen gelangen" (Borrus, S. 7). Der zweite Begriff „Lieferbasis" definiert, zu welchem Grad ein Unternehmen oder eine Volkswirtschaft Kernkomponenten oder Technologien kontrollieren bzw. zu ihnen Zugang haben. „Beides, Lieferbasis und Zulieferarchitektur, können als die ökonomische Infrastruktur in dem Sinne angesehen werden, daß sie für die einzelne Firma Externalitäten darstellen, die die Wettbewerbsfähigkeit der Firma unterstützen, indem sie dabei helfen, das Spektrum seiner Möglichkeiten auf globalen Märkten abzustecken und gleichzeitig der gesamten Volkswirtschaft kollektive Güter (z.B. technologische spillovers) zur Verfügung zu stellen" (ebd. S.7).

kann, ist er gezwungen, nicht nur rechtzeitig auf dem Markt zu sein, sondern auch in ausreichender Stückzahl, um auf wesentlichen Abnehmermärkten präsent zu sein.

Die folgende Analyse wird erklären, zu welchem Grad und in welcher Weise die Leistungsfähigkeit des Produktentstehungsprozesses der Systemhersteller von Wintels Hegemonie abhängt.

2.2 Hegemonie und Produktentwicklung

Die Technologiepartner bzw. bevorzugten Kunden von Intel haben erheblich bessere Voraussetzungen, um PC-Systeme mit den neuen Logikchips zu konzipieren, zu entwickeln und zu kommerzialisieren. Dies sind die Unternehmen, die dank enger Kooperation mit Intel als wesentlichem Hersteller der Logikchips (Mikroprozessor und Chipsatz) in die Lage versetzt werden, ihre eigenen PC-Systeme frühzeitig auf die Spezifikationen der zentralen Komponenten auszurichten, ihre Produktion vorzubereiten und die Kommerzialisierung in Angriff zu nehmen. Ihre Stellung unter den bevorzugten Partnern von Intel verschafft ihnen einen Frühstart, der ihnen die Möglichkeit zur Erzielung von Preisprämien bzw. Produktionskostenvorteile bringt.

Die Sonderstellung dieser PC-Hersteller durch Intel basiert darauf, daß diese Unternehmen Technologiepartner von Intel sind. Aus den Reihen dieser Unternehmen rekrutieren sich auch die *Alpha*-Tester, was bedeutet, daß die Ingenieure dieser Unternehmen das erste Silikon testen, das aus Intels Fabrik kommt[12]. Für den Status des *Alpha-Site*-Testers müssen die Unternehmen über erhebliche technologische Kompetenzen und Ressourcen im Sinne von FuE-Kapazitäten verfügen. Für die Frage, wer mit den ersten Chargen von neuen Mikroprozessoren beliefert werden soll, ist neben dieser technologischen Bedeutung aber auch das Marktvolumen der PC-Hersteller entscheidend. Folglich sind die beiden Gruppen nicht identisch. So ist z.B. Dell bevorzugter Kunde, aber kein Entwicklungspartner. Kunden dieser Kategorie werden von Intel direkt mit Mikroprozessoren bedient.

Somit ist, unter dem Aspekt von sowohl der Technologie als auch der Steuerung der Gesamtkosten, die Qualität der Kooperation und Kommunikation mit den Herstellern der wesentlichen Komponenten ein entscheidender Faktor für die Leistungsstärke und die Wettbewerbsfähigkeit im Zeitwettbewerb auf allen Stufen des Produktentstehungsprozesses:

1. Die für die Konzeptphase benötigte Zeit hängt vom Zeitpunkt und der Qualität der Informationen bezüglich neuer Komponenten durch den Hersteller ab.

---

[12] Diese Tests laufen zum gleichen Zeitpunkt an den gleichen Produkten, an denen auch Intel seine Tests durchführt. Solche *Alpha-Site*-Tester prüfen dieses erste Silikon mit vorbereiteten Schaltungen genauso wie Intel selbst, aber nur die Basisfunktionalitäten. Die Prüfung besteht etwa darin, ob der Prozessor oder Chipsatz nach den in der Dokumentation aufgeführten Anforderungen wirklich funktioniert. Oft führt das zur Aufstellung einer Fehlerliste, die für Intel die Grundlage für die Überarbeitung auf der nächsten Stufe ist.

2. Die Qualität der Produktentwicklung ist unmittelbar an die Korrektheit und Verläßlichkeit der Komponentenkonfiguration gebunden. Jede Veränderung kann in größere Zeitverschiebungen münden.

3. Der Serienanlauf ist nur erfolgreich, wenn neue Komponenten in der erforderlichen Quantität und Qualität rechtzeitig verfügbar sind.

Aber diese Kompetenzen, die einen Endhersteller für die Kooperation mit Intel qualifizieren, hängen weitgehend von der Qualität der Kooperation und Kommunikation zwischen den Prozeßbeteiligten beim Endhersteller selbst ab, insofern nur eine funktionierende Prozeßkette das technologische Niveau und eine hohe Reaktionsgeschwindigkeit ermöglichen.

Anhand der empirischen Ergebnisse unserer Studie kann nunmehr nachvollzogen werden, wie die Unternehmen des Samples diese Herausforderungen, die durch die spezifische Branchenstruktur gegeben sind, bewältigen.

3. Determinanten des Erfolges im Zeitwettbewerb

3.1 Reihenfolge nach Leistungsstärke

Die Leistungskraft der Unternehmen im Produktentstehungsprozeß wurde anhand der folgenden Kriterien gemessen:

- Zeit gemessen als *relative „time-to-market"*, als die Zeit von der Markteinführung eines neuen Mikroprozessors, eines neuen Typs von Chipsätzen oder einer neuen Bus-Architektur bis zur Präsentation eines entsprechenden PCs, und die *absolute „time-to-market"*, als die Zeit von der Konzeptphase bis zum Serienanlauf
- Preis
- Qualität

„Preis" und „Qualität" sind auf der Basis von Testergebnissen verschiedener Computer-Fachzeitschriften bewertet worden.

Tab. 1: Reihenfolge der Unternehmen bezüglich der Leistungsstärke im Produktentstehungsprozeß

Unternehmen	Relative Time-to-market	Absolute Time-to-market	Preis	Qualität
Uscom	1.	1.	1.	1.
Nicom	2.	1.	4.	2.
Amcom	4.	1.	2.	4.
Jacom	3.	5.	7.	5.
Itcom	5.	6.	3.	6.
Deucom	5.	8.	8.	3.
Tocom	7.	7.	6.	8.
Others	8.	3.	5.	6.

Quelle: Drüke 1997

3.2 Integration der Prozeßbeteiligten

Im wesentlichen haben die schlechteren Unternehmen ihre Umstrukturierung der Kooperation in der Prozeßkette „Konzept bis Anlauf" vor allem auf den Einsatz von Organisationstechniken fokussiert, indem sie crossfunktionale Teams eingeführt und Simultaneous Engineering angewandt haben, wodurch Aktivitäten parallel, anders als wie vorher nacheinander, abgearbeitet werden konnten. Im theoretischen Konzept wird diese Art die formelle Integration genannt (s. Abb. 3). Demgegenüber sind Prozeßbeteiligte real integriert, wenn:

- Produktentwicklung und Prozeßentwicklung sehr eng aufeinander abgestimmt sind und
- die Prozeßbeteiligten stark auf die parallel oder nachfolgend Arbeitenden ausgerichtet sind. Indikatoren dafür sind z.B., daß Informationen gemeinsam erzeugt, bzw. so früh wie möglich auch in rudimentärer Form an den Prozeßpartner weitergegeben werden.

In der Abbildung 3 ist wiedergegeben, auf welchen Stufen die untersuchten Unternehmen auf Basis der Fallstudienergebnisse[13] zu plazieren sind. Naturgemäß liegen die Unternehmen auf den gleichen Rangstufen wie in dem ranking hinsichtlich der Performanz des Produktentstehungsprozesses. Die Begründung für die Plazierung der Unternehmen im einzelnen:

Das Niveau des wechselseitigen Respekts und der allgemeinen Prozeßorientierung ist bei den Prozeßbeteiligten von DEUCOM unterentwickelt: die Verhand-

---

[13] Berücksichtigt wurden für die externen Beziehungen die vorher (in 2.) diskutierte Kooperation mit den Zulieferern, und für die interne Kooperation wurden a) die Ablaufpläne aller Unternehmen sowie b) Interviewpassagen zur Qualität der Kooperation mit den Indikatoren (Zeitpunkt der Übergabe von Dokumenten und Produkten), Qualität der übergebenen Dokumente, Absprachen über Fertigbarkeit, Materialauswahl etc., ausgewertet.

lungen zwischen ihnen sind zu oft durch Verhaltensweisen wie Schuldzuweisung und Nachkarten gekennzeichnet. Die Orientierung auf den nächsten Akteur und das Bemühen, ihm die Arbeit zu erleichtern, sind nur gering entwickelt.

> *„Die Entwickler schieben uns eine Maschine ins Labor, die nicht danach ausgewiesen ist, was modifiziert worden ist und welche Version sie ist. Ziemlich häufig kommt jemand vorbei und gibt sie uns persönlich, weil sie bis zuletzt daran gearbeitet haben. Alles ist x-mal umgeschrieben worden, was nicht entsprechend dokumentiert worden ist, weil dies zuviel Zeit kosten und Ressourcen verbrauchen würde, die nicht zur Verfügung stehen. Aber einige Monate später weiß niemand mehr, welche Prototypversion und welche Specs gemessen worden sind" (Testingenieur Deucom).*

Es ist nicht verwunderlich, daß in 1990/91 22% der Projekte eine Verzögerung von zwei oder vier Monaten, 17% von vier Monaten und mehr hatten. Selbst die wichtigsten Projekte hatten eine beträchtliche Verzögerung: 12% gingen erst vier Monate und mehr nach dem geplanten Datum auf den Markt (Manager in der Produktentwicklung).

Bei ITCOM ist die Prozeßorientierung unterminiert durch die Kämpfe zwischen den beiden Clans. Die beiden Clans bestehen zum einen aus Entwicklung und Fertigung und zum andern aus den administrativen Funktionen wie Einkauf, Planung, Controlling oder Vertrieb. Die Konfrontation zwischen diesen Clans geht zurück auf die Vergangenheit, als ITCOM auf dem Sektor der Büro- und speziell der Schreibmaschinen noch ein starkes Unternehmen war. Die Hersteller erfolgreicher Maschinen standen den Planern gegenüber, die als fernab der Realität galten. Auch wenn die neuinstallierten Projektteams unbestritten waren, blieb die lange Praxis, Projekte über die Aushandlung zwischen den beiden Clans auf den Weg zu bringen, kaum angetastet. Die Projektsitzungen waren kaum mehr als Koordinierungsveranstaltungen.

Um sicherzustellen, daß die Teamberatungen nicht gegen die vitalen Interessen der Funktionsabteilungen liefen, nahmen die Leiter selbst häufig an den Sitzungen teil. Da diese nicht unbedingt wußten, was auf der operativen Ebene ablief, und da sie häufig ihre Informationen nicht an die Mitarbeiter weitergaben, förderte diese Praxis keineswegs die Projektarbeit. Unterhalb dieser Verhandlungsebene zwischen den Clans und Abteilungen und neben den Teamberatungen existiert ein Geflecht von informellen Arbeitsbeziehungen, die eine recht pragmatische Orientierung und Fundierung haben. Herausragend in dieser Hinsicht ist die Beziehung zwischen den Entwicklungsingenieuren und den Fertigungsfachleuten für die Boardfertigung. Die häufig auftretenden Probleme der Plazierung von Komponenten z.B. werden auf kurzem Wege abgearbeitet.

In den japanischen Unternehmen herrscht eine Ambivalenz hinsichtlich der Qualität der Integration vor. Über den gesamten Prozeß betrachtet koexistieren vergleichsweise starke hierarchische Intervention und Kontrolle einerseits und reibungslose Zusammenarbeit auf der operativen Ebene zwischen Prozeßbeteiligten mit hoher Prozeßkettenorientierung andererseits. Die Vorgaben für die Konzepte, Ressourcen und Zeitplanung kommen vom Headquarter, das auch über

Abweichungen zu entscheiden hat. Hierarchische Prüfung spielt eine wesentliche Rolle bei der Projektsteuerung: Der Fortgang der Projektarbeiten wird beständig auf höchster Ebene, sowohl in der Zentrale wie auch in der Werksleitung, geprüft.

Dies führt zu einem umfangreichen Berichtswesen. Insbesondere in den späteren Phasen des Gesamtprozesses müssen allein acht Berichte verfaßt werden, von denen einige aufeinander Bezug nehmen: So enthält das Dokument 13 den „Bericht zur Evaluierung des Entwicklungskonzeptes", Dokument 14 den „Antrag auf Billigung des Berichts zum Entwicklungskonzept" und das Dokument 15 den „Antrag auf Anerkennung des Entwicklungskonzeptes".

Auf der andern Seite läuft der Produktentstehungsprozeß im operativen Geschäft dank der spezifischen hohen Integration zwischen den Prozeßbeteiligten vor Ort relativ reibungslos, aber immer unter der starken Kontrolle der Hierarchie. Die Gründe liegen in der geringen Ausprägung von Statusunterschieden und Fixierungen auf Interessen funktionaler Gruppen oder von Berufskategorien und in der Netzwerkbildung, die auf der Universität beginnt[14] und unternehmensspezifisch durch eine gezielte Integration mit den Mitteln der Personalpolitik erreicht wird. NICOM mit der weitreichenden realen Integration liegt demnach im ranking bei den amerikanischen Spitzenreitern.

AMCOM ist der Fall der gelungenen Integration einer Reihe von Prozeßbeteiligten, die an mehreren Standorten in Europa, Asien und den USA verteilt sind. Das Zusammenspiel von product engineering and process engineering, also der Schlüssel für die Qualität der internen Kooperation, funktioniert hier sehr reibungslos. Dazu werden gezielt Methoden der Kooperation eingesetzt. Repräsentanten der Fertigung sind sehr früh in die Entwicklungsarbeiten miteinbezogen und halten einen engen Kontakt über den ganzen Prozeß mit besonders wichtigen Beziehungen zur Produktentwicklung und zur Materialwirtschaft:

- Ein Prozeßplaner nimmt immer an den Sitzungen des Entwicklungsteams teil, um die Fragen der Fertigbarkeit von Konzepten gleich zu diskutieren.
- Prozeßplanung und Materialwirtschaft führen Make-or-Buy-Analysen gemeinsam durch und beurteilen die Konzepte hinsichtlich des Fertigungslayouts sowie der ausgewählten Materialien.

---

[14] Imai, Nonaka, Takeuchi 1985.

Abb. 3: Stufen der realen Integration in der Prozeßkette

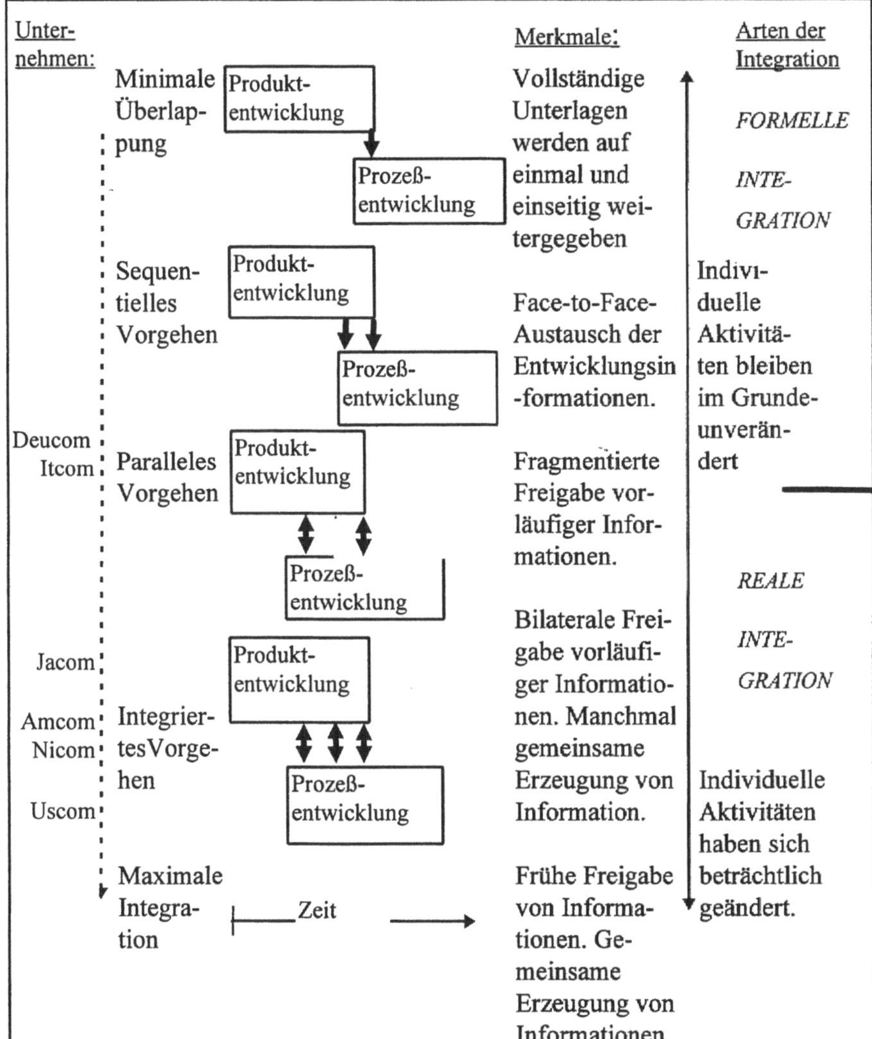

Quelle: Drüke 1997

Ein Beispiel ist die Auswahl der Chipsätze. Die Akteure, die damit zu tun haben, kommen in einem workshop zusammen, wobei einer der Ingenieure oder Manager den Vorsitz übernimmt. Die Ergebnisse dieses Meetings werden dem Projektmanager berichtet, der die letzte Entscheidungsgewalt hat. Jeder akzeptiert seine Rolle, Entscheidungen unter Zeitdruck zu beschleunigen.

USCOM steht auf dem ersten Platz wegen des hohen Niveaus der Kooperation zwischen den Akteuren. Die Überlappung zwischen Produktentwicklung und

Prozeßentwicklung ist so entwickelt, daß es „schwer fällt zu sagen, wo eine Phase beginnt und die andere endet" (Projektmanager).

Die Kooperation zwischen den Prozeßbeteiligten wird unterstützt durch einige klar ausgerichtete Organisationen und Instrumente, die wir in dieser Konsistenz nur hier fanden:

- Ein speziell eingerichtetes „early manufacturing involvement team" (EMIT) zur frühen Einbeziehung der Fertigung in den Produktentstehungsprozeß.
- Studien zur Fertigbarkeit von Konzepten, die durch das EMIT angefertigt werden.
- Beständiger Informationsaustausch zwischen Produkt- und Prozess-Ingenieuren.
- Fabrikarbeiter nehmen an Projektteamsitzungen teil.
- Wöchentlich werden die Fertigungsplanungen geprüft.
- Eine Liste mit den „Anforderungen von der Fertigung"[15], bei der es hauptsächlich um Komponentenspezifikationen, Prozeßerfordernisse, Beschränkungen der Maschinerie oder Lieferantenaspekte geht, wird von allen beraten.
- Die Montage wird erprobt in einer separaten Pilotfabrik nur für neue Produkte, um den Prozeß bis zum Qualitätsziel für neue Produkte zu beschleunigen.[16]

Die herausfordernden Aufgaben während der Einführung eines neuen Produktes werden in einer organisatorischen Lösung angegangen, die auch im Sample unserer Studie einzigartig war: Eine spezielle Einheit nur für „neue Produkte" für alle Produkt- und Prozeßbereiche, die neben den bereits eingeführten Produkten existiert und für alle Aspekte des Risikomanagement beim Serienanlauf verantwortlich ist: Fertigbarkeit, Verfügbarkeit von Material, insbesondere auf neuestem technologischen Stand, Umgang mit Modifikationen, etc.

> *„Das Kernteam ist der Kernort für Informationen zum Verständnis, was ein neues Produkt ist. Ich stelle ein Fertigungskernteam zusammen, das Vertreter der Gruppe 'Montage neuer Produkte', der Gruppe 'Boardfertigung neuer Produkte', einen Testingenieur und einen Einkäufer hat. Wir achten darauf, welche Unterlagen von unserer Ab-*

---

[15] „Diese Liste ist ein lebendes Dokument, das durch die Organisation für „Montage neuer Produkte" für die Montage gepflegt wird. Wir haben auch wesentliche Anforderungen und Checklisten dazu in der Gruppe „Platinen neuer Produkte", mit der Produkte und Prozesse bewertet werden. Wenn nötig, gibt es eine Liste mit den verschiedenen Aufgaben für verschiedene Funktionsbereiche, die verantwortlich sind, um die Fertigung zu ermöglichen" (Manager der Gruppe „Fertigung Neuer Produkte").

[16] „Wir bauen alle Boards in einer Fabrik auf. Der Koordinator und seine Mannschaft werden alles, was sie brauchen, montieren und Blech, Plastik, Kabel, Speichermedien etc. zu dieser Organisation schicken. 25 bis 30 Beschäftigte arbeiten dort, vor allem Elektriker aus dem Fertigungsbereich, meistens Fertigungs- und Prozeßingenieure oder Fertigungsvorarbeiter. Die Arbeiter haben überdurchschnittliche Fertigkeiten. Diese Leute wurden wegen ihrer Selbstgenügsamkeit ausgewählt" (Manager der Gruppe „Fertigung Neuer Produkte").

teilung benötigt werden, um den Zeitplan erfüllen zu kön-
nen" (Manager der Gruppe „Fertigung für neue Produkte").

Diese separate Einheit ist für alle Aspekte verantwortlich, die für den Erfolg des gesamten Produktentstehungsprozesses entscheidend sind:

- die Qualifizierung neuen Materials.
- die Auswahl der Teile und Lieferanten.
- die Beschaffung von Material für die Phasen vor der Serie (Prototypenbau, Pilotserie, Vorserie) und für den job one.
- die Fertigungsplanung.
- die Fertigungstests[17] in der Pilotfabrik.

Mit dieser Verantwortung für das Risikomanagement bei neuen Produkten hat die Gruppe eine zentrale Rolle im Produktentstehungsprozeß und wird zur wichtigsten Gruppe neben der Produktentwicklung im gesamten Prozeß.

Was dieses Konzept einer separaten Einheit nur für neue Produkte überlegen macht, ist die Fokussierung der Arbeiten aller Beteiligten auf die Bewältigung der Herausforderungen bei einem neuen Produkt. Die Arbeiten sind eng aufeinander bezogen, Informationen werden gemeinsam erzeugt, Auffassungen so früh wie möglich abgestimmt. Die Interaktion der Prozeßbeteiligten ist nicht auf den Austausch von Informationen beschränkt, sondern bezieht jeden wichtigen Akteur in einer wirklichen Zusammenarbeit ein, so daß die individuellen Aktivitäten von vornherein auf den parallel oder nachfolgend arbeitenden Akteur bezogen sind, statt nur formell an andere Prozeßbeteiligte gekoppelt zu sein.

In einem Aspekt aber nutzt USCOM nicht das gesamte Wissen, das im Unternehmen vorhanden ist: Wenn die Fertigbarkeit von Konzepten diskutiert wird, ist der Input des normalen Fertigungsarbeiters nicht gefragt. Da somit nur die Perspektive des Ingenieurs ausschlaggebend ist, gibt es manchmal am Band Probleme mit der raschen Montage von Systemen.[18]

---

[17] Damit sollen sowohl die Technologie der Boardfertigung als auch in der Endmontage verbessert werden. „Sie haben den Auftrag, ein Produkt zum Laufen zu bringen und alle Ecken und Fehler im Entwicklungsprodukt herauszukriegen, bevor es in die Fabrik gegeben wird. Sie montieren am Band, teilen den Produktentwicklern alles Relevante mit und wir packen diese Schwachstellen an oder lassen das Produkt so wie es ist. Ohne dieses Vorgehen wären unsere Produktanläufe nicht so problemlos, wie sie in der Vergangenheit waren" (Koordinator des Projektteams).

[18] Eine zweite auch in den Interviews geäußerte Sorge gilt der Gefahr, daß mit der enormen Zunahme der Anzahl der Projekte der Zusammenhalt zwischen den Prozeßbeteiligten, der auch auf der gemeinsamen Bewältigung des Starts und des Wachstums des Unternehmens beruht, gefährdet ist. Eine neue Mischung von Beschäftigten der ersten Generation Mitte der achtziger Jahre und den neu rekrutierten Beschäftigten wird das Unternehmen vor neue Herausforderungen in den Fragen der Organisations- und Arbeitskultur stellen.

4.   Die besondere Bedeutung der Personalpolitik

Für die untersuchten Unternehmen haben wir ganz unterschiedliche Grade der
realen Integration, also der tatsächlichen Aufeinanderbezogenheit und der Prozeßkettenorientierung der Akteure, konstatiert. In all den Fällen einer geringeren
realen Integration sind ausgeprägte Sonderinteressen von Funktionen, Berufs-
gruppen oder Clans analysiert worden. Human Resource Policy kann eine wesentliche Funktion in der Ausbildung und beim Erhalt nicht nur des fachlichen
Vermögens, sondern auch der Fähigkeiten zur Kooperation und Kommunikation
mit allen Prozeßbeteiligten haben. Im folgenden gilt das besondere Augenmerk
der Frage, wie und in welchem Maße in den Unternehmen auf dem Felde der
Human Resource Policy die Prozeßkettenorientierung der Akteure gefördert wird.
Dieser Frage gehen wir in einem Vergleich der Praktiken zur Förderung der beruflichen Mobilität a) bei der langfristigen Karriereförderung sowie b) bei tempo-
rärem Tätigkeitswechsel nach.

Im Sample sehen wir auf diesem Feld ganz unterschiedliche Ansätze:
- das japanische Konzept einer gezielten Karriereplanung einschließlich des
  obligatorischen, temporären Arbeitseinsatzes in anderen Funktionsbereichen,
  aber mit einer weit geringer ausgeprägten systematischen Job Rotation als bislang in der Literatur vermutet.
- den amerikanischen Ansatz der Förderung des Wechsels von Beschäftigten
  zwischen Projektgruppen und Tätigkeitsbereichen.
- die europäische Praxis des faktischen Verbleibs in dem Tätigkeitsbereich, in
  dem man ursprünglich begonnen hat und einer nur geringen Förderung der
  Prozeßkettenorientierung.

Die wichtigsten Befunde sollen im folgenden erläutert werden.

Zunächst zur Praxis in japanischen Unternehmen. Für die PC-Hersteller ist die
aus der Automobilindustrie bekannte[19] Praxis zu bestätigen, wonach die frisch
rekrutierten Mitarbeiter, gleich in welchem Funktionsbereich sie später eingesetzt
werden, zunächst für zwei Monate in die Fertigung kommen, wo sie unter der
Anweisung des dortigen Vorgesetzten Fertigungs- bzw. Montagearbeiten verrich-
ten.[20] Laut einem Interviewpartner von NICOM dient dies weniger der Verbreiterung des fachlichen Wissens als vielmehr dem verbesserten Verständnis für die
Belange der Fertigung sowie dem Aufbau von Beziehungen, die in der späteren
Praxis von Bedeutung sein könnten.

Aber in der Frage des systematischen Tätigkeitswechsels zwischen verschiedenen Abteilungen, um das Verständnis für andere Bereiche zu stärken und Bekanntschaften mit anderen Akteuren zu stiften, zeigt die PC-Industrie in japanischen Unternehmen eine von dem herrschenden Bild abweichende Praxis. Abbil-

---

[19] Imai, Nonaka, Takeuchi 1985.

[20] In den europäischen Unternehmen ist dies explizit abgelehnt worden, da man die Leute
„sofort für Entwicklungsarbeiten einsetzen muß", während das Unternehmen ITCOM
einem solchen Instrument durchaus offen gegenübersteht.

dung 4 verdeutlicht, welch geringe Rolle in japanischen Unternehmen, jedenfalls gemessen an der diesem Instrument in der Literatur[21] zugewiesenen Bedeutung, die systematische Job Rotation spielt. Zwar wird dieses Instrument in Japan am häufigsten von allen Unternehmen eingesetzt, aber keinesfalls obligatorisch und massenhaft: Nach Ausführungen von JACOM rotieren höchstens 10% der Beschäftigten der Entwicklungsabteilung. Dem breiten Wechsel der Beschäftigten in andere Funktionsbereiche stehen folgende, von allen Unternehmen des Samples vorgetragenen Argumente entgegen:

- der hohe Aufwand bei der Integration neuer Mitarbeiter aufgrund des sehr spezifischen Fachwissens in Hardware wie Software.[22]
- die Unverzichtbarkeit des theoretischen und praktisch gewonnenen Wissens, denn „das Ingenieur-Know-how steckt meistens in den Leuten und nicht in den Dokumenten" (Stabsmanager JACOM).
- die beschränkten Personalressourcen, eigenes Personal rotieren zu lassen.

Indes streuen in japanischen Unternehmen die Äußerungen hinsichtlich der Frage, ob denn die Job Rotation erwünscht sei, stärker als in allen anderen Unternehmen. Der Grund dafür ist die ganz unterschiedliche Haltung zur Rotation zwischen Managern, die ungern ihre Mitarbeiter ziehen lassen, und den Sachbearbeitern, die durch Job Rotation eindeutig Karrierevorteile haben.

Abb. 4: Bewertung der Job Rotation

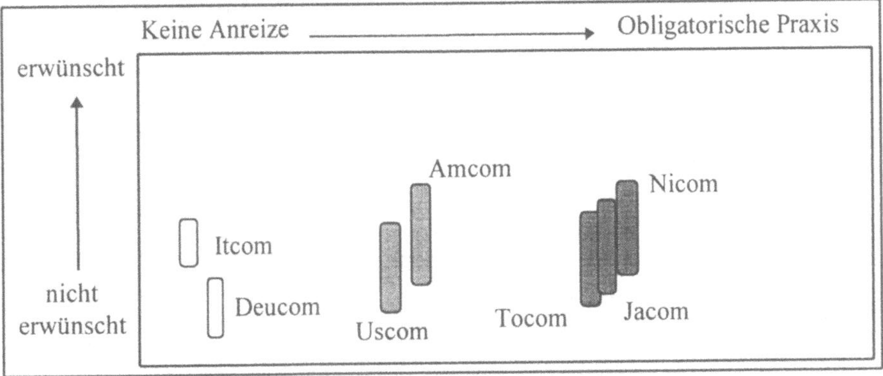

Quelle: Drüke 1998. Die Länge der Kästchen gibt die Einschätzungsunterschiede zwischen den Interviewten wieder.

Die Anreize für Rotation in japanischen Unternehmen bestehen in den größeren Karriereaussichten, falls ein Kandidat Erfahrungen in verschiedenen Tätig-

---

[21] Imai et al.

[22] „Man braucht zwei Monate, um BIOS-Leute zu unterstützen. Erst nach einem Jahr bist Du ein Experte und ein guter BIOS-Entwickler erst nach 18 bis 24 Jahren, also nach zwei Projekten" (Leiter der Bios-Entwicklung von AMCOM).

keitsbereichen aufweisen kann. Folglich rotieren Abteilungsleiter deutlich häufiger als Ingenieure. Insbesondere für hochrangige Aufgaben im Hauptquartier, die von Ingenieuren als Ziel der beruflichen Karriere angesehen werden, ist ein häufiger Tätigkeitswechsel im Verlaufe des Berufslebens zwingende Voraussetzung.

Die von den amerikanischen Unternehmen bevorzugte Methode, um einen hohen Grad von Prozeßkettenorientierung zu erzielen, ist die Förderung der von einzelnen Beschäftigten und Managern selbst betriebenen Veränderung von Tätigkeitsbereich und Funktionsbereich, die im übrigen, nach Auskunft der Personalmanagerin von USCOM, für höhere Führungsaufgaben vorausgesetzt wird. Durch Bewerbung auf Ausschreibungen kommt es zu häufigen internen Wechseln. Dies funktioniert über das elektronische Netzwerk. Es gibt jedoch keine formellen Regelungen, es hängt alles von den Individuen ab (Leiter der Chipsatzabteilung USCOM).

Wechsel zwischen Projektgruppen und Abteilungen sind bei USCOM an der Tagesordnung. Am begehrtesten sind Jobs in den Projektteams, wo Mitarbeiter anderer Funktionsbereiche durchaus einen Platz finden können. Eine gezielte Verschiebung von Beschäftigten innerhalb von Abteilungen gibt es im Bereich der *Asic*- und CAE-Abteilung sowie innerhalb der Fertigung. Wenn Beschäftigte mehr Qualifikationen erlangen und rotieren, bekommen sie eine Gehaltserhöhung. Dieses System existiert jedoch nicht auf der Managementebene. Die rasche Integration der Neulinge ist nur möglich auf Basis eines hohen und vergleichbaren fachlichen Ausbildungshintergrundes, für Ingenieure und Techniker in Computer Science und Electrical Engineering, sowie der geringen Barrieren zwischen den Abteilungen und Projektgruppen hinsichtlich Status, Reputation oder Visibilität.[23]

AMCOM kennt auch den Wechsel über die Grenzen von Abteilungen und Projektgruppen und hat darüber hinaus begonnen, neu rekrutierte Mitarbeiter zunächst für einige Wochen in den Funktionsbereich Qualitätssicherung zu schikken, da diese Abteilung mit seinem klassischen cross-functional Zuschnitt besonders geeignet erscheint, um den neuen Mitarbeiter mit den Belangen der Prozeßkette vertraut zu machen.

Nun zu den europäischen Unternehmen. In der Abbildung 4 zeigt sich die geringe Anreizstruktur für die systematische Rotation und im Ergebnis eine sehr geringe Praxis. Dies ist ein Indikator für den generellen Befund, daß, im Unterschied zu den amerikanischen und japanischen Unternehmen, die auf verschiedenem Wege Mobilität zum Erwerb von breiteren Kenntnissen und zum Aufbau von Prozeßkettenorientierung mehr oder weniger gezielt fördern, Personalpolitik in den europäischen Unternehmen DEUCOM und ITCOM eine randständige, im Unternehmensganzen kaum integrierte Aktivität ist. Wenn Personalpolitik betrieben wird, dann ist sie inhaltlich weitgehend darauf ausgerichtet, die fachliche

---

[23] Übereinstimmend wurde hervorgehoben, daß die Projektgruppen, die für das Seriengeschäft, also die „bread-and-butter"-projects verantwortlich sind, im Unternehmen die gleiche Stellung wie die Gruppe haben, die Vorentwicklung von Systemen an der technologischen Front betreiben.

Qualifikation der ein für allemal einem Funktionsbereich zugewiesenen Mitarbeiter auf ein hohes Niveau weiterzuentwickeln. Es gibt keine Instrumente und Methoden der gezielten Verbreiterung der Karrierepfade.

Nach wie vor durchläuft ein durchschnittlicher Ingenieur in europäischen Unternehmen eine „Schornsteinkarriere", d.h. steigt innerhalb seines Funktionsbereichs auf, hat geringe Erfahrungshintergründe in anderen Bereichen, was seine Sichtweisen deutlich einengt. Die Karrieremuster – sowie eng verbunden damit die Bewertungs- und Bezahlungssysteme – honorieren den erkennbaren Individualbeitrag unter Vernachlässigung der Leistung (z.B. Kommunikativität, Lösungsverhalten) des einzelnen nach den Bedürfnissen der Projektarbeit. Indikator dafür ist u.a. die ausschließliche Beurteilung durch die Fachvorgesetzten, während in USCOM die Rücksprache zwischen Fachvorgesetztem und Projektmanager die Regel ist.

Unsere Ergebnisse bezüglich der Human Resource Policy sind offensichtlich über die PC-Industrie hinaus von Interesse. Zwei prominente Aussagen in der Literatur[24] lassen sich nicht aufrechterhalten. Zum einen trifft die Einschätzung nicht zu, japanische Unternehmen hätten zur Verbesserung der Zusammenarbeit zwischen Entwicklung und Fertigung eine systematische und damit obligatorische Job Rotation implementiert. Zum andern kann nicht behauptet werden, in amerikanischen Unternehmen wären die Fachleute von Fertigung und Entwicklung aufgrund prinzipieller Schranken vor allem hinsichtlich des unterschiedlichen innerbetrieblichen Status nicht zu einer systematischen Zusammenarbeit fähig. Personalpolitik in amerikanischen Unternehmen erreicht, wie dargestellt, eine Prozeßkettenorientierung und eine gemeinsame Ausrichtung auf das Projekt jenseits von Partialinteressen durch andere Motivatoren, vor allem durch die Belohnung für Engagement in der Projektgruppe, durch herausragende fachliche und Problemlösungskapazität, und durch Honorierung von kooperativem Verhalten. Voraussetzung für den regen faktischen Tätigkeitswechsel in amerikanischen Unternehmen ist neben diesen Grundhaltungen eine zugleich breite und spezialisierte Fachausbildung sowie die Fähigkeit zum prozeßorientierten Arbeiten.

Mit den Befunden der Studie lassen sich für die in unserem Zusammenhang interessierende Perspektive deutscher Unternehmen im Zeitwettbewerb Aussagen machen.

5. Schlußfolgerungen: Die Krise des deutschen Innovationsmodells

Zusammenfassend ergibt sich ein klar konturiertes Bild der Gründe für die unterschiedliche Performanz der Firmen im Produktentstehungsprozeß.

---

[24] Imai et al. 1985, Westney/Sakakibara 1992, S. 112.

Tab. 2: Unterschiede zwischen den leistungsstarken und weniger leistungsstarken Unternehmen

Leistungsstarke Unternehmen	*Weniger leistungsstarke Unternehmen*
• sind Entwicklungspartner oder zumindest bevorzugte Kunden der hegemonialen Komponentenhersteller • haben eine flexible Kooperationsstruktur und frei fließende Informationen zwischen den Prozeßbeteiligten • haben eine vor allem koordinierende Hierarchie • haben einen wirklichen Teamgeist und eine gemeinsame Problemlösung • haben geringere Statusunterschiede • haben unbestrittene Projektdominanz.	• sind nur Kunden der hegemonialen Komponentenhersteller • haben einen effizienten Informationsfluß nur zwischen Mitgliedern von Clans oder zwischen Individuen • haben eine intervenierende und kontrollierende Hierarchie • haben eine hohe Orientierung auf Funktions- oder Kategorieninteressen • haben z.T. starke Statusunterschiede • haben eine Kooperation in Projekten, die durch Funktionalinteressen überlagert wird.

Quelle: Drüke 1997

Nimmt man nun das ranking bezüglich der realen Integration als zusammenfassenden Ausdruck der Qualität von Kooperation und Kommunikation (Abb. 3) hinzu, so zeigt sich eine klare nationalspezifische Zuordnung:
- *Amerikanische Unternehmen* können als die fokussiertesten Unternehmen angesehen werden. Sie sind durch unbestrittene Zentralität der Projekte, starke Projektteams und Projektleiter sowie hohe Flexibilität und Reaktionsbereitschaft gekennzeichnet.
- *Europäische Unternehmen* dagegen müssen als „über-politisierte" Unternehmen charakterisiert werden, insofern die Kooperation zwischen den Prozeßbeteiligten durch hohe Schranken aufgrund von Statusunterschieden, intervenierender Hierarchie, Orientierung auf die Abteilungen oder Berufskategorien sowie „Lehnsherrenmentalität" bestimmt ist. Verbunden damit sind allzuoft Verhaltensweisen wie Schuldzuweisung oder Nachkarten.
- *Japanische Unternehmen* bieten ein ambivalentes Bild. Auf der einen Seite ist der Einfluß der Zentrale auf Konzeptfindung oder Produktplanung sowie Ressourcen und deren Kontrolle sehr entscheidend. Auf der anderen Seite läuft der Prozeß in der alltäglichen Arbeit mit wenigen Friktionen. Indes stellt die starke

Rolle der zentralen Stellen bei einer weiteren Verschärfung des Zeitdrucks eine Hypothek dar.[25]

Was kennzeichnet die hier untersuchten deutschen Unternehmen als „überpolitisierte" Unternehmen und was ist dazu über die PC-Industrie hinaus charakteristisch an Strukturen und Strategien?

Charakteristisch für deutsche Unternehmen ist ein kompliziertes Schnittstellenmanagement, d.h. die Vermittlung zwischen Prozeßbeteiligten aus versäulten Strukturen mit hoher Orientierung an Eigeninteressen als Konsequenz der Versäulung der gesellschaftlichen Arbeitsteilung, deren Fundamente in der Berufsausbildung gelegt werden.

In der Ausbildung wird gleichsam die Ausdifferenzierung der akademischen Disziplinen im Bereich der Natur- und Ingenieurwissenschaften reproduziert. Ein deutscher Ingenieur versteht sich demnach zunächst als Maschinen- oder Werkzeugbauer oder Informatiker. Ein zweites Element seines beruflichen Selbstverständnisses ist die Orientierung auf sein Einsatzfeld in der beruflichen Praxis. So ist er Entwicklungsingenieur oder Prozeßplaner, was sein Verhalten in erster Linie bestimmt; erst dann fühlt er sich als Angehöriger seines Unternehmens. Hinzu kommt, eng gekoppelt damit, eine starke Ausrichtung auf die wissenschaftlich-technische Problemlösung. Ein durchschnittlicher Facharbeiter bzw. Ingenieur entwickelt durch die fast ausschließlich auf die technische Lösung von Problemen ausgerichtete Ausbildung und die im internationalen Vergleich mit 14 Semestern übermäßig lange Studienzeit eine an wissenschaftlichen Inhalten und Vorgehensweisen orientierte berufliche Perspektive. Auch hier wird die Orientierung auf andere Partner in der Prozeßkette überlagert durch die viel stärker ausgeprägte Kopplung an Forschungsinstitute oder Berufsverbände. Das Resultat ist eine Betonung der jeweils eigenen und spezifischen Aufgabe im Rahmen der durch die Ausbildung und den betrieblichen Einsatz gesetzten Rollenverteilung.

„Es beginnt schon bei dem in der Instandhaltung eingesetzten Facharbeiter, der sich sperrt, direkte Produktionsaufgaben zu übernehmen, die ihm als 'unterwertig' gelten, auch wenn ein solcher flexibler Einsatz ökonomisch viel effektiver wäre. Noch schwieriger wird es beim graduierten Ingenieur, von Wissenschaftlern ganz zu schweigen. Je höher der berufliche Status, desto heikler die konkrete Kooperation und desto stärker das Bedürfnis, sich sozial an den Standesge-

---

[25] Auch Eisenhardt/Tabrizi (1995) halten infolge der starken Abhängigkeit der Systementwicklung in der PC-Industrie von technologischen Fortschritten bei den Komponenten eine stark steuernde Kontrolle von zentralen Stellen im Unternehmen für problematisch und die experimentelle Strategie mit der Möglichkeit zu Neuanläufen, intensivem Testen und Schleifen zur Problemlösung für erfolgversprechender. Unternehmen, die in Branchen mit hoher Unsicherheit und geringer Vorhersehbarkeit agieren, sollten den „Echtzeit- und pragmatischen Ansatz vorziehen" (S. 104).

nossen und nicht an den tatsächlichen Arbeitskollegen zu
orientieren" (Deutschmann 1989, S. 419f.) [26].

Im Ergebnis dieser Prägung zeigt ein deutscher Ingenieur ein spezifisches Verhalten in der Prozeßkette[27]:

- produktbezogen ist seine Hervorhebung von Funktionalität und technischer Machbarkeit. Gegenüber dieser Technikorientierung tritt die Ausrichtung auf die Kundenbedürfnisse oder die Marktchancen eines Neuprodukts zurück,
- prozeßbezogen zeigt sich eine Geringschätzung bzw. ein geringes Verständnis für soziale Aspekte der Arbeitswelt und ihre Unterordnung unter den technisch determinierten Wirkungszusammenhang,
- prozeßkettenbezogen ist die Betonung der Notwendigkeiten der Optimierung der eigenen Arbeit und eine Geringschätzung der parallel oder nachfolgend zu verrrichtenden Arbeiten dominant.

Diese Prägungen beeinflussen das Verhalten von deutschen Ingenieuren in den häufig neu eingerichteten crossfunktionalen Teams. So wird ein Entwicklungsingenieur in deutschen Unternehmen enorme Schwierigkeiten haben, seine Vorstellungen und Konzepte hinsichtlich der Fertigbarkeit und des Ressourcenverbrauchs mit Vertretern anderer Abteilungen zu diskutieren. In seinen Augen wird es immer darum gehen, die Interessen seiner Fachabteilung gegen die anderen Abteilungen vertreten zu müssen, so daß er sich in Projektgruppen auch immer als Delegierter seiner Abteilung versteht.

Die vergleichsweise hohe Ausprägung des hierarchischen Verhaltens fördert diese geringe Prozeßkettenorientierung. Wenn der Abteilungsleiter von den 'Vertretern' der Abteilung offen oder implizit verlangt, sich von den anderen nicht die Butter vom Brot nehmen zu lassen, wird der Gegensatz zwischen Abteilungen jede Orientierung auf die gemeinsame Aufgabe untergraben und verhindern.

Ein dritter Punkt rundet dieses Bild ab. Die Ingenieure und Techniker werden in ihrer Grundhaltung durch die herrschende Praxis der Karriereförderung, der Bezahlung und Bewertung positiv sanktioniert. In der Regel haben Entwicklungsingenieure, wie sonst nur noch Vertriebsangehörige, die besten Aufstiegschancen, wodurch sich der Kreis schließt: die Führungsmanager auf der Ebene der Bereichsleitung oder Geschäftsführung steuern ihr Umfeld mit eben der geschilderten prinzipiellen Grundhaltung, was wiederum Resultat ihrer bisherigen Erfahrungen in Ausbildung und bisherigem Werdegang ist.

In den Fällen, wo Umstrukturierungen der Organisation des Produktentstehungsprozesses in Angriff genommen wurden, zeigte sich die Dysfunktionalität dieser überkommenen Orientierungen besonders deutlich. In Einsicht der Notwendigkeit, das sequentielle Abarbeiten der Teilaufgaben im Gesamtprozeß durch eine Parallelisierung zu ersetzen, wurden formell Methoden wie das Simultaneous

---

[26] Kürzlich forderte die einflußreiche Standesorganisation deutscher Ingenieure, der VDI, in der Ausbildung „vermehrt soziale Kompetenzen und Kommunikationsfähigkeit" an die Studenten zu vermitteln (Hamburger Abendblatt vom 22.04.1998, S. 18).

[27] Vgl. Jürgens/Lippert 1997.

Engineering eingeführt. In der Erkenntnis, daß die Prozeßbeteiligten enger zusammen sein müssen, wurden die räumliche Nähe hergestellt und crossfunktionale Teams installiert. Da sich an der hohen Ausprägung an Sonderinteressen nicht viel änderte, komplizierte sich der Abstimmungsprozeß und damit das Schnittstellenmanagement enorm, da die überkommenen Strukturen durch neue Organisationsformen und Arbeitsweisen überlagert wurden.

Jedes Umstrukturierungsprojekt ist damit erheblich von dieser alten Praxis und den überkommenen Sichtweisen belastet. Insbesondere die starke Ausrichtung auf die fachliche und funktionale Spezialisierung, verbunden mit der Betonung von Sonderinteressen, häufig auf Kosten von und im Gegensatz zu anderen Prozeßbeteiligten, führt zur Beharrung auf alte Praktiken und Gewohnheiten, die eine tiefgreifende Reorganisation der Prozeßkette in Richtung der skizzierten fokussierten Unternehmen sehr erschweren.

Literatur

Bieber, D., Systemische Rationalisierung und Produktionsnetzwerke; in: T. Malsch/U. Mill (Hg.) ArBYTE – Modernisierung der Industriesoziologie? Berlin 1992, S. 271-295

Borrus, M.G., The Regional Architecture of Global Electronics: Trajectories, Linkages and Accesses to Technology. Berkeley Roundtable on the International Economy (BRIE). Berkeley 1993

Bowen, H.K./Clark, K.B./Holloway, Ch. A./Leonard-Barton, D./Wheelwright, S.C., Special Section: Regaining the Lead in Manufacturing: Development Projects: The Engine of Renewal. How to Integrate Work and Deepen Expertise. Make Projects the School for Leaders; in: Harvard Business Review, September-Oktober 1994, S. 108-144

Bullinger, H.J., F&E - heute. Industrielle Forschung und Entwicklung in der Bundesrepublik Deutschland. IAO-Studie. München 1990

Dertouzos, M.L./Lester, R.K./Solow, R.M. (MIT-Commission on Industrial Productivity), Die Krise der USA. Potential für neue Produktivität „Made in America". Frankfurt a.M. 1990

Deutschmann, Chr., Läßt sich der Berufsbegriff interkulturell übertragen? in: M. Striegnitz/M. Pluskwa (Hg.), Berufsausbildung und berufliche Weiterbildung in Japan und in der Bundesrepublik Deutschland, Loccumer Protokolle 6/87, S. 417-424

Drüke, H., Kompetenz im Zeitwettbewerb. Politik und Strategien im Produktentwicklungsprozeß. Berlin/Heidelberg 1997

Eisenhardt, K.M./Tabrizi, B.N., Accelerating Adaptive Processes: Product Innovation in the Global Computer Industry; in: Administrative Science Quarterly, 1995 (40), S. 84-110

Ferguson, Ch. /Morris, Ch. R., Computer Wars. How the West can Win in a post-IBM World. New York 1993

Imai K./Nonaka, J./Takeuchi, H., Managing the New Product Development Process. How Japanese Companies Learn and Unlearn; in: K.B. Clark/R. H. Hayes/Chr. Lorenz (eds.), The Uneasy Alliance. Managing the Productivity-Technology Dilemma. Boston 1985, S. 337-375

Jürgens, U./Lippert, I., Schnittstellen des deutschen Politikregimes. Innovationshemmnisse im Produktentstehungsprozeß; in: F. Naschold/D. Soskice/B. Hancké/U. Jürgens (Hg.): Ökonomische Leistungsfähigkeit und institutionelle Innovation. Das deutsche Produktions- und Politikregime im globalen Wettbewerb. Jahrbuch 1997 des Wissenschaftszentrums Berlin für Sozialforschung, S. 65-95

Lecler, Y./Perrin, J./Villeval, M.C., Simultaneous Engineering as a Result of a Cooperation Learning Organization. Ms. 1992

Naschold, F., Arbeitspolitik. Berlin 1985

Porter, M. E., The Competitive Advantage of Nations; in: Harvard Business Review, März-April 1990, S. 73-93

Stalk, G./Hout, Th. M., Competing against Time. New York 1990

Westney, E.D./Sakakibara, K., Comparative Study of the Training, Careers, and Organization of Engineers in the Computer Industry in Japan and the United States. MIT Boston 1992

Young, L.H., System Makers face Quality Tradeoffs in the Infernal Triangle; in: Electronic Business Today, Oktober 1995, S. 50-58

Peter Gendolla

Irritationen. Über Zeitmodelle und ihre Krisen

Vorbemerkung

Einer der ersten Vorbehalte, der in der wahrlich inzwischen unendlichen oder babylonischen Bibliothek über *Zeit* gemacht wird, ist jener, daß Zeit im Unterschied zu Geruch oder Geschmack, zu Farben oder Klängen nicht direkt wahrgenommen werden kann, daß wir kein eigenes Organ für die Zeit, keinen eigenen Zeitsinn besitzen analog zu Ohr, Auge, Nase oder Mund. Der Zeitsinn ist etwas, das sich aus dem Zusammenspiel der anderen Wahrnehmungen ergibt, ihr Vergleichssinn sozusagen, eine Art ideelles Gesamtorgan, über das die Dauer oder der Wechsel von Wahrnehmungen bemerkt wird. Inzwischen sind diese auch präzis bestimmt worden, die Zeit, die ein Reiz benötigt, um eine Reaktion hervorzurufen, eine automatische, instinktive, oder eine bewußte, das Intervall etwa zwischen dem feinen Aufsetzen der Wespe auf der Fußsohle, dem Schlag mit der Hand und dem jetzt unvermeidlichen Stich. Man könnte Zeit geradezu als dieses Dazwischen, als Übergang, als Differenz mindestens zweier Zustände oder Unterschied zweier Bewegungen definieren, Zeitwahrnehmung als Wahrnehmung solcher Differenz. Aber wir benutzen damit bereits eine Metapher, den Raum eben oder räumlichen Abstand, um etwas ganz anderes zu bezeichnen. Tatsächlich ist jede Zeitmessung nichts als die Anwendung des Raums auf die Zeit, Rasterung, Anwendung eines Abstands, Vergleich mit einem Maß. Ununterbrochen benutzen wir solche Maße, um Ereignisse zu situieren, um sie erkennen und wiedererkennen zu können, insbesondere um sie vorherzusagen, zu vermeiden oder herbeizuführen. Insofern liefert etwa eine Uhr nicht einfach die Abbildung irgendwelcher natürlicher Bewegungen der Planeten, Gezeiten, biologischer Rhythmen z.B. Umgekehrt: sie bildet ein Modell – von modus, Maß, modello, kleines Maß –, eine Form, einen Entwurf, über den es überhaupt erst möglich wird, ein Ereignis zu fixieren, darauf zuzugreifen, es nicht einfach hereinbrechen oder vorbeirauschen zu lassen. Uhren sind elementare Modelle, die Kulturen entwickeln, um das bearbeiten zu können, was aus ihrer Perspektive als Natur erscheint. Die Entwicklung der Uhr, d.h. eines kleinen Uhrenelements, kann ein erstes Beispiel abgeben für einen allgemeineren Zusammenhang zwischen der Ausbildung und Anwendung von materiellen Formen der Zeitwahrnehmung und damit einhergehenden gesamtkulturellen Umbrüchen, historischen Krisen, in denen neue Zeittechnologien entstehen, die wiederum ganz andere soziokulturelle Entwicklungen ermöglichen. Ich beschränke mich auf die sogenannte Neuzeit, und auch da kann ich nur ein paar wenige Thesen zu ihrem sogenannten Beginn und behaupteten Ende beitragen, zu den Rändern der Moderne. An ihnen finden sich als zentrale Modelle der Zeitwahrnehmung zu Beginn die Räderuhr, am Ende das technische Bild oder genauer: seine Elementarform, der Bildpunkt. So wie im 19. Jahrhundert Zeitmessung und technische Bewegung durch die Eisenbahn, pünktliches Abfahren oder Ankommen und die Auflösung der Landschaft dazwischen die zentralen Beschleunigungserfahrungen ausmachten, sind es gegenwärtig die – nicht wahrnehmbare – technische (Zeit-) Steuerung von Bildpunkten und ihre – tendenziell beliebigen – Zusammensetzungen, die wir wahrnehmen, die unsere zentralen Irritationen ausmachen.

I. Die Räderuhr

Die Ablösung mythischer Zeitvorstellungen durch neuzeitliche Fortschrittsmodelle ist im Abendland wohl im wesentlichen durch die Kirche betrieben worden, die Ausbildung von Regelmäßigkeit und Pünktlichkeit von ihrer Avantgarde, den asketischen Klostergemeinschaften. Die „älteste lateinische Mönchsregel überhaupt", die im Jahr 395 schriftlich fixiert worden sein soll, stammt vom berühmten Bischof von Hippo in Nordafrika, Aurelius Augustinus. Die für die abendländischen Klostergründungen wirksamsten Formulierungen sind dann von Benedikt von Nursia aus dem Jahr 550 überliefert, dem Abt des Klosters Monte Cassino. Bei ihm spätestens wird der Sinn des Klosterlebens nicht mehr in der bloßen Askese gesehen, der Verminderung des Leibes, um dem Reich des göttlichen Geistes bereits auf Erden möglichst nahe zu sein. Vielmehr soll diese Nähe durch ein tätiges Leben erreicht werden, durch *Arbeit*. Unter Augustinus' Prämisse, daß „Zeit nur darum sei, weil sie zum Nichtsein strebt" (Confessiones, 11.Buch, XIV,17), also der wesentlichen Abhängigkeit oder eigenen Wertlosigkeit der irdischen Zeit, gilt es, sie wertvoll zu machen, etwas für die künftige Existenz Bedeutendes beizutragen. In seiner Nachfolge fordert die Mönchsregel des Isidor von Sevilla, etwa 70 Jahre später:

„Der Mönch muß immer mit seinen Händen arbeiten, ...entsprechend dem Wort des Apostels 'Wir haben nicht umsonst das Brot gegessen, sondern unter Mühe und Anstrengung haben wir Tag und Nacht gearbeitet'".[1] Entsprechend wird nicht nur der Tag sondern das ganze Jahr in eine Arbeitsregel gefaßt, die im Sommer bereits vom „frühen Morgen bis zur dritten Stunde Handarbeit"[2] vorsieht. Das mönchische Leben wird so systematisch nach einem Zeitschema gegliedert – zunächst dreimal, mit dem 7. Jahrhundert siebenmal täglich läutet die Klosterglocke –, die Zeit wird reguliert und qualifiziert. Der Wert des Tuns wird meßbar. Statt herumzuirren und auf Gnade zu hoffen, kann der Einzelne in der gemeinsamen Arbeit seinen Wert beweisen. Aus der nur möglichen Erlösung, dem potentiellen Heil, wird ein Heilsplan. Um ihn so genau wie möglich zu erfüllen, müssen

---

[1] zit. bei Frank, Karl Suso (Hg.): Frühes Mönchtum im Abendland. 2 Bde. Zürich u. München 1975, Bd.1, S. 372.
[2] ebd., S.374

seine Etappen genauer bestimmt werden.[3] *Pünktlichkeit* wird zu einem neuen Ideal. Das Mittel, mit dem sie kontrolliert wird, mit dem die Stunden eingeteilt werden, das horologium, die Uhr muß verbessert werden.

„Die klösterlichen Wasseruhren waren technisch anfällig, notorisch unzuverlässig und schwierig zu regulieren."[4] Die, je nach Jahreszeit und den sich ändernden Rhythmen von Tag und Nacht, schwankenden 'Stunden' entwickelten sich zu einem unerträglichen Mißstand. Etwa der morgendliche Beginn des Betens und Lesens, die Zeit des Wachens, mußte auch ohne Sonnenlicht bestimmt werden.

> *„Die Offizien mußten nach Mitternacht, aber vor dem Morgengrauen beginnen. Zur Ermittlung dieses Zeitpunkts achteten die Sakristane seit der Spätantike auf den Hahnenschrei und auf den gestirnten Himmel... Sie zählten die seit Beginn der Dunkelheit gebeteten Psalmen, ließen genau gewogene Kerzen abbrennen oder benutzten die von römischen Gerichten und Militärlagern bekannten einfachen Auslaufwasseruhren (Klepsydren). "[5]*

Eine kleine Vorrichtung an den schon länger in Gebrauch befindlichen, durch ein ablaufendes Gewicht angetriebenen Räderuhren führte hier zur Unabhängigkeit von natürlichen oder zufälligen Bedingungen: die sogenannte Hemmung. Ob sie tatsächlich 'im klösterlichen Bereich' entwickelt worden ist, wie Dohrn-van Rossum vermutet, bleibe dahingestellt. Jedenfalls hatte sie hier einen ersten zentralen Wirkungsbereich auf dem Weg zu einem abstrakten, von einem jenseitigen, ganz anschauungslosen Ziel in der Zukunft kontrollierten Zeitsinn. Die Hemmung definierte das Schema, nach dem die Zeit gerichtet, linearisiert und beschleunigt wurde, zur Zeit an sich.

Seit dem Ende des 13. Jahrhunderts ist der Einbau von Hemmungen in Räderuhren bezeugt. Zunächst kamen die recht ungenauen Kronrad- und Foliot-Hemmungen zur Anwendung. Wesentliche Verbesserungen ergaben die von Besson 1569 erfundene und von Jost Bürgi im Uhrenbau realisierte sogenannte Kreuzschlaghemmung, dann die Stiftnockenrad-, die Anker- und Zylinderhemmungen, an deren Entwicklung Galilei beteiligt war. Eine vorerst nicht überbietbare Präzision erreichte die Zeitmessung schließlich im 17. Jahrhundert mit Christian Huygens Penduluhr von 1657 und seiner Erfindung der Spiralfederunruh 1674. Die technische Differenzierung dieser Systeme will ich nicht weiter ausführen. Das Prinzip, das mit ihnen realisiert wird, ist bemerkenswert.[6] Die Hemmung,

---

[3] Vgl. Zerubavel, Eviatar, Ritmi nascosti. Orari e calendari nella vita sociale. Bologna 1985, S.65

[4] Dohrn-van Rossum, Gerhard, Schlaguhr und Zeitorganisation. Zur frühen Geschichte der öffentlichen Uhren und der sozialen Folgen der modernen Stundenrechnung, in: Wendorff, Rudolf (Hg.), Im Netz der Zeit. Menschliches Zeiterleben interdisziplinär. Stuttgart 1989, S.51

[5] ebd., S.50

[6] Zur technischen wie zur gleichzeitig damit expandierenden Metapherngeschichte der Uhr vgl.: Maurice, Klaus, Die deutsche Räderuhr. München 1976

das sagt ihr Name, *verzögert* oder *unterbricht* einen Bewegungsablauf in möglichst gleichmäßigen Abständen. Sie definiert durch Größe und Abstand der Zäh-
ne im Hemm- oder Steigrad vollkommen gleiche Einschnitte in einer Bewegung,
die sonst – durch ein schneller fallendes Gewicht, eine sich schwächer entspan-
nende Feder – diskontinuierlich ablaufen würde. Sie macht den Ablauf kontinuierlich und reguliert die großen Schritte des Tages und der Nacht, indem sie viele
kleine Schritte daraus macht. 'Schrittregler' war ein anderer Name für die Hemmung. Das Zentrum dieser Anordnung, die leitende Idee, aus der alles weitere
folgt, bildet die Koppelung der Regulation an eine immanente Unterbrechung, die
Entgegensetzung einer Kraft gegen eine andere innerhalb eines einzigen Systems:
die Selbstregulation. Die Uhrengeschichte verzeichnet den Gang in solche Selbstregulation, in die zunehmende Automation. Die Sonnenuhr – zu schweigen von
den über Jahrtausende nicht minder wichtigen biologischen Kalender- und Weck-
systemen, den Pflanzen- oder Vogeluhren etwa – war noch direkt an einen äußeren Rhythmus gekoppelt. Mit den Wasser- über die Gewichts- zu den Federuhren
wird die Kraft- oder Energieverausgabung nach innen verlagert, in ein eigenes
Uhrengehäuse. Dies so isolierte Potential wird durch eine zweite, hemmende Kraft
zur gleichmäßigen Verausgabung gezwungen, die mit einem Zwischenraum, einer
Leerstelle, operiert.

Hierin liegt die ganze Revolution: in der Abwendung von der Abbildung einer
vorgegebenen *anderen* Bewegung, in der Kontrolle der eigenen Bewegung durch
die Einschaltung von Haltepunkten, Leerstellen. Sie definieren von jetzt an Raum
<u>und</u> Zeit, d.h. eigentlich regulieren eine *leere* Zeit und ein *Nicht*-Raum zuneh-
mend die anderen Zeiten und Räume. Der Präzisierungsdruck bildet dabei eine
direkte Konsequenz dieser Technologie. Die durch die Hemmung abgeschnittenen
und aneinandergereihten Zeitstücke sind zunächst immer noch ungenau. Nur indem sie kleiner und kleiner werdend tendenziell gegen Null gehen, werden Abweichungen unerheblich. Galileis Stiftnockenradhemmung dehnt sich je nach
Temperatur noch ziemlich aus oder zieht sich zusammen und ergibt so noch relativ schwankende Zeitangaben. Mit Pendel und Unruh wurde schließlich eine Entdeckung Galileis von 1582 eingesetzt, die eine wirkliche Abkopplung erlaubte:
daß Körper unter bestimmten Voraussetzungen in vollkommen gleichen Zeitinter-
vallen schwingen. Erst seit Bürgi, Galilei und Huygens gab es Uhren, die auf
Jahre hinaus sekundengenau blieben.[7]

Die Sekunde spielte dabei allerdings nur in den fortschreitenden naturwissenschaftlichen Experimenten und Theorien eine Rolle. Der allgemeine Gebrauch des
Wortes Sekunde ist überhaupt erst seit dem 17. Jahrhundert bezeugt – wie übrigens der des Wortes Katastrophe. Selbst die Minute hatte nur in astrologischen

---

Maurice, Klaus/Mayr, Otto (Hg.), Die Welt als Uhr. Deutsche Uhren und Automaten 1550-
1650. München-Berlin 1980 (Ausstellungskatalog)
Mayr, Otto, Zur Frühgeschichte der technischen Regelung. München 1969
[7] Sekundengenaue Uhren wurden für den Alltag allerdings erst spät im 19. Jahrhundert
wichtig.

Berechnungen eine Bedeutung. Die Stunde ist der neue Zeitabschnitt, der vom 14. bis ins 17. Jahrhundert das soziale Leben zu dominieren beginnt. Tag und Nacht, die bis dahin über die Verkreuzung ungleicher Rhythmen stabilisiert wurden, durch die bewegliche Zuordnung von Sonnenstand, Hahnenschrei, Essens- und Arbeitsrhythmen, werden einem weit festeren Raster unterworfen: den 24 Takten, welche die Stunde in den Umlauf der Sonne legt. Statt der Orientierung der sozialen Rhythmen an veränderbaren, natürlichen Phasen werden sie zunehmend an unveränderbare gebunden, zuletzt an die durch Feldkräfte definierten Schwingungsintervalle.

Dieser Uhrengang der Dinge reguliert das individuelle wie kollektive Leben zunächst von *oben*, geht von da nach *unten*, um schließlich nach *innen* zu wandern, auf eine durchaus nicht einfach metaphorisch zu verstehende Weise. Von oben ist ganz wortwörtlich zu nehmen: die Regulation beginnt mit der Ausrichtung der Tageszeiten nach dem Glockenschlag der Turmuhren. Eben mit dem 14. Jahrhundert – hier wird neben der Kloster- die Stadtgeschichte immer wichtiger – werden Glocke und Uhr miteinander verkoppelt. Ein Beobachtungs- und Verabredungssystem wird durch ein stabileres technisches System abgelöst. Ausgehend von den oberitalienischen Städten werden nach und nach die Glocken der Kirchentürme, vor allem aber auch der profanen Schloß-, Rathaus- und sonstigen Stadttürme mit großen Uhren kombiniert. Manchmal werden sie zu komplizierten Automaten ausgebaut, wie die berühmte Uhr des Straßburger Münsters. „Für die Zeit bis zum Ende des 15.Jahrhunderts lassen sich rund fünfhundert öffentliche Uhren meist aus kurzen Einträgen in städtischen Haushaltsrechnungen dokumentieren."[8]

Hier, in der großen Umbruchsphase vom Hochmittelalter in das, was später die Neuzeit genannt wurde, beginnt die Rede von der 'Welt als Uhr'[9]. Die Uhr beginnt das zentrale Modell für geordnete, sich selbst regelnde Prozesse überhaupt abzugeben, um schließlich, bei Descartes oder im Deismus, auch noch Gott als obersten Organisator vom Weltgeschehen zu distanzieren. Die Schöpfung wird zu einer einmal gebauten und aufgezogenen Uhr. Bis zu ihrem Ende läuft sie dann auch ohne ihren Konstrukteur.

Von oben, von den Glockentürmen der Klöster und Städte, wandert die abstrakte Zeit nach unten, erzeugt Pünktlichkeit und Disziplin in Amtsstuben, Verwaltungsgremien, öffentlichen Institutionen. Die wirksamste Ausbreitung erfolgt über die Erziehung. Seit dem 15. Jahrhundert tauchen die Stundeneinteilungen der Klöster, nach denen der Unterricht in den Klosterschulen ablief, auch in den städtischen Erziehungsanstalten auf, als Stundenpläne. Die gebildete Geistlichkeit, aus

---

[8] Dohrn-van Rossum, a.a.O., S.53

[9] Mayr, O., Die Uhr als Symbol für Ordnung, Autorität und Determinismus, in: Maurice, Klaus/Mayr, Otto (Hg.), Die Welt als Uhr. a.a.O., S.1-9
Zum Begriff der Neuzeit vgl.:
Kosellek, Reinhart, Neuzeit. Zur Semantik moderner Bewegungsbegriffe, in: Studien zum Beginn der modernen Welt. Stuttgart 1977

der sich erst allmählich, mit der Emanzipation des Bürgertums, ein eigener Lehrerstand abspaltete, dürfte auch hier der Transformator gewesen sein. Die kirchlichen Zeiten, der Unterricht und die sonstigen Abläufe im städtischen Leben wurden aufeinander abgestimmt, synchronisiert.

„Eine gewisse Koordination der Schulzeit mit der übrigen städtischen Zeitordnung war notwendig, weil die Lehrer vielfach auch Küsterdienste zu versehen hatten und die Schüler bei Gottesdiensten und Beerdigungen, die ebenfalls zeitlich fixiert wurden, singen mußten."[10] Die seit dem 15. Jahrhundert auf Abbildungen von Gelehrtenstuben häufig zu findenden Sanduhren sieht Dohrn-van Rossum als direkten Hinweis auf einen anwachsenden Zeitdruck, der durch die Vermehrung der Wissensbestände entstanden sei. Immer mehr Lernstoff sei schließlich nur durch strikt organisierte Lehr- und Lern*pläne* zu bewältigen gewesen. Das Prinzip, immer mehr und sehr verschiedene Prozesse nur durch die Zuordnung zu einem abstrakten, für alle und alles gültigen Raster unter Kontrolle zu bekommen, wird mit der Uhr immer neu materialisiert. Ihre Technik, die Funktionsweise ihrer Elemente, produziert und fixiert selbst dies Raster, das dem sozialen Leben seit dem Hochmittelalter übergeworfen wird: eine gerade Linie in die Zukunft, die immer feiner unterteilt, immer anwesend, Bewegungen und Verhaltensweisen einrichtet, in eine Richtung bringt. Zu Beginn des 16. Jahrhunderts arbeitet der Nürnberger Uhrmacher Peter Henlein ein kleines Uhrwerk in eine Art Kugel aus Metall, die überallhin mitgenommen werden kann. Die Turmuhr, die Rathausuhr, die Stubenuhr, die Taschenuhr werfen ein Netz über den Alltag, an das sich die Menschen halten müssen, wollen sie erfolgreich handeln. Damit das wirklich funktioniert, muß die Uhr von außen nach innen wandern, in den Körper selbst. Den Einteilungen der Uhr muß etwas im Körper korrespondieren, eine Einstellung, die ihm Bewegung oder Stillstand zur richtigen Zeit ermöglicht.

Der abendländische Zivilisationsprozeß ist von Norbert Elias als Transformation von äußerer in innere Gewalt beschrieben worden, als Umwandlung von Fremdzwängen in Selbstzwänge. Die Entwicklung von der Naturalwirtschaft zur Geldwirtschaft, die von den oberitalienischen Städten ausgehend ein gobales Handelsnetz spannte, effektivere Produktionsmethoden initiierte, Kapitalien anhäufte und so die Voraussetzungen für die Industrialisierung schuf, war nur unter einer Bedingung möglich: der Synchronisation der Handlungen. Nur wenn die einzelnen Tätigkeiten aufeinander abgestimmt wurden, konnten sie als Elemente einer Kette funktionieren, welche Räume und Zeiten immer effektiver verspannte. „Von der abendländischen Gesellschaft aus hat sich ein Interdependenzgeflecht entwickelt, das nicht nur die Meere weiter umspannt, als irgendein anderes in der Vergangenheit, sondern darüber hinaus auch mächtige Binnenlandsgebiete bis zum letzten Ackerwinkel. Dem entspricht die Notwendigkeit einer Abstimmung des Verhaltens von Menschen über so weite Räume hin und eine Voraussicht über so weite Handlungsketten, wie noch nie zuvor. Und entsprechend stark ist auch die Selbstbeherrschung, entsprechend beständig der Zwang, die Affektdämpfung

---

[10] Dohrn-van Rossum, a.a.O., S.57

und Triebregelung, die das Leben in den Zentren dieses Verflechtungsnetzes notwendig macht."[11]

Um die großen Räume und die langen Zeiten überhaupt herzustellen, in denen die vielen investierten Tätigkeiten Nutzen bringen sollten, mußten möglichst allen gemeinsame Maße gefunden werden. Der ganze, unendlich komplexe Kommunikationsprozeß, in den die europäischen Regionen, Gruppen, Gesellschaften mit dem Beginn der Neuzeit treten, ließe sich auch als Anpassung von Maßen, Gewichten, Münz- oder Geldsorten, kurz gesagt als Normierungsprozeß beschreiben, der die unterschiedlichsten Berechnungssysteme einem gemeinsamen Raster einzufügen sucht. Das allgemeinste, von allen unabhängige Raster schien die Zeit zu liefern, die ganz abstrakte, in Zahlen ausdrückbare Zeit, das was Newton als Vollender einer langen physikalischen Diskussion schließlich 'tempus absolutum' genannt hat. Mit dem Einbau der Hemmung in die Uhr war sie präzis und vergleichbar geworden, von allen überprüfbar. Damit diese Kontrolle nun aber wieder wirksam werden, sich durchsetzen, ausbreiten, fortsetzen konnte, mußte sie *anerkannt* werden. Nicht bloß einmal, sondern immer wieder, selbstverständlich, automatisch. Die inneren Regungen und Wünsche, die Triebe, die auf unmittelbare, sofortige Befriedigung drängten, mußten zurückgehalten werden, den anderen, äußeren Zeittakten integriert werden. So liest sich Elias' Zivilisationstheorie wie eine Applikation der Uhrmacherkunst auf die Produktion leistungsfähiger Menschenleiber, als Anwendung eines mechanischen Tricks auf soziales Verhalten, Einbau von 'Hemmungen' in den Körper.

„...Der 'Trend' der Zivilisationsbewegung ist überall der gleiche. Immer drängt die Veränderung zu einer mehr oder weniger automatischen Selbstüberwachung, zur Unterordnung kurzfristiger Regungen unter das Gebot einer gewohnheitsmäßigen Langsicht, zur Ausbildung einer differenzierteren und festeren 'Über-ich'-Apparatur. Und gleich ist auch ...die Art, wie diese Notwendigkeit, augenblickliche Affekte fernerliegenden Zwecken unterzuordnen, sich ausbreitet: Überall werden zunächst kleinere Spitzenschichten, dann immer breitere Schichten der abendländischen Gesellschaft von ihr erfaßt."[12]

Tatsächlich ist die skizzierte Bewegung, das Einwandern der abstrakten Zeit in den Organismus, gar nicht metaphorisch zu verstehen. Zunächst hat ja bereits jeder Organismus seine *eigene* Zeit, d.h. Rhythmen, regelmäßige Abläufe, interne Kontrollen des Stoffwechsels, des Auf- oder Abbaus der Zellen, ohne die eine Kooperation der Körperteile zu koordinierten Bewegungen gar nicht möglich wäre. Diese 'inneren Uhren' sind in der Physiologie und Neurobiologie gegenwärtig bereits gut erforscht. So gelten rhythmische Prozesse der Großhirnrinde, der sogenannte Alpha-Rhythmus und der Theta-Rhythmus, im stammesgeschichtlich ältesten Teil des Großhirns, dem limbischen System, als wahrscheinliche interne Zeit*geber* für die vegetativen Funktionen, die den Grundtakt für die ande-

---

[11] Elias, Norbert, Über den Prozeß der Zivilisation. 2 Bde., Frankfurt/M.[4] 1977, Bd.2, S.337

[12] ebd., S.338

ren Austauschprozesse abgeben. Als *Zeitzähler*, welche die Dauer solcher Prozesse kontrollieren und aufeinander abstimmen, gelten Neuronennetze im Zwischenhirn, dem Hypothalamus.

Genau hier nun öffnen sich Möglichkeiten der Kommunikation zwischen äußeren und inneren Zeiten, der Abstimmung von individuellem und sozialem Haushalt der Kräfte. Der große Hauptrhythmus jedes Organismus, der Wechsel von Aktivität und Passivität, Schlafen und Wachen, diese sogenannte circadiane Uhr, läuft nämlich nach keinem unveränderbaren Takt. Vielmehr muß er wie bei einem ungenau gehenden Wecker im wörtlichen Sinn tagtäglich nachgestellt werden.

„Circadiane Uhren wurden zuerst an Pflanzen und Tieren nachgewiesen. Wir wissen heute, daß nahezu alle Lebewesen, bis hinunter zu den im Meer lebenden Einzellern, solche Zeitmeßgeräte besitzen.... Für Pflanzen und Tiere ist der natürliche Licht-Dunkel-Wechsel der wichtigste Zeitgeber. Für die Synchronisation der menschlichen, circadianen Uhr *spielen soziale Signale aus der Umwelt eine entscheidende Rolle.*"[13]

Es ist wohl diese 'Schnittstelle' zwischen Einzelkörper und gesellschaftlicher Institution, die jene Transformationsprozesse erlaubt hat und weiter erlaubt, die Elias als Erhöhung von 'innerem Druck' und 'äußerem Tempo' beschrieben hat, die der "Zwang zur Langsicht", zur weitreichenden Planung auf allen Ebenen mit sich brachte. Hier, bei den großen Lebens- und Arbeitsrhythmen, den Perioden, in denen gewacht und geschlafen, gearbeitet, gegessen, verhandelt, geliebt und gelernt wird, setzt die neue Zeit die Intervalle, gibt es die entscheidenden Disziplinierungsschübe, die mit der Umwandlung der Agrar- in die Manufaktur- und schließlich Industriegesellschaften einhergingen.

II. Das Geld, die innere Zeit

Remember that Time ist Money (Benjamin Franklin)

Nachdem die Uhren genau geworden sind, können Arbeitszeiten genauer kontrolliert, können und müssen Verabredungen eingehalten, Geschäfte präzis terminiert, Zeitpläne für alles und jedes aufgestellt werden. Ein Mittel, das jahrhundertelang *neben* anderen Mitteln dazu gedient hatte, Waren zu tauschen, wurde allmählich zum *ausgezeichneten* Tauschmittel, das Geld. Mehr und mehr mißt es nicht von Kultur zu Kultur variierende Werte, Naturalien, Böden, bewegliche Güter. Auf der Suche nach dem Raster, auf das tendenziell alle Güter bezogen, nach dem sie verglichen, verhandelt, getauscht werden könnten, wird das Geld zum Maß für die in etwas investierte Zeit, Herstellungszeit, Transportzeit, Abnutzungszeit. Nach der Uhr, die den Zeittakt *gibt*, wird das Geld zu dem Ding, das die Zeit *zählt* und aufbewahrt, damit sie getauscht werden kann. Geld wird

---

[13] Aschoff, J., Die innere Uhr des Menschen, in: Die Zeit, Dauer und Augenblick, J. Aschoff u.a. München 1989, S. 137
Hervorhebungen von Peter Gendolla

'gespeicherte Zeit'.[14] Die drei wichtigsten Funktionen des Geldes – daß es Werte mißt, tauscht und speichert – lassen sich in einer einzigen zusammenfassen: es hält die Zeit fest. Die verrinnende, flüchtige Zeit, die mit der Uhr ja nicht zu beeinflussen ist, nur sichtbar gemacht wird als immer verschwindende, unaufhaltsame Bewegung, mit dem Geld wird sie in ein Stück Metall gepreßt, in ein Papier geschrieben, zu einer Summe gemacht, die bearbeitet werden kann. Mit dem von allen als abstrakter Wertmesser anerkannten Geld scheint ein Mittel gefunden zu sein, das gegen die Ungewißheiten, die plötzlichen Änderungen, gegen Unfälle und Katastrophen zu helfen verspricht: die flüssige, ungreifbare Zeit erstarren läßt, in berechenbare Zahlen verwandelt. Das Geld selbst wird so auch in Kooperation mit der Uhr und dem Kalender zum wichtigsten der erwähnten 'sozialen Signale', die die innere Uhr einzustellen erlauben. Nur weil es auf sofortige Befriedigung drängende Triebansprüche aufzuheben und zu verschieben vermag, eine größere, intensivere Befriedigung in der Zukunft verspricht, kann sich jenes langfristige Wirtschaften der modernen Gesellschaften entwickeln, welches nach und nach die alten Subsistenzökonomien ablöst.[15] Das Geld wird zu der zwischen innen und außen oszillierenden 'Hemmung', zu jenem Schalter, der die Wünsche einstellt, der den kurzfristigen in einen langfristigen Triebhaushalt verwandelt, so daß er den sozialen Haushalt speisen und fortzutreiben vermag. Unter der Vorgabe, die eigentlich Gott gehörige, von ihm nur ausgeliehene Zeit zu seinem Ruhme zu nutzen, wird sie ihm tatsächlich entwendet, säkularisiert, kapitalisiert. Dieser Kampf um die Zeit, der am frühesten mit einer immensen Anstrengung von den puritanischen Kaufleuten Englands geführt worden ist, ist spätestens seit Max Webers Beiträgen zur "protestantischen Ethik" umfassend dokumentiert und diskutiert worden. Auf einem ersten Höhepunkt dieser Auseinandersetzung, welche die Zeit zwar immer langfristiger plant, aber zugleich immer knapper macht, finden sich „eine ganze Reihe von Tagebüchern überliefert, deren Autoren sich unter Angabe der Uhrzeit Rechenschaft über ihren Tageslauf geben. Tagebuchführung wird ganz offenbar Mode, und 1712 empfiehlt der *Spectator* die Führung von Tagebüchern, damit die Leute sich der ungeheuren Zeitverschwendung in ihrem alltäglichen Dasein bewußt werden."[16]

In der Autobiographie Benjamin Franklins, des Erfinders der Gleichung von Zeit und Geld, ist folgende Eintragung zu lesen: „Ich machte mir ein kleines Buch, worin ich jeder der Tugenden eine Seite anwies, linierte jede Seite mit roter Tinte, so daß sie sieben Felder hatte, für jeden Tag der Woche eines ...um durch ein schwarzes Kreuzchen jeden Fehler anzumerken, den ich mir, nach genauer Prüfung meinerseits, an jenem Tag hatte zu schulden kommen lassen. ...Da die Vorschrift der Ordnung verlangte, daß jeder Teil meines Geschäftes seine zuge-

---

[14] Lyotard, Jean-Francois, Zeit heute, in: Meier, Heinrich (Hg.), Zur Diagnose der Moderne. München 1990, S.159

[15] Zur Kulturtheorie des Geldes vgl. auch: Hörisch, Jochen, Kopf oder Zahl: die Poesie des Geldes. Frankfurt/M.1996

[16] Dohr- van Rossum, a.a.O., S.70

wiesene Zeit habe, so enthielt eine Seite in meinem Büchlein einen Stundenplan für die Verwendung der 24 Stunden des natürlichen Tages."[17]

III. Punktzeit

Die neuzeitliche Zivilisation hatte die mythischen Kreise aufgeschnitten und zu einer langen, ins Offene zielenden Linie gebogen, auf der viele kleine Einzelgeschichten angesiedelt werden konnten: Statt der Erzählung von Göttern und Königen und Rittern die Bildungsgeschichten vom erfolgreichen Bürger, Kaufmann, Unternehmer, Ingenieur, Wissenschaftler, die unermüdlich den Rest der Menschheit, all die Arbeiter, Neger, Bettler, Frauen und Kinder in eine immer reichere Zukunft führten. Die größeren Geschwindigkeiten, die Erweiterungen ökonomischer Potenzen haben aber zu ebenso heftigen Krisen geführt, die nicht mehr wie noch die ersten bürgerlichen Revolutionen auch als Chance, als Befreiungen wahrgenommen wurden. Allen voran die zwei großen Kriege unseres Jahrhunderts haben mitsamt den Landschaften, Städten und Einwohnern, die in Krater, Ruinen und verbranntes oder verstrahltes Fleisch verwandelt wurden, auch die große Zukunftslinie gesprengt. Diese Explosionsbewegung der Materien wird begleitet und in gewisser Weise abgelöst von der Beschleunigung und ungebundenen Zirkulation ihrer Zeichen, der Ex- und Implosion der Bilder. Von der Geschichte der Körper, die sich in symbolischen Formen repräsentierte, beginnen sich diese mehr und mehr abzulösen. Nach einer drei- bis vierhundert Jahre währenden Phase immer erweiterten und beschleunigten Körpertransports gibt es – etwa seit Talbots Erfindung der Negativ-Fotografie 1839 und Nipkows "elektrischem Teleskop" von 1884, dem Ur-Fernsehgerät – den immer erweiterten und höher beschleunigten Bildertransport. Die gegenwärtigen kulturellen Transformationen sind an die Entwicklung der technischen Medien gebunden worden, der audiovisuellen, der elektronischen, schließlich ans Universalmedium, den Rechner. Ob sie nun als Posthistoire, Postmoderne, Gegenwartsschrumpfung[18] oder wie auch immer bezeichnet werden: Das Ende dessen, was im Rückblick als Neuzeit erscheint, fällt nicht vom Himmel, nicht mit den Weltkriegen, nicht mit Lyotards Absage an die „großen Erzählungen", nicht mit Bill Gates' Eroberung des Internet. Gerade unter dem Aspekt der Zeitwahrnehmung, im Hinblick auf die Rahmen, Raster oder eben Modelle, die Wahrnehmung überhaupt und damit auch individuelles und soziales Handeln koordinieren, d.h. synchronisieren, finden sich durchaus weitreichende Kontinuitäten, bei allen Brüchen, die sie immer wieder produzieren. So wird etwa das audiovisuelle Zeitalter, das nach Flusser ja die ganze abendländische Kultur über den Haufen werfen soll, durch ein winziges,

---

[17] Franklin, Benjamin: Autobiographie. Berlin 1954, S.147 ff. zit. bei Dohrn-van Rossum, a.a.O., S.70

[18] Vgl. Lübbe, Herrmann, Zeit-Verhältnisse. Über die veränderte Gegenwart von Zukunft und Vergangenheit, in: Wendorff, Rudolf (Hg.), Im Netz der Zeit. Stuttgart 1989, S.140-149

aber ganz wesentliches Detail eingeleitet und befestigt, das eine weitere Inkarnation eben nicht des bildlichen, sondern des abstrakten, technischen Denkens darstellt. In einer umfangreichen Arbeit über „Medien, Zeit und Geschwindigkeit" hat Kay Kirchmann die Entwicklung der Kinematographie über dieses Detail, das sogenannte Malteserkreuz,[*] an das viel ältere Zeitmodell angeschlossen, das sich über die Räderuhr in den neuzeitlichen Selbstregulationen realisiert hatte.

„Was im kinematographischen Artefakt zudem exemplarisch materialisiert wird, sind eben *die* Zeitmuster, die die ...konkreten Wahrnehmungsbedingungen der neuzeitlichen Subjekte geprägt haben: als Takt der Arbeitsmaschinen, der Uhren, der Fortbewegungsmittel, der innerstädtischen Vernetzungen. Nichts lag so besehen also näher, als die relevanten Bewegungen im Innern der kinematographischen Apparatur nach Maßgabe des Prototyps aller zivilisatorischen Taktgeber miteinander zu verschalten. Und so geschieht es beim sogenannten Malteserkreuz, das sich als genuine Adaption des Hemmungs-Prinzips auf den Bildertransport erweist. ...Man könnte...von einer 'Bilder-Hemmung' sprechen, die erst die kinematographische Illusion eines regelmäßigen Flusses jener isolierten Phasenbilder realisierbar machte, die die Serienphotographie vorher schon bereitgestellt hatte."[19] Tatsächlich ist das Malteserkreuz eine Fortentwicklung der Hemmung, wie sie in Spieluhren des 18. Jahrhunderts verwendet wurde, aus der sie Oskar Meßter gewissermaßen entwendet hat. Auf weitere filmtechnische oder -historische Details kann ich nicht eingehen. Wichtig ist mir das Prinzip, nach dem auch hier eine Unterbrechung, eine leere Zeit oder selbst qualitätslose Zeitstelle in einen Bewegungsablauf eingreift, die Bilderbewegung reguliert und so erst die Illusion, d.h. die Überlistung des körpereigenen, des Zeittaktes der Augen ermöglicht. Das Prinzip bleibt, es wird nur ausdifferenziert, in immer komplexere Anwendungen umgesetzt und perfektioniert. Um bei den visuellen Medien zu bleiben: Der Kathodenstrahl der Braunschen Röhre, die Ladungen des LCD-Displays, z.Zt. wird ein sogenannter Laser-Display entwickelt, das endlich das Groß-TV ermöglichen könnte... werden wie die Uhr von der Hemmung oder der Projektor vom Malteserkreuz von internen Taktgebern gesteuert – in der Regel von Quarzschwingkreisen, Synchronisationen von Systemen, über die sie erst mit der Außenwelt, unserer optischen oder akustischen Wahrnehmung etwa, kommunizieren und diese wiederum regulieren können. Die interne Regulation durch Zeitpunkte ermöglicht dabei auch die externe Zerlegung der Außenwelt in Raumpunkte, also die Umsetzung ihrer drei Dimensionen in die zwei Dimensionen unserer technischen Bilder, mögen sie uns noch so plastisch erscheinen. Immer nur wird ein komplexer Raum durch die Anordnung technischer Sensoren in eine Fläche aus Linien und Punkten transformiert und diese Punkt für Punkt nach einem definier-

---

[*] Das Malteserkreuzgetriebe ist ein Sperrgetriebe, das meistens als Filmschaltwerk zum ruckweisen Weiterbewegen von Kinofilmen benutzt wird. (Anm. d. Hg.)

[19] Kirchmann, Kay, Verdichtung, Weltverlust und Zeitdruck. Grundzüge einer Theorie der Interdependenzen von Medien, Zeit und Geschwindigkeit im neuzeitlichen Zivilationsprozeß. Opladen 1998, S.339f.

ten Zeittakt auf eine andere Fläche – Papier, Leinwand, Monitor, LCD-Schicht...
– übertragen. Nichts als diese Synchronisation von Raumpunkten mit Zeitpunkten
wird mit den gegenwärtigen Rechnertechnologien perfektioniert, eben das meint
Digitalisierung: Umsetzung der vielfachen analogen – optischen, akustischen,
haptischen... Signale, Wellen, Zeichen... in diskrete Zeit-Zeichen, in das „jetzt-
da/jetzt-nicht-da" der neuen technischen Sinne.

Eben hier liegt wohl der Grund für die aktuellen Irritationen. Wenn von der
Manipulierbarkeit der Zeit-Raum-Punkte zu 'virtuellen' Dingen oder Prozessen
gesprochen wird, heißt das ja nicht mehr und nicht weniger als: Etwas wird nicht
mehr als Nachahmung oder Kopie produziert, als eine doch in irgendeiner Gestalt
oder zumindest einem Fragment *ähnliche* Transformation von einer Sache in eine
andere. Vielmehr entsteht etwas, dessen Materialität oder schließliche Gestalt
noch nicht bekannt ist, aus einem Algorithmus, einer Rechenregel. Dabei sind es
gar nicht so sehr die seltsamen neuen Erscheinungen, die dabei herauskommen,
die *Dolly*-Geburten, die Hybridisierungen der bekannten Gestalten unserer Wahr-
nehmungs- oder Erfahrungswelt, die den Kern der Irritationen ausmachen. Mit
solchen äußeren Veränderungen mußte die Gattung oder das Individuum zurecht-
kommen, seit es Technik gibt, sie ist nichts als Transformation von Natur in Kultur. Aber hierbei ist die „Herstellung" von Welt, die die Gattung ihrem Selbstver-
ständnis nach einmal von ganz oben, von Gott und seiner Natur in ihre Mitte
übernommen hatte, in eine *einsehbare* Mechanik übersetzt, in ihren Funktionen
und Strukturen noch bis in die großen Industrialisierungsprozesse hinein einsehbar, und immer noch in die analog codierten audiovisuellen Technologien des 20.
Jahrhunderts... Eben diese Produktion der Dinge ist gegenwärtig dabei, vollkommen nach unten, nach innen, in eine endgültig nicht mehr anschaubare Dimension
zu rutschen. Informationsprozesse haben an sich keine Gestalt, sie führen nur
dazu, wie beim bioengeneering, der Genchirurgie, d.h. der Modellierung von
Lebensprogrammen, aus denen dann so etwas wie die Tomoffel – Hybrid aus
Tomate und Kartoffel – oder eben jenes Medien-Schaf namens Dolly entsteht. Die
gegenwärtige Aufregung, als Angst oder Euphorie, speist sich dabei aus eben
einem temporalen Aspekt, einer Änderung der Zeiterfahrung: Die Genealogie, die
Evolution oder Geschichte der Zeit wird hochverdichtet auf den einen Moment,
wo ein neues Programm ans Laufen gebracht wird, wo ein Genabschnitt implementiert ist und die Zellkultur – langsam? – sich zu einem ausdifferenzierten
Zellkomplex (Pflanze?) oder Organismus (Dolly?) entwickelt. Bei aller Präzision
dieser Programmierungen und Implementierungen bis in den Molekularbereich
des Raums und den Nanosekundenbereich der Zeit: Das Neue, der Schrecken oder
das Glück des Neuen ist ganz nahegerückt, sozusagen einen Mausklick nahe. Der
Ort und die Zeit seines Eintretens sind berechenbarer geworden. Was dann tatsächlich passiert, bleibt so ungewiß wie zuvor.

IV. Taktlosigkeiten

Mag die bisher skizzierte Entwicklung als eine einzige Parallelaktion von Ökonomie, Technik, Erziehung etc. hin zu mehr Koordination, Selbstregulation, Effizienz etc. erschienen sein, als ganz eindimensionale kulturelle Entwicklung, sie ist es beileibe nicht. Begreift man (etwa mit Daniel Dennett) Kultur als komplexes System der „Bewahrung und Mitteilung von Entwürfen",[20] so sind in der unseren etwa nicht bloß die ältesten (Zeit-)Technologien noch in den jüngsten aufbewahrt, wie ich anzudeuten versuchte. Zugleich gibt es ein Gedächtnis für die Brüche und Umbrüche, die individuellen und sozialen Katastrophen – manchmal auch glückseligen Ereignisse – die mit ihrem Einsatz verbunden waren. Die technische Zeitwahrnehmung wird allenthalben von der ästhetischen begleitet, kommentiert, unterstützt oder untergraben. Wahrnehmung oder Technik der Wahrnehmung, aisthetike techne, ist ja der ursprüngliche etymologische Sinn von Ästhetik. So ziemlich zeitgleich mit der Präzisierung der Zeitmessung durch die Hemmung, in der zweiten Hälfte des 13. Jahrhunderts, ist auch *Il Novellino* entstanden, die erste Sammlung einer literarischen Gattung, die das Unerwartete, die durch keine Uhr zu planende 'unerhörte Begebenheit' zum Gegenstand hat, so die bekannte Goethesche Definition der Novelle. Wo der Alltag, vor allem die alltägliche Arbeit immer perfekter reguliert, durchrationalisiert, auch langweiliger, vorhersehbarer wird, versucht die Kunst eine andere Zeit festzuhalten, pflegt sie die Kunst des Augenblicks, praktiziert sie die Schrecken des Eises und der Finsternis, wo sonst die Reisen an den Pol oder in die Tropen bereits drei Jahre im Voraus und mit Rücktrittsversicherung gebucht sind. Wo es langsam und langweilig wird, wird sie unerträglich schnell wie im Futurismus, wo es unerträglich schnell wird, zu schnell für unsere Augen und Ohren, entdeckt sie die Langsamkeit. Ich will hier keinen Kompensations-, das sind ja immer Beschwichtigungstheorien der Kunst das Wort reden, auch wenn sie so funktionieren kann. Ich will nur darauf hinweisen, was sie macht: Während Heerscharen von Japanern über den Markusplatz von Venedig hetzen und all die deutschen Touristen auf die Magnetkasette ihrer Videokameras zu bannen versuchen, die gerade die Tauben fotografieren, ... legt sich Marcel Proust für zehn Jahre ins Bett und versucht das Licht zwischen seinem Gedächtnis und dem Papier wiederherzustellen, das ihn vor Jahren auf eben jenem südlichen Platz geblendet hatte, das ihm jetzt und nur jetzt einen kurzen Moment des Glücks ermöglicht. Während wir den Apparat einschalten, um einen Abstand, eine mediale Leerstelle zwischen uns und die Krisen der Welt zu bringen, schaltet der jüngst verstorbene Werner Schwab das Fernsehen ab, damit er seine eigene Krise, pardon, damit das Stück beginnen kann:

---

[20] Vgl. ZEIT vom 16.2.96, S.31

'Die Präsidentinnen',

1. Szene

*„Während das Publikum Platz nimmt, hört man die Übertragung einer Messe, die
der Papst mit irgendeiner Masse feiert. Die Fernsehsendung geht zu Ende und der
Vorhang auf. Ernas groteske Wohnküche. Erna schaltet das TV-Gerät aus.* "[21]

---

[21] Schwab, Werner, Die Präsidentinnen, in: ders., Fäkaliendramen. Graz, Wien 1993, S.15

Bernd Guggenberger

Mensch und Geschwindigkeit –
Vom richtigen Umgang mit der Zeit

Alles wandelt sich immer schneller, das signifikanteste Merkmal unserer heutigen Welt ist die Beschleunigung. Sie bildet den Kern unserer Erfahrungen und Wahrnehmungen. Töne, Bilder, Menschen, Meinungen, Informationen, ja Gefühle, die pro Zeiteinheit auf uns einwirken, wachsen ins Unermeßliche. Wir können sie geistig und emotional kaum noch verarbeiten.

Thesen

- Den signifikantesten Unterschied zwischen der vormodernen Welt und dem Heute markiert die Beschleunigung. Sie bildet den Kern aller unserer Erfahrungen und Befindlichkeiten. Wenn alles schneller geschieht, wenn wir immer größere Räume in immer kürzeren Zeiteinheiten überwinden, wenn die Distanzen schrumpfen, wenn immer mehr Informationen, Bilder, Reize in immer kürzeren Intervallen auf uns einwirken, bedeutet dies vor allem: Unsere Reizökonomie gerät außer Rand und Band. Die Innovationsrate, sprich die Neuerungen: Töne, Bilder, Gerüche, Landschaften, Menschen, Meinungen, Gebäude, Gegenstände, ja Gefühle, welche pro Zeiteinheit auf uns einwirken, wachsen ins Unermeßliche an; sie sind geistig und emotional nicht mehr abzuarbeiten und lassen uns daher kalt, das heißt wir lassen sie schon nach flüchtigster Berührung wieder fallen und eilen weiter.
- Unter der Ägide der hypereffizienten Nano-Sekundenkultur haben sich die aufmerksamkeitsheischenden Ereignisse pro Zeiteinheit um ein Vielfaches vervielfacht – und zugleich um ein noch vielfacheres Vielfaches an Verbindlichkeit eingebüßt.
- Die Reizüberflutung als Folge vervielfachter Geschwindigkeit raubt uns die intensive Zeitpräsenz: Wir sind ortlos, immer im Transport, Zeitreisende, die es ihren demonstrativen Optimismus dementierend, in der eigenen Gegenwart nicht mehr hält.
- Die Flüchtigkeit der Zeit, die bizarre Vielgestalt der Reize die für den Zeitreisenden entlang des Weges aufblitzen, eine kurze Zeitspanne wichtig sind und schnell vergehen, erlauben keine affektive Besiedelung der Zeiträume unseres Lebens. Was wir erleben an Schrägem, Schrillem und Grellem – es bleibt emotional für uns weitgehend unerheblich. Leid und Trauer, Liebe und Glück, Verzweiflung und Schmerz – die intensive Präsenz unserer Gefühle – sie erst

läßt die Zeit stillstehen, schafft Momente der Zeitlosigkeit, die endlos dauern, ehe sie schließlich doch vergehen „wie ein schöner oder schrecklicher Rausch".

- Die Welt wird zu groß, es geschieht zuviel gleichzeitig, die Bilder und Szenen, welche unsere Aufmerksamkeit absorbieren, wechseln zu schnell, als daß das einzelne Ergebnis, die einzelne Nachricht, ihre Gültigkeit in Form der Herstellung von Betroffenheit zu bewahren vermöchte. Und so verschwindet das Bild der Welt hinter den ungezählten Bildern der Welt.

Komplexität und Wandel – Mensch und Geschwindigkeit

Eine der ältesten Fragen der Philosophie, virulent seit den frühesten Anfängen philosophischen Fragens überhaupt, ist die Frage nach der „Ordnung der Zeit". Erst in der Klärung des Zuordnungsverhältnisses von Gegenwart, Vergangenheit und Zukunft machen wir uns zu geschichtlichen Wesen.

Ich bin vor kurzem auf eine ungeheure Zahl gestoßen, die im Weichfeld der Jahrtausendwende wohl noch vielfach genannt werden wird: Irgendwann im letzten Jahrzehnt dieses zweiten Jahrtausends soll nach Meinung einer Reihe von Kulturanthropologen der Tag kommen, an welchem zum ersten Mal die Zahl der aktuell lebenden Menschen größer sein wird als die Zahl all jener zusammengenommen, die je gelebt und gewirkt haben, seit es Menschen gibt. Möglicherweise, wahrscheinlich sogar, ist diese Zahl falsch. Mindestens muß man sie mit Kautelen versehen, damit sie andeutungsweise 'richtig' werden kann.

Andererseits aber verbirgt sich in dieser Zahl eine unüberbietbare Deutungsmetapher. Um deren Heuristik ist es mir im folgenden zu tun, nicht um die schwer, ja wohl unmöglich zu entscheidende wortwörtliche Richtigkeit der dieser Zahl zugrundeliegenden, in ihre Berechnung eingegangenen Annahmen.

Wir spüren es schon lange: daß die Toten verstummen; daß die neue Mehrheit der Quicklebendigen und Zukunftszugewandten die Macht antritt; daß wir, apokalypseblind und ohne jeden Rest jener einst menschheitsbegleitenden prometheischen Scham uns nach vorn orientieren und nach oben, völlig losgelöst, herkunftsentlastet, ein hastiges Lebewohl noch auf den Lippen für die zur Minderheit gewordenen Toten.

Was bedeutet diese Zahl, die in menschengeschichtlicher Perspektive ein geradezu atemberaubendes Datum benennt? Diese Zahl – sie bedeutet vor allem, daß auf diesem Planeten die Exponenten der einseitig zukunftsgewandten „neuen Mehrheit der Lebenden" den Ton angeben. In aller Vergangenheit hatte sich das auf Zukunft gerichtete Wollen der Gegenwart mit der Berufung auf Herkunft gewappnet. Als orientierende Instanz ist die Herkunft für uns verblaßt.

Das Lebendige insgesamt hat eine eigene, durch nichts Gewesenes aufzuwiegende 'Schwere' bekommen. Die kolossale Masse des Lebendigen verdrängt alle Vergangenheit, zermalmt den Erfahrungsschatz ihrer Bilder und Bedeutungen, pulverisiert das kollektive Gedächtnis ihrer Traditionen und Gebräuche. Sämtliche Energien sind auf die vita brevis des Jetzigen und die monomane Welt ihrer Kurzzeitbedürfnisse verpflichtet; das Leben selbst in seiner ganzen Fülle und Vielfalt wird in die Spanndienste des Lebendigen gezwungen.

Vor allem die Einbeziehung der Toten in den Tätigkeitskreis des Lebens hatten den Menschen zum Kulturwesen geadelt, ihn über Nahrungstrieb und Profitgier hinausgeführt. Die Anwesenheit der Toten bezeugt das Streben nach zeitübergreifender Ordnung und Harmonie; der Solipsismus des Lebendigen dagegen die Dominanz kurzfristiger Stoffwechselbedürfnisse und individueller Verwertungsinteressen.

Die Friedhofsverwaltungen einiger amerikanischer Großstädte sind bereits dazu übergegangen, die Regelruhezeiten ihrer Toten drastisch abzusenken, zum Teil bereits unter die Zehnjahresgrenze. Wer das nördliche China bereist, dem wird immer wieder begegnen, daß er im Weichfeld winziger Dörfer und Flecken mit wenigen Dutzenden Einwohnern auf ausgedehnte Gräberfelder mit Hunderten, ja Tausenden von Grabsteinen stößt, die ihn gemahnen, daß die besondere Gestalt des Lebens die kurzzeitige Ausnahme von der 'Regel' des Todes ist, und – was bis vor kurzem auch im Großen noch galt – daß die Toten als die Gewesenen die überwältigende Mehrheit stellen, die Lebenden dagegen eine Minderheit auf Zeit und Abruf.

Die „neue Mehrheit der Lebenden" – sie bedeutet vor allem Lösung von Dauer, Herkunft und herkömmliche Verantwortungszusammenhängen. Vor allem das einst orientierende „genus humanum conservandum est" ist ihr als fraglos verpflichtender Programmsatz verblaßt. Dies erklärt vielleicht mehr als alles andere den Verlust der Welthaftigkeit unseres Dasein, der uns zu „erfahrungslosen Erwartern" (Odo Marquard) im Umgang mit der Zukunft macht, mit nichts als dem Prinzip Hoffnung im schmalen Handgepäck; dies erklärt die neue, vielfach noch irritierende Dominanz des Situativen, der Instantreize des Augenblicks, vielleicht auch die immer kürzeren geistigen Halbwertzeiten unserer Ideen und Interessen, unserer Meinungen und Moden, unserer Sensationen und Sehnsüchte.

Die Reize-Phalanx einer neuen Signalkultur rückt in die Leerstelle einst richtunggebender Pflichten und Verpflichtungen aus Herkunft ein, Außensuggestionen und Wegwerfreize zum Einmalgebrauch, die uns unablässig mit ihrem Kaufmich und Nimm-mich traktieren.

Wer könnte, wer möchte in diesem Reizbombardement sich verbrauchender Sensationen noch zum Augenblicke sagen: Verweile doch, Du bist so schön? Für uns, die unverbindliche, fernversorgte Amüsiergemeinschaft, der längst der Geisteszustand von Rummelplatzbesuchern zur dauerhaften Stimmungsnorm geworden ist, – für uns gilt: Flieh' Augenblick, Du dauerst schon zu lang, verstell mir bloß nicht die Aussicht auf Spannenderes! Längst verweilen die Zeichen der Zeit auf den Siegeszug des Immateriellen: der 'Virtual Reality' im digitalen 'Cyberspace', jener vom Computer erzeugten Parallelwelt der imaginären, aber täuschend echten Telepräsenz via 'Cyber'-Brille und 'Data-Glove'. Wie uns der Computer gerade den papierlosen Schreibtisch und das aktenleere Regal beschert, so könnte die Software der 'Virtual Reality'-Konzepte die Bürobauten aus Stahl und Stein in nicht ferner Zukunft schon zu einem beweglichen Netz hyperrealer und amöbenhafter 'Immobilien' verflüchtigen. Das 'Cybernauten-Office' vernetzt bei Bedarf jeden mit jedem und macht die herkömmliche Konferenzreise ebenso entbehrlich wie die noch immer wenig befriedigende 'Konferenzschaltung'.

Alles wird, in der Tendenz, abstrakter, anschauungsleerer und realitätsferner. Und diesen Verlust an Anwesenheit füllen wir zunächst vor allem mit Designästhetik.

Im Unterschied zum designästhetischen ist der ästhetische Blick gerade der Blick aufs Ganze. Er ist der Blick aus dem Auge dessen, der sich nicht vor den Schranken einer wie immer gearteten 'Nützlichkeit' zu rechtfertigen hat; aus dem Auge dessen, der Zeit hat und über die hohe Kunst des Nichts-Tuns, der Muße gebietet. „Warum sind denn die Götter Götter" fragt Schlegel, „als weil sie mit Bewußtsein und Absicht nichts tun, weil sie den Müßiggang verstehen und Meister darin sind?"

Die Antennen der Gestreßten und Geschäftigen dagegen reagieren allenfalls auf den diskreten Oberflächenreiz modischer Designs. Design ist Ästhetik aus der Tiefkühltruhe. Fast könnte es scheinen, als sei die Kunst, die aus der Kälte kommt, auch für die Nordpolsituationen des Lebens, für Büros und Wartezimmer erfunden. Überall, wo es betont sachlich und nüchtern zugeht, ist Design als sparsames Schmuckband unserer Epoche auf dem Vormarsch. Design – das ist Ästhetik für schnelle Leute; Design, das ist das Schöne ohne das Wahre und gute; Design, das ist das Echte, für das es stets mehr als bloß einen Ersatz gibt.

Die designenthusiastische Gemeinde der Eiligen und Erfolgreichen hält sich nirgends mit Lamentieren auf oder mit zeitraubendem Beharren auf einer historisch überholten Authentizität: Wer Lust hat auf unverbrauchte Landschaft, der soll ins Kino gehen! Und wem die Urschreitherapie heute erfolgreich den Frust vertreibt, der bucht mit nämlicher Selbstverständlichkeit für die nächste Saison ein Opernabo oder den Stehplatz „Auf Schallke".

Die Lebensmaxime der Geschwindigkeitsopfer, der notorisch Meinungs- und Urteilsgeschädigten ist das Paul Feyerabend zugeschriebene „anything goes", mit dem jener die Not der großen Ratlosigkeit flugs zur Tugend des Wertzeichens adelte. Und seither liefert, wer immer mag und zu können glaubt, was er andere zu brauchen glauben macht: Instant-Wahrheiten am laufenden Band für jene, denen für die Wahrheit im Singular keine Zeit bleibt: Wahrheiten mit Verfallsdatum vom Niveau der Fruchtjoghurts und Frischeinudeln.

Die erträgliche Leichtigkeit des Seins behauptet sich – als durchaus einträgliche – flächendeckend und in allen Lebenslagen. Sogar noch unvernünftig sind wir auf moderat vernünftige Weise – so wir sündigen, sündigen wir 'light'. Die Wortkarriere dieser suggestiven Produktkennzeichnung – von der Filterzigarette bis zum Exotikdrink, vom Badeschaum bis zum Frühstückskaffee – verrät mehr über unser aller Seelenbefindlichkeit als viele aufwendige Befragungsaktionen der meinungsforschenden Zunft.

Die Leichtigkeit des Moral- und Problemgepäcks, von der die Designkultur kündet, kommt nicht von ungefähr. Wir rauchen nicht nur 'lights', räkeln uns nicht bloß 'light' im Schaumbad – wir leben leicht: Bloß keinen unnötigen trouble, das Leben ist schon hart genug. Man gönnt sich ja sonst nichts!

Die Flüchtigkeit ist nicht nur eine Kategorie der Zeit und des umgebenden Raumes; sie hat ihre Stelle auch im Innern der Menschen. Alle sind auf der Flucht, ortlos, abgängig. Nur nicht stillstehen, sich nicht an einen anderen, einen Ort, eine Erinnerung verlieren, sich einer Aufgabe ganz und gar hingeben, sich nicht einnehmen und besetzen lassen.

Die allgemeinste der Ängste einer hochmobilen Gesellschaft ist wohl die Ballastangst, Frucht der zentralen Erfahrung aller Flüchtlinge: sich nicht mit zuviel Ballast beschweren.

Zwingende Konsequenz der Dauerzwangs zum leichten Marschgepäck ist die Ersetzung des Lebenspartners durch den Lebensabschnittspartner und des Liebhabers durch den Bildschirmliebhaber, wie ihn die französische Bildschirmtextvariante des 'Minitel' mit ihren 'messageries roses', ihren Erotikbotschaften, möglich macht. Die erotische Bildschirmaffäre hinterläßt keine Spuren, ganz zu schweigen von unwillkommener Nachbarschaft. Leichtigkeit ist Trumpf: Sie beschwert das Leben nicht nur nicht mit unerwünschten Schwangerschaften, sie hinterläßt überhaupt keine untilgbaren Rückstände und Hinweise auf den via Augenblick eingefangenen erotischen Augenblick. Mit Ausnahme eifersüchtiger Ehemänner (seltener Ehefrauen) käme niemand auf die Idee, den technischen Liebesbillets durch Aufzeichnung Gewicht und Dauer zu verleihen.

Sie sind, wie so vieles, mit dem wir uns 'beschäftigen', wie vieles, das unsere Phantasie erhitzt, Wegwerfreize des 'augenblicklichen' Gebrauchs ohne Vorher und Nachher, ohne Geschichte und Verantwortung, ohne Anwesenheit und Körperschwere, im Aufblitzen wie im Verglühen gleichermaßen repräsentativ für eine in Lieblosigkeit leerlaufende Gesellschaft der sozialen Hochgeschwindigkeiten. Was ist (und zählt), ist, was zu sehen ist, ohne daß es bleiben dürfte. Es gibt keine Lizenzen mehr auf Bestand. Was möglich wird, wird es um den Preis eines Versprechens: den des rücksichtslosen Verschwindens, der erinnerungslosen Unbeschwer; der Verwandlung aller Dinge und Ereignisse, aller Bedürfnisse und Gefühle in Phantome. Was ist, siedelt in den Zwischenwelten. Die Differenz von Sein und Schein ist für die Protagonisten de Computererotik (und natürlich nicht nur für sie) bis zur Unerheblichkeit überholt.

Die Computererotik, die in Frankreich sein 1984 (!) mehr als ein Halbjahrzehnt schon eine ganze Nation in Atem hält, liefert das beängstigend paßgenaue Gefühlssurrogat einer tachomanen Gesellschaft des Immateriellen, der alles, was bleibt und Gewicht hat, zur unerträglichen Last wird. Die allgemeine Lust aufs Leichte begründet den grandiosen Erfolg der Zwischenwelten. Die Spurlosigkeit, die Rückstandslosigkeit der Zeichen, die wir tauschen, die technisch verbürgte Folgenlosigkeit des Sehens und Zeigens bescheren beiden, dem Exhibitionisten und dem Voyeur, goldene Zeiten des Dabeiseins auf dem Hochgeschwindigkeitskurs verantwortungsentlasteter und schicksalsneutraler Affekte; Hochzeiten des Mitwirbelns auf dem Karussell ebenso bizarr-exotischer wie schnell sich verbrauchender Gefühlssensationen.

Vergleichbares gilt auch für das Medium Fernsehen: Wer glaubt, die überwältigenden Publikumserfolge der TV-Serien hätten etwas mit deren je spezifischen Inhalten zu tun, hat nicht begriffen: Es ist die Serie als Serie, es ist das Prinzip der seriellen Reihung selbst, welches in einer diskontinuierlichen, vielfach als gebrochen und unüberschaubar erfahrenen Realwelt den Erfolg verbürgt. In den Serien bleibt, was im Leben ständig wechselt – Personal und Ort der Handlung, die Charaktere und die Choreographie, ihre Konflikte und Rankünen. Eine Zeit, die keinen erfüllten und erfüllenden Augenblick kennt, kein Instandhalten, nicht einmal zögern – eine Zeit, die so hingebungsvoll auf der Kugel der Fortuna balanciert, droht sich selbst zu verschlingen.

Eine Gesellschaft, die sich den Reizimpulsen der Werbung und Unterhaltung, der Medien und des Konsums auf allen Ebenen umstandslos öffnet, ist wohl notwendig eine Gesellschaft, die sich von ihren Herkunftspflichten lossagt. Die neue Mehrheit der Lebenden ist unfähig, sich als Erben zu sehen. Nur wer das eigene Verhalten in der Gegenwart nicht mehr an den Maßstäben der Vergangenheit bemißt, kann mit einer der unseren vergleichbaren Unbekümmertheit die Müllhalden der Zukunft auftürmen: Das weiße Plastikstäbchen, mit dem wir für knappe fünf Sekunden unseren Kantinenkaffee umrühren, wird rund 500 Jahre brauchen, um zu verrotten.

Die Werbung hat längst registriert, daß in einer Gesellschaft, deren materielle Bedürfnisse der Mehrheit kein Kopfzerbrechen bereiten, die Strategien der Absatzmehrung sich auf die immateriellen Sehnsüchte zu konzentrieren haben oder gar nur noch auf das libidinöse Spiel mit den Logos als den Simulakren im Sinne Baudrillards.

Beschränken wir uns auf den letzten Aspekt, der noch typischer ist als die Lebensstilpromotion der „Freiheit-und-Abenteuer"-Werbung der 80er Jahre: Die Werbung der „dritten Generation" konzentriert sich nur noch auf Ästhetik und Spielpotenz des Markenlogos. Camel genügt die Andeutung von Wüstensand und Palmen, Marlboro die Farbe Rot, Lucky-Strike das ikonomorphe Scheibenauge. Alle prunken sie mit der Sparsamkeit, spielen mit der Abbreviatur und schmeicheln Narziß im Akt des Wiedererkennens; und alle präsentieren dem Publikum in offensiver Selbstbezüglichkeit Aspekte einer asketischen Entschleunigung.

Hier zieht Werbung – genial unser aller Überforderung durch das Zu-viel und Zu-schnell des Wechsels und Wandels antizipierend – gleichsam die emotionale Notbremse: Mag die Welt in den Turbulenzen ihre Gestalt verlieren – das Logo als das Symbol des Vertrauten schlechthin bleibt uns erhalten.

Wir sahen: Mit den Toten verdrängen wir das Bewußtsein der eigenen Sterblichkeit. Nur aber im Bewußtsein der eigenen Sterblichkeit haben wir Anteil am Leben.

Nur wer hier und jetzt im Extremfall auch sein Leben einsetzen kann, hat dem Leben etwas zu geben.

Simone de Beauvoir hat in ihrem Roman „Tous les hommes sont mortels" (1946) gezeigt, daß nur der Sterbliche die Fähigkeit besitzt, an der Welt der Menschen teilzunehmen. Es gibt etwas wie die „Weisheit der Restriktion", welche die

„Vordringlichkeit der zeitlich Befristeten" kreiert. Soziale Teilhabe und Anteilnahme am Schicksal der anderen gedeihen nur unter Endlichkeitsbedingungen. Das „Memento mori", das Handeln und Sich-Verhalten aus dem Wissen um die eigene Sterblichkeit, verbürgt nur die nie verstummende Stimme der Toten. Wer sonst traktierte die triumphierende Mehrheit der Lebenden mit der penetranten Mahnung: Bedenke, daß Du sterblich bist!? Die Römer wußten wohl schon, warum sie, einzig zum Zwecke dieser Mahnung, auf dem Streitwagen des triumphierenden Feldherrn einen soufflierenden Sklaven mitfahren ließen.

Solange wir diese Stimme als die Stimme des Gattungswesens vernehmen, welches wir sind, solange bleibt uns die Erde als 'zerbrechliches Heim' im Bewußtsein, die Welt in ihrer Endlichkeit und Störbarkeit als Gegenstand der Sorge. Wenn das Gattungswesen unserem Streben und Trachten nicht mehr souffliert, rückt das Temporäre, Vergängliche, bloß Vorübergehende der individuellen Existenz in die Leerstelle jener unverfügbaren Notwendigkeiten ein, welchen die Toten über die Abgründe der Zeit hinweg Statthalter und Verbündete waren.

Die neue Mehrheit der Lebenden handelt nicht mehr im Bewußtsein der eigenen Endlichkeit. Das läßt alles, was sie ergreift, so beliebig und unverbindlich erscheinen. Es ist die gewußte und festgehaltene Endlichkeit der Existenz, welche unseren Gesten und Handlungen in jedem Augenblick Gewicht verleiht und Bedeutung. Das Unendliche und Grenzenlose dagegen ist das Monströse, da ihm alles zur Willkür wird oder zur Gleichgültigkeit.

Wer heute 80 Jahre alt wird, ist in Westeuropa, um es paradox zu formulieren, gezwungen, knapp 300 000 Stunden an Freizeit zu füllen. Es kann nicht verwundern, wenn die Nachfrage nach Lebenssinn mit der nach 'Dramatisierungseffekten' aller Art – vom Erhabenen bis zum Trivialsten – konvergiert. Unterhaltung wird „zum Ernstfall" und die neuartige „Not der Notlosigkeit gibt der Schwere des Lebens einen veränderten Sinn" (P. Sloterdijk). Die ästhetische Inszenierung ist hierbei vor allem die um die Beseitigung alles Störenden besorgte Inszenierung. Sie erschafft selbst fortwährend, was sie zu mildern vorgibt: „die unerträgliche Leichtigkeit des Seins". (Milan Kundera)

Sind wir auf die Freizeitgesellschaft vorbereitet?

Unsere Gesellschaft hat viele Achillesfersen: Eine der schmerzhaftesten ist die unbewältigte Langeweile.

Die Menschen der kommenden Jahrzehnte werden vor allem mit einem Problem an der 'inneren Front' befaßt sein, welches bislang noch kaum richtig identifiziert ist: mit der universalen Gleichgültigkeit oder, anders gewendet, dem Verlust der Verbindlichkeit. Noch ahnen wir nicht, was es heißt, stets aufs neue, ohne den entlastenden Zwang des Verbindlichen, uns für das eine und gegen vieles andere entscheiden zu müssen. Noch wissen wir auch nicht annäherungsweise, was es heißen wird, 'ohne Gründe' morgens aufzustehen und dem neuen Tag ins Auge zu schauen. Wenn alles, was ist, die gleiche Gleichgültigkeit hat - nämlich keine, da keine unbedingte und ausschließliche –, dann ist auch nichts mehr zu erkennen, was die prinzipielle Vielzahl möglicher Entscheidungen verringern und auf handlich-faßbare Optionen zurückführen könnte. Nichts ist erkennbar, daß an die Stelle der unbezweifelten Verpflichtungsgeber von gestern und vorgestern, Religion und Nation, Klassenbewußtsein und Geschichte treten könnte. Alle unsere Optionen entarten mangels zwingender Verbindlichkeiten und entlastender Vorentschiedenheit zur mehr oder weniger milden Willkür. Wenn nichts mehr 'zwingt', wird ein Zwang allerdings geradezu unabweisbar: der Zwang, das Willkürliche in unserem Tun und Lassen vor uns und anderen zu verbergen.

Eine solche Situation schafft 'zwangsläufig' Marktchancen für Botschaften und Dienstleistungen neuer Art: für Verdrängungshelfer und Verbindlichkeitssimulanten, die uns kompensatorisch mit Bewußtsein und Beweglichkeit, mit Motiven und Moral, mit Gänsehaut und guten Gründen ausstaffieren: die Image- und Persönlichkeitsberater, die Automobilhersteller und Animateure, die Betriebspsychologen und Corporate-Identity-Berater, die Unterhaltungsexperten und Zerstreuungsspezialisten.

Selbstbestimmte Tätigkeit ist nicht mit der adrenalintreibenden Jagd nach sich unaufhörlich überbietenden und ebenso schnell wieder verbrauchenden Sensationen zu verwechseln. „Ein Leben übervoll von Aufregung ist ein erschöpfendes Leben, in dem ständig stärkere Reize nötig sind, um die angenehme Erregung zu verschaffen, die als wesentlicher Bestandteil von Genuß betrachtet wird. Eine gewisse Kraft zum Aushalten von Langeweile ist deshalb wesentlich für ein glückliches Leben (...). Eine Generation, die Langeweile nicht mehr aushalten kann, wird eine Generation kleiner Menschen sein." (Bertrand Russell)

In der festgehaltenen, bewußten Langeweile steckt auch das Potential des unbeirrbar Selbstgewissen, in sich Ruhenden, ja des Kontemplativen, welches sich der Destruktivität der Emsigkeit entgegenstellt.

Wir müssen wohl erst wieder ganz von vorn lernen, stillzusitzen, den Händen und Augen Einhalt zu gebieten, auch mal für Minuten und mehr ohne Radio und Fernsehen auszukommen, uns ganz auf uns selbst zu konzentrieren und uns mit uns selbst genug sein. Nicht die Langeweile ist das Problem, sondern unsere Ungeduld, ihr zu entkommen.

Der Mensch an der Schwelle zum neuen Jahrtausend – das ist vor allem das aus seiner Dimension gefallene Wesen, das längst jenseits von Anschauung und Begreifen siedelt. Auf der unermeßlichen Stufenleiter der Dimensionen zwischen den Quarks im Kleinsten und den Galaxien im Entferntesten können wir uns mit unserem Sinnesensemble nur auf wenigen Mittelsprossen hinauf- und hinunterbewegen. Tagaktive Primaten mit großer Sehrinde, Augentiere, die wir noch immer sind, haben wir im Ergründen des Kleinsten wie des Entferntesten längst die eigene, durch Augenmaß bestimmte Dimension verlassen. Uns ist eine Welt jenseits des optisch Sichtbaren erwachsen, mit Gewißheiten, Gesetzlichkeiten und Gefahren, die unser Auge nie erblickt, mit Wirkungen, Tatsachen und Folgewirkungen aus Tiefen und Weiten einer Dimension, bei der die Hand im schicksalsträchtigen Akt des 'Begreifens' ihre Rolle längst verspielt hat: Das Aids-Virus paßt drei Millionen mal auf den Querschnitt eines Haares; und jede Fünfundzwanzigstel-Sekunde erzeugen 300 000 Bits ein neues Fernsehbild.

Der Mensch an der Schwelle zum 3. Jahrtausend ist nicht nur das räumlich – durch Teleskop und Mikroskop, durch Satellitenfernsehen und Interkontinentalraketen – aus seiner Dimension gefallene Wesen. Er ist durch die beispiellose Steigerung der Veränderungsgeschwindigkeit der kulturellen Evolution bereits dabei, auch in der Zeit heimatlos zu werden. Die Ungleichzeitigkeit zwischen dem evolutionären Spätling Mensch und der umgebenden Natur bedroht nachgerade beide: die Natur und damit auch den Menschen. Die Natur ist der in wenigen Jahrtausenden gewachsenen menschlichen Zerstörungsmacht so schutzlos preisgegeben wie ein Stamm von Steinzeitjägern den Feuergarben des automatischen Maschinengewehrs.

Die Zerstörungskräfte des Menschen und die Abwehrkraft der Natur gehören unterschiedlichen Zeitdimensionen an. Eine zum Ende hin phantastisch beschleunigte Menschengeschichte steht gegen die schneckengleiche 'slow-motion' der erdgeschichtlichen Entwicklung. Wir zerstören um ein Vielfaches schneller, als Natur 'nachwachsen' kann. Wenn Gänsesäger, Birkhuhn und Schwarzstirnwürger ausgestorben sind, und Zippammer, Wasseralle und Heidelerche ihnen folgen, dann wären für die Natur Jahrtausende vonnöten, einen 'Ausgleich' zu schaffen.

Die neuen Ungleichzeitigkeiten zwischen der hochselektiven Aufbau-Arbeit der Natur und der undifferenzierten Naturzerstörung des Menschen, welche der Übergang von der 'biologischen' zur 'kulturellen Evolution' eröffnet hat, nehmen längst Ausmaße der Bedrohung an, die weit über die Gattungsdimension hinaus auf die Möglichkeit des Lebens selbst zielen.

Der Mensch an der Jahrtausendschwelle also – das aus seiner Dimension gefallene Wesen!

Vielleicht ist das gültigste Bild der Welt, das wir heute zu zeichnen vermögen, das Bild der Welt als Explosionzeichnung. Jenes Bild also, mit dem der Techniker oder Technikvermittler, von einem zentralen Strahlpunkt aus, etwa das Armaturenbrett, die Kamera oder den Elektrorasierer in die Übersichtlichkeit ihrer Bestandteile und Einzelfunktionen 'explodieren' läßt. Was beim Armaturenbrett, der Kamera oder dem Rasierapparat aber noch zum Verständnis der Funktionsweise des Ganzen beitragen mag, besiegelt im Falle der Welt nur die definitive Unerkennbarkeit des Ganzen, sein endgültiges Verschwinden: Die Welt löst sich in immer winzigere Bestandteile auf. Wir sind in der Welterkenntnis buchstäblich im 'subatomaren' Bereich angelangt. Die Welt gibt es nicht mehr. Die Welt sprengt sich vor unseren Augen, in immer neuen Schüben einer immer größeren Deutlichkeit ihrer Einzelheiten, nach allen Seiten auseinander.

Das Bild der technisch-konstruktiven Explosionszeichnung bedarf allerdings der Ergänzung: Die 'Explosionszeichnung' der Welt ist, im Unterschied zu der des Armaturenbretts, nicht statisch; es gibt nicht nur die Hauptexplosion im Strahlpunkt, es gibt auch, wie bei einem aufwendigen Feuerwerk, unzählige und immer dichter aufeinander folgende Nach- und Nebenexplosionen innerhalb der 'großen' Explosion.

Die Wirklichkeit verflüchtigt sich auch deshalb, weil sie 'objektiv' für uns ihre Eindeutigkeit verliert.

Einen bislang viel zu wenig beleuchteten Zusammenhang eröffnet der Blick auf die großen theoretischen Basisinnovationen dieses Jahrhunderts in den Naturwissenschaften und der Wissenschaftstheorie – der Blick etwa auf die Relativitätstheorie Einsteins, die Unschärferelation Heisenbergs, den Unvollständigkeitssatz Gödels, aber auch auf aktuelle Ansätze wie die Fraktale-Theorie Mandelbrots, die Theorie der dissipativen Strukturen bei Prigogine oder die neuesten Erkenntnisse von Hakens' synergetischer Chaosforschung. Bei aller sonstigen Unterschiedlichkeit ist diesen Basistheorien der wissenschaftlichen Moderne gemeinsam, daß sich in ihnen die Wirklichkeit als scharf konturierte, eindeutige Struktur auflöst und sich damit auch die Vorstellung einer homogen, einheitlich strukturierten Welt verflüchtigt.

Übrig bleibt die Fassade polyglotter Unverbindlichkeit, das „postmoderne Design" der Welt (Wolfgang Welsch). 'Postmoderne' Denker haben hieraus unterschiedliche Folgerungen gezogen: Derrida fordert die „Dekonstruktion" der Sinn-, Erkenntnis- und Deutungsstrukturen; Lyotard plädiert für die Vielfalt der Diskurse; Portoghesi postuliert Paradigmenkonkurrenz, Jencks bestimmt das Wesen der postmodernen Architektur in der „Mehrfachkodierung"; Klotz will das Paradekriterium der Moderne, die Funktion, postmodern nach der Seite der Fiktion hin erweitern. Alle diese Formeln haben eins gemeinsam; Wie verabschieden die Eindeutigkeit des raum-zeitlichen Kontinuums. Es gibt keine Deutungsklammer mehr für das Ganze. Aus der Not verlorener Einheits- und Eindeutigkeitsgewißheit wird die Tugend offensiver Pluralität.

Haben wir gewonnen oder verloren? Der signifikanteste und weitreichendste Unterschied zwischen der vormodernen Welt und dem Heute ist die Beschleunigung Sie ist gleichsam der Kern aller unserer sonstigen Erfahrungen und Befindlichkeiten. Wenn alles schneller geschieht, wenn wir immer größere Räume in immer kürzeren Zeiteinheiten überwinden, wenn die Distanzen schrumpfen, wenn immer mehr Informationen, Bilder, Reize in immer kürzeren Intervallen auf uns einwirken, bedeutet dies ja vor allem: unsere Zeitökonomie gerät außer Rand und Band. Die Innovationsrate, sprich die Neuerungen; Töne, Bilder, Gerüche, Landschaften, Menschen, Meinungen, Gebäude, Gegenstände, ja Gefühle, welche pro Zeiteinheit auf uns einwirken, wachsen ins Unermeßliche an; sie sind geistig und emotional nicht mehr abzuarbeiten und lassen uns daher kalt; wir lassen sie schon nach flüchtigster Berührung wieder fallen und eilen weiter.

Unter der Ägide der hypereffizienten Nano-Sekundenkultur haben sich die aufmerksamkeitsheischenden Ereignisse pro Zeiteinheit um ein Vielfaches vervielfacht – und zugleich ein noch vielfacheres Vielfaches an Verbindlichkeit eingebüßt.

Wer schneller fährt, 'er-fährt' mehr 'input' an durcheilter Landschaft und entgegenkommenden oder überholten Fahrzeugen – aber gerade keine Verbindlichkeit und Dauer auf der Basis wahrgenommener Unterschiede. Die Reizüberflutung als Folge vervielfachter Geschwindigkeit raubt uns die intensive Zeitpräsens:

Wir sind wortlos, immer im Transport, Zeitreisende, die es, ihren demonstrativen Optimismus dementierend, in der eigenen Gegenwart nicht hält.

Jahrtausendelang haben Pferd und Segel unser Gefühl für Distanzen bestimmt. Interkontinentalflüge und weltumspannende Kommunikationsmedien haben in gerade einem Halbjahrhundert die Erde schrumpfen, die Entfernungen schwinden lassen; Erdschrumpfung und Entfernungsschwund haben das Ungleichzeitige gleichzeitig werden lassen und das Heterogene abstandslos nebeneinander gestellt, – Bild geworden im Steinzeitjägermassai, den wir nackt, mit dem Speer in der Hand und einem Transistorradio am Ohr, beim Kriegstanz durch das Auge der Kamera beobachten.

Die Flüchtigkeit der Zeit, die bizarre Vielgestalt der Reize, die für den Zeitreisenden entlang des Weges aufblitzen, eine kurze Zeitspanne wichtig sind und schnell vergehen, sie erlauben keine affektive Besiedelung der Zeiträume unseres Lebens. Was wir erleben an Schrägem und Schrillem an Schnellem und Grellem es bleibt emotional für uns weitgehend unerheblich. Leid und Trauer, Liebe und Glück, Verzweiflung und Schmerz, die intensive Präsenz unserer Gefühle – sie erst läßt die Zeit stillstehen, schafft Momente der Zeitlosigkeit, die endlos dauern, ehe sie schließlich doch vergehen „wie ein schöner oder schrecklicher Rausch".

Die Zeit-Krankheit der rasenden Zeit und der überbordenden Reize ist zu einem gewissen Grad eine „emotionale Mangelerscheinung" (Ariane Barth). Die Welt wird zu groß, es geschieht zuviel gleichzeitig, die Bilder und Szenen, welche unsere Aufmerksamkeit absorbieren, wechseln zu schnell, als daß das einzelne Ereignis, die einzelne Nachricht, ihre Gültigkeit in Form der Herstellung von Betroffenheit zu bewahren vermöchte. Und so verschwindet das Bild der Welt hinter den ungezählten Bildern der Welt.

Seit wir die entlastenden Grenzen der Wahrnehmung aufgesprengt haben, tragen wir die unerträglichen Lasten der Beliebigkeit, des Alles-und-Jederzeit. Mit einer solchen Welt kann man nicht mehr 'fertig werden'. Sie hält einen unablässig auf Trab, hält einen beharrlich in Atem – und sei's nur, daß sie uns nötigt, immer dort zu sein, wo am schrillsten gelacht wird. Schon Huizinga verwies auf jene „weitgehende Kontamination von Spiel und Ernst", die längst auch die öffentlich-politische Sphäre affiziert hat. Auch wo es wirklich nichts zu lachen gibt, treffen wir auf eine Atmosphäre des Unernstes, des Verspielten, des unabsichtlich und absichtsvoll Komischen. Zerstreuung und Unterhaltung, Sensation und Nervenkitzel sind allem beigemischt und erfreuen sich längst größerer Verbreitung als Beharrlichkeit, Hingabe und Verpflichtung.

Jeder ist dabei und doch ist keiner wirklich beteiligt. Je mehr uns begegnet, umso weniger berührt uns. Analog zu ihrer Extensität verliert die Wirklichkeit gleichsam an 'spezifischem Gewicht' – und wir versuchen es ihr gleichzutun in Sachen spezifischer Gewichtsverminderung. Das selbstverordnete 'easy-going', mit dem wir uns in ihr bewegen, vermag jedoch nur auf Zeit, uns über die in Wahrheit „unerträgliche Leichtigkeit des Seins" (Milan Kundera) hinwegzutäuschen.

Wir spüren alle, daß wir reizökonomisch über unsere Verhältnisse leben – daß wir psychologisch längst nicht mehr Schritt halten mit den selbstinszenierten Welt- und Umweltveränderungen, die sich vor allem als Beschleunigungs- und Vervielfachungseffekte darstellen.

Die wohl allgemeinste Bewegung der Epoche, an der ausnahmsweise alle in der einen oder anderen Weise teilhaben, ist der Wechsel von der Raum- zur Zeitgenossenschaft: Die neue Zeit kennt nur noch Zeitgenossen. Eine ihrer zentralen Erfahrungen ist die des erschöpflichen Raumes. Die Satellitenvermessung hat auch dem letzten Quadratmeter Erdoberfläche seine Geheimnisse entrissen. Erdschrumpfung und Entfernungsschwund reihen das einst Disparate, dicht an dicht in „todbringendem Verstehen" (Todorov), dem kein unerforschter Restraum mehr sich öffnet. Die alles zermalmende Identifikationsleistung sprengt die prämoderne Raumbeziehung, die durch Anwesenheit und Augenschein gekennzeichnet war.

Dialog und Teilhabe sind im Kommunikationszeitalter nicht mehr raumgebunden. Der französische Präsidentenberater und frischernannte Jacques Attali, nennt die Konsumgüter der Zukunft kurz und treffend „objects nomades" – nomadische Gegenstände, Geräte, die man am Körper trägt, gleich wo man sich bewegt. Zu den traditionellen Geräten wie Waffen, Kleidung, Schmuck und Uhr treten Walkman, tragbares Telefon, Kreditkarte und neuerdings Fax, Laptop und Herzschrittmacher. Eine Gemeinsamkeit der sich abzeichnenden 'Revolution' der neuen Technologien scheint zu sein, daß sie, ganz allgemein gesprochen, die Ortsbindung aufheben und Teilhabe ohne Anwesenheit ermöglichen.

Nicht daß die Akteure den Ort gemeinsam haben, ist entscheidend, sondern daß sie an der nämlichen Zeit partizipieren. Raumerschöpfung und Raumobsoleszenz machen uns, ob wir wollen oder nicht, allesamt zu 'Kindern der Zeit'. Im entgrenzten, d.h. im 'verlorenen Raum' regieren, fast schon konkurrenzlos, die Zeitgrenzen der neuen Zeitordnung: Nicht ob einer Pole ist, Schweizer oder Kanadier schließt ihn ein oder aus, sondern beispielsweise, ob er seine prägenden Eindrücke vor oder nach der Perestroika erhalten hat.

Überall transmutieren die alten Raum- in die neuen Zeitenordnungen. Was vielfach als 'Zusammenbruch des Ostblocks' beschrieben wurde, ist nur das prominenteste Beispiel der Aufhebung einst unerbittlich ein- oder ausschließender Raumgrenzen, ist ein Stück 'Vergleichzeitigung' im ortlosen Nirgendwo des Jetzt, kurz: ist der irreversible Schritt vom Raumgenossen zum Zeitgenossen.

Wie schwer sie ist – die Existenz ohne den hegenden Raum und wie schwer lebbar jenes von Stuyvesant und den United Colours of Benetton intonierte weltumspannend-völkerverbindende 'Come-together', zeigt ein beliebiger Blick in die Tagesschau: Von Hoyerswerda über Vokuvar bis zum Ochotskischen Meer erleben wir die Wiederkehr der Stämme, das Scheitern des heterogenen Nationalstaats und der offenen Gesellschaft, jener sozial so anspruchsvollen und vielversprechenden Konzepte der politischen Moderne.

Christopher Heath

Geschwindigkeitsgefühl in Japan – schnell wie ein Shinkansen oder langsam wie ein Zen-Buddhist?

1. Zu den Japanern im allgemeinen

Charakterisieren lassen sich Japaner vielleicht am besten durch folgende Geschichte: Autoren mehrerer Länder werden gebeten, ein Buch zu dem Thema „Elefant" zu schreiben. Der Engländer reüssiert mit dem Titel „Hunting Elephants in Darkest Africa", der Franzose schreibt über „Die Zubereitung von Elefanten in der nouvelle cuisine", der Italiener ist mit dem eleganten Band „Das Liebesleben der Elefanten" dabei. Der Deutsche benötigt gar zwei Bände mit vielen Fußnoten für seine „Einführung in den Elefanten", der Amerikaner läßt die Welt mit „How to Raise Elephants in Your Backyard for Fun and Profit" aufhorchen. Um ganz sicher zu gehen, schreibt der etwas verunsicherte Japaner zwei Bücher: „Mißverständnisse zwischen Elefant und Japaner", und „Elefanten – wie sie uns Japaner sehen".

Vielleicht weil sich Japaner häufig mißverstanden fühlen, ist es ihnen so wichtig, wie andere sie sehen. Bei uns wird Japan von den wenigsten als Urlaubsland empfunden. Man geht dorthin, um Geschäfte zu machen, zu studieren oder zu lernen. Mit Urlaub aber bringt man das Land selten in Verbindung. So waren auch nur wenige westliche Gäste bei der Winterolympiade zugegen. Fragt man nach Vorstellungen über Japan, so wird man meist technische Dinge hören: Computer, Walkmen, Hochgeschwindigkeitszüge (*Shinkansen* nämlich) oder Just-in-time Belieferungssysteme.

2. Wirtschaft und Geschwindigkeit

Bis vor wenigen Jahren waren japanische Produktionssysteme ihrer hohen Flexibilität und Geschwindigkeit wegen Vorbilder für westliche Manager. Nicht nur, daß man in Japan aufgrund der relativen Aufgeschlossenheit für Neues sehr rasch neue technische Produkte absetzen konnte, auch die Produktion selbst erschien durch minutengenaue Belieferung und geringe Fehlerquoten sehr viel rascher zu erfolgen als bei uns. Negativ heißt es oft, Japaner hetzten durch ihr Leben, bis sie am Rande des mit dem pathologischen Fachausdruck *karóshi* beschriebenen Dahinscheidens durch Überarbeitung stünden. Japan also als Hochgeschwindigkeitsland?

3. Kultur und Langsamkeit

Nicht wenige meiner Freunde haben Japan allerdings besucht, um die Langsamkeit zu finden: Meditation in den Ritualen des Buddhismus, die traditionelle japanische Teezeremonie oder das *Nô* - Theater, dessen Bewegungen wie in Zeitlupe erscheinen. Japanische Musik in unserem Sinne hat es früher nicht gegeben. Das Wort hierfür, *uta*, bezeichnet ein Gedicht, kein Lied. Es handelt sich um einen langsamen Sprechgesang, vergleichbar vielleicht mit dem der Chöre in griechischen Tragödien. Bei den traditionellen japanischen Künsten ist der Weg selbst, *dô*, schon das Ziel. Man erkennt dies noch an den Nachsilben von *Kendô*, der Weg des Schwertes, *Budô*, der Kunst des Kampfes, oder *Shodô*, der Kalligraphie. Man verharrt in einer Art schwebender Zeitlosigkeit, die selbst ihr Ziel ist. So erklärt es sich auch, daß das Nacheifern im Lebenswandel Ziel des Schaffens von Schülern berühmter Künstler war, nicht aber das Überholen der künstlerischen Leistung. Noch heute drückt sich das z. B. dadurch aus, daß nur die Söhne berühmter Schauspieler den Vornamen des Vaters erhalten – sonst ist dies in Japan ganz unüblich. Man wollte sich in der Kunst gerade nicht unterscheiden, sondern der Vervollkommnung in der Person des Meisters nachstreben. Unsinn ist es allerdings, die im gesamten asiatischen Raum verbreitete Kopierfreude z. B. im Bereich von CDs und Computerprogrammen mit einer traditionellen *Kopierkultur* erklären zu wollen – bei den CD-Fabriken nämlich ist keineswegs der Weg das Ziel, sondern natürlich der materielle Gewinn.

4. Geschichte und Verharren

Die schwebende Zeitlosigkeit, das Verharren, kennzeichnet auch die meisten Perioden japanischer Geschichte. Wirre Zeiten raschen Wandels, wie sie in solch populären Büchern wie *Shôgun* beschrieben werden, sind eher die Ausnahme und mit äußeren Einflüssen erklärbar – dem chinesischen Einfluß in der Frühzeit, der zu einem Wandel des Religionsverständnisses und der Übernahme der chinesischen Schrift geführt hat, dem Einfluß des Christentums und der portugiesischen Missionsversuche im 15. Jahrhundert, der zu enormen Wirren und einer schließlichen Abschottung Japans von der Außenwelt führte, dem Auftauchen amerikanischer Kanonenboote im Jahre 1853, das schließlich die Feudalherrschaft dieses mittelalterlichen Ritterstaates beendete, und schließlich der amerikanischen Besatzung nach dem 2. Weltkrieg. Ohne diese Einflüsse allerdings findet man in Japan eine Zeit des Erstarrens – Wechsel und Änderung des Bestehenden waren unerwünscht.

Zwei Beispiele: Im Jahre 1721, während einer Zeit der völligen Isolation Japans, erließ das Shogunat eine Verordnung über das *Verbot von Neuheiten* (*shinki hatto no ofure gaki* vom Juli 1721). Es durfte mit anderen Worten nichts mehr erfunden werden. Der Sinn dieser Verordnung war es, schon zu verhindern, daß irgend etwas entwickelt werden könnte, was der damaligen Regierung gefährlich geworden wäre. Anstelle von Entwicklung also die Abschließung in einer *time warp*. Schlimmer noch wurde versucht, das Rad der Zeit sogar zurückzudrehen, in dem beispielsweise die durch die Protugiesen eingeführten und in Japan im 17. Jahrhundert verbesserten Feuerwaffen praktisch abgeschafft wurden – eine Art der *gun control* mit dem Ziel, die bestehende hierarchische Ordnung aufrecht zu erhalten.

Die Störung der bestehenden Ordnung war schon ein Unrecht an sich. Stritten sich zwei Parteien in einer Art und Weise, die den öffentlichen Frieden störte, so wurden beide bestraft, ganz egal, wer recht hatte. Diese Sichtweise war in Deutschland nicht unbekannt, hat sich aber gewandelt. Während der von Kleist beschriebene *Michael Kohlhaas* noch zu Zeiten Luthers für die Unruhestiftung an sich bestraft wird (obwohl er im Recht war), bekommt der Müller Arnold zu Zeiten Friedrichs des Großen sein Recht, auch wenn es gegen die damalige Standesordnung verstieß. Überhaupt ist das subjektive Recht des einzelnen eine dem traditionellen japanischen Denken unbekannte Größe.

Eine Erstarrung wirtschaftlicher Strukturen (kultureller ohnedies - diese hatten sich in der Meiji-Zeit sowieso sehr viel weniger verändert, weil der Druck geringer war) läßt sich auch vor dem 2. Weltkrieg beobachten: Etwa 30% des japanischen Unternehmensvermögens war in der Hand einiger weniger Familienkonglomerate, der sogenannten *Zaibatsu*. Dies hat es der damaligen Militärregierung zwar erleichtert, die Kriegswirtschaft politisch zu koordinieren, zur Wettbewerbsfähigkeit hat es allerdings nicht beigetragen. Die Zerschlagung jener Strukturen durch die US-amerikanischen Besatzer hat zu einer demokratischeren und flexibleren Ordnung geführt (jener der *Keiretsu* nämlich), die wirtschaftliche Krisen sehr viel besser bewältigt.

Die japanische Geschichte belegt, daß Änderungen meist nur auf Druck von außen erfolgen. So sehr man sich deshalb im heutigen Japan auch über diesen *Gaiatsu* erregen mag – notwendig scheint er zu sein.

5. Das Unternehmen als Abbild der Gesellschaft

Das Unternehmen ist in Japan meist ein Abbild der Gesellschaft. Das japanische Wort für Unternehmen, *Kaisha*, enthält dieselben Schriftzeichen wie jenes für Gesellschaft, *Shakai*, nur in umgekehrter Reihenfolge. Auch das dynamische Bild, welches man vielfach von japanischen Unternehmen hat, stimmt selten. Wer jemals den internen Betriebsablauf eines japanischen Unternehmens kennenlernt, den wird anfänglich fast der Schlag treffen. Dort werden endlose Sitzungen anberaumt, auf denen man nichts Neues hört und man sich höchstens in der japanischen Kunst des *Inemuri*, des Sitzschlafes nämlich, üben kann. Aber Vorsicht: Selbst mit geschlossenen Augen schläft man nur halb – das ist ja auch in der japanischen U-Bahn so: Niemand verpaßt wirklich seine Haltestelle. Sehr lange Arbeitsstunden werden durch Zeitunglesen und dergleichen gefüllt. Zeit scheint überhaupt keine Rolle zu spielen, das Ritual ist alles, das Ergebnis lediglich notwendiges Produkt.

6. Die homogene Geschwindigkeit als das Maß aller Dinge

Wie reimt sich nun all dieses zusammen? Mit welcher Geschwindigkeit bewegt sich nun die japanische Gesellschaft und der einzelne in ihr? Mir scheint dabei das Ideal des einzelnen *die homogene Geschwindigkeit* zu sein. Homogene Geschwindigkeit als jene, die für den einzelnen die geringste Reibung und damit den geringsten Aufwand bedeutet. Schneller zu sein als andere bedeutet in Japan zumeist:

(a) einen ungleich größeren Aufwand

(b) geringe gesellschaftliche Akzeptanz

(c) ein hohes Risiko.

Vielleicht das beste Beispiel für den größeren Aufwand ist der Versuch, sich auf Tokios Bürgersteigen schneller fortzubewegen als der Durchschnitt. Das geht schon, kostet aber unglaublich viel Energie. Überhaupt finden die meisten Ausländer das Leben in Japan, und insbesondere in Tokio, sehr anstrengend, denn der eigene Rhythmus ist meist anders als jener der meisten Japaner. Als Ausländer mag man noch die Möglichkeit haben, antizyklisch zu leben – also nicht nur zu Neujahr, der Golden Week oder *Obon* wegzufahren, aber als Japaner kann man das meist vergessen – zu viel Aufwand, Ärger und Unverständnis. Regelmäßig ablaufende Prozesse und Verfahren hingegen sind leicht, wenn man sie einmal gelernt hat – kein überflüssiges Nachdenken mehr! Auch die japanische Sprache übrigens besteht aus einer Unzahl von Floskeln, deren Bedeutung oft gar nicht mehr bekannt ist, umso bekannter allerdings, wann man sie zu verwenden hat. Auch diese Etikette erleichtert das Leben, wenn man sie einmal gelernt hat.

Man wird sicherlich sagen können, daß das Abweichen von der Norm in Japan schon an sich nichts Positives bedeutet. Zu schnell sein heißt aber in Japan auch oft, das Ritual nicht einzuhalten und damit wichtige Menschen oder Interessengruppen zu übergehen, so richtig die zu schnell getroffene Entscheidung auch sein mag.

Lassen Sie mich dies für den Gesetzgebungsprozeß verdeutlichen; er mag symptomatisch für die Entscheidungsfindung in Japan überhaupt sein. Gesetzgebungsprozesse gehen mit geradezu schneckenhafter Langsamkeit vor sich. Federführend ist nicht das Parlament, sondern das zuständige Ministerium – auch in Deutschland ist dies meistens so. Dieses nun versucht zunächst, die sich widerstreitenden Interessen so zu einigen, daß überhaupt kein Gesetz notwendig ist – wer zustimmt, kann sich nicht beschweren. Auch bei Verwaltungsverfahren ist das zu beobachten: Soll ein neuer Supermarkt eröffnet werden, so wird das Ministerium erst eine Genehmigung erteilen, wenn sich der Betreiber mit den umliegenden Geschäften geeinigt hat – nicht eben das Abbild eines dynamischen Wettbewerbs.

Gehört wird in dem Verfahren jedenfalls jeder, der Gewicht hat. Das ist nicht bei allen Gruppen der Fall. Verbraucher sind in der Vergangenheit oft zu kurz gekommen, was in Einzelfällen zu großen sozialen Spannungen geführt hat – man denke nur an die Umweltskandale Japans in den 50er und 60er Jahren (*minamata* und *Itai-itai*), oder die Klagen von Verbraucherschutzorganisationen wegen überhöhter Preise von Erdöl oder mangelhafter Aufklärung bei der Zusammensetzung von Produkten in den 70ern. Von solchen Pannen aber abgesehen, werden eine Vielzahl von Interessen berücksichtigt und so gewichtet, wie es ihrem Einfluß in der Gesellschaft entspricht. Eine gewisse administrativ gelenkte Demokratie kann man diesem Verfahren nicht absprechen. Diese Art der Konsensbildung genießt jedenfalls bislang auch gesellschaftliche Akzeptanz. Auch in Unternehmen wird jeder – formell – gehört, bevor Entscheidungen getroffen werden. Es gehört auch zum Ritual, daß zum Schluß jeder zustimmt, mag er auch dagegen sein.

Wer zu schnell ist, geht in Japan ferner berufliche Risiken ein, oder bleibt doch wenigstens unbelohnt. Lassen Sie mich dies an zwei Beispielen verdeutlichen. Im juristischen Bereich werden Gesetze erst nach langem Hin-und Her, dem Ritual nämlich, verabschiedet, um einen möglichst großen Konsens zu erzielen und spätere Reibungen zu vermeiden. Solche Kompromisse haben auch für die Gerichte schon fast bindende Wirkung. So gibt es für einen unzufriedenen Kläger kaum Möglichkeiten, die Grenzen der Gesetze deshalb zu sprengen, weil sie unter Umständen für unangemessen gehalten werden: Hierfür hat ja bereits die Verwaltung im Abwägungsprozeß vor dem Erlaß des Gesetzes gesorgt. Ein *social engineering*, wie es deutsche Richter nicht selten betreiben, ist unbekannt und auch riskant: Werden Entscheidungen in der Folgeinstanz aufgehoben, ist dies der Karriere wenig förderlich. Umgekehrt führt dies wieder dazu, daß Richter übervorsichtig werden und sich schneckengleich in das sichere Haus des Gesetzeswortlauts zurückziehen. Im Regelfall führt das zu einem Stillstand in der Rechtsentwicklung, der wohl bewußt gewollt ist.

Selbst in Sparten, in denen Innovation gefragt sein sollte, wird diese nicht honoriert, wenn sie nicht gefragt war. So war in den Zeitungen zu lesen, daß die Erfinderin des *Tamagochi* von ihrem Unternehmen *Bandai* keine besondere Vergütung für den erstaunlichen Erfolg ihres Produktes erhalten hat. Das ist zwar streng juristisch gesehen aufgrund des japanischen Urheberrechts richtig, aber dennoch unternehmerisch fragwürdig. Der Punkt war wohl, daß die Dame nicht besonders beauftragt worden war, eine solche Erfindung zu machen – falsche Geschwindigkeit, sozusagen. Sonst nämlich wird erfinderische Leistung, wenn sie von dem Unternehmen gefordert wird, durchaus honoriert.

Was im Endeffekt schneller ist, läßt sich so leicht nicht sagen. In Amerika beispielsweise sind Entscheidungsprozesse oft sehr rasch, andererseits gehen Unsummen durch Gerichtsprozesse verloren, die genau diese Entscheidungen in Frage stellen. Wo man keinen internen Konsens sucht, fällt dem Richter eine andere Rolle zu und kann Geschwindigkeit teuer kommen. Wo aber rasches Handeln gefragt ist, z. B. nach der Erdbebenkatastrophe in Kobe, kostet das zeitraubende Ritual der Zuständigkeitsverteilung und Entscheidung viele Menschenleben. Ursachen für die unterschiedlichen Verhaltensweisen lassen sich nicht zuletzt im Erziehungssystem suchen. In Japan bleibt niemand in der Klasse sitzen – auch die Langsamen werden mitgenommen. Wer aber abweicht, bekommt Schwierigkeiten, die manchmal im Selbstmord enden. Schlafen hingegen, ob in der Klasse oder der Vorlesung, ist ein ganz normales Verhalten. Im Westen dagegen sind Individualität und Schlagfertigkeit gefragt; ein Grund übrigens, warum Asiaten in westlichen *assessment tests* so schlecht abschneiden. Die Elitenbildung erreicht man in Japan einfach dadurch, daß die Prüfungen keine Abschlußprüfungen, sondern Eingangsprüfungen sind.

7. Der graduelle Unterschied als das Charakteristische an Japan

Sicherlich lassen sich viele der oben genannten Phänomene auch auf Deutschland übertragen. Die Schwierigkeit ist bei Japan häufig, daß nichts so typisch japanisch wäre, als daß es anderswo nicht auch vorkäme. Es ist vielmehr der Grad oder die Dosis, die den Unterschied ausmachen. Auch in Deutschland erscheint es ungeheuer schwierig, in Friedenszeiten eine Gesellschaft umzugestalten. Andererseits ist das faustische Ideal, das doch den Geschwindigkeitsmenschen schlechthin symbolisiert, gerade ein deutsches:

> *„Des Menschen Tätigkeit kann allzu leicht erschlaffen,*
> *er liebt sich bald die unbedingte Ruh,*
> *drum geb ich gern ihm den Gesellen zu,*
> *der reizt und wirkt und muß als Teufel schaffen. "*

Faust, zum Schluß Opfer seines eigenen Geschwindigkeitswahnes, in dem er glaubt, die Zeit festhalten zu können, kann gerade darob erlöst werden, daß er „immer strebend sich bemüht". In Japan hätte er es zweifellos schwerer.[*]

---

[*] Wertvolle Hinweise für diese Arbeit habe ich Herrn Peter Ganea vom Max-Planck-Institut in München zu verdanken.

Peter Heintel

Macht Geschwindigkeit glücklich?

Mythen, Märchen, Gleichnisse sprechen von altersher von Menschenträumen: Fliegen zu können, mit Siebenmeilenstiefeln rasch große Entfernungen zu überwinden, mit der Drehung eines Ringes unsichtbar zu werden, und der Traum aller Träume, jemanden bei sich zu haben, der alle Wünsche, die man hat, prompt in Erfüllung gehen läßt. Das eine sind die Wünsche, das andere ihre Erfüllung. In vielen Geschichten zeigt sich, daß es nicht zum Glück geführt hat, wenn ein Wunsch in Erfüllung ging. Eine ambivalente Haltung gegenüber unseren Wunschträumen wird sichtbar: Einerseits wünschen wir uns vieles, bis hin zum Menschenunmöglichen – wir können anscheinend gar nicht anders; andererseits wird Wünschen enttäuscht, wenn es erreicht, was es will. Einmal wird gezeigt, daß man zu dumm ist, sich das Rechte zu wünschen, so daß der letzte Wunsch der Wiederherstellung des alten Zustandes dient, dann wünscht man das Falsche und verhungert, weil alles, was man berührt, zu Gold wird, schließlich wird man für seinen Übermut bestraft; wer der Sonne entgegen zu fliegen wagt, stürzt ab. „Der Mensch versuche die Götter nicht", dieser Spruch wird uns entgegengeschleudert, wenn wir anscheinend Menschenunmögliches wollen. Unser Übermut wird gewarnt und in die Schranken gewiesen. Doch, einige Augenblicke lang gab es ein 'Hochgefühl'. Man konnte spüren, wie es wäre wenn ..., „denn einmal lebte ich wie Götter, und mehr bedarf's nicht."

Immer wieder wurde etwas für menschenunmöglich gehalten und immer wieder auch das Gegenteil bewiesen. Die Warnungen haben nichts genützt. Die Wünsche lassen uns nicht los, sind ständig begleitende Herausforderung. Von Geburt an sind wir grenzüberschreitende Wesen, unfähig, es längere Zeit im gleichen Zustand auszuhalten. Zwar redet man uns von Zufriedenheit und meint damit Bescheidung in dem, was ist. Bei uns selbst aber bemerken wir, daß erst ein 'erfülltes' Leben zufrieden macht, und dieses wird uns nicht von dem 'was ist' geschenkt. Ebenso wissen und erfahren wir von klein auf die Freude, Probleme gelöst, zunächst fast unübersteigbare Hürden genommen zu haben. Unser Zutrauen zu uns wächst mit bewältigten Gefahren und mutigen, gelungenen Selbsterprobungen. Wir überschreiten zwar nicht alle Grenzen, von denen wir eingeschränkt werden – der Wunsch, dies zu tun, wird pathologischer Symptomatik zugeordnet – der Wunsch aber, von seiner Freiheit einen möglichst umfassenden Gebrauch zu machen, ist uns Modernen in die Wiege gelegt. Vielleicht ist sogar die Umkehr wahr: Je enger die Grenzen, in die wir eingefangen sind, um so größer der Wunsch nach Befreiung; sogar nach Befreiung von sich selbst, seiner gefangenen Seele. Rausch, Sucht, Ekstase sind in allen Kulturen Zufluchtsorte von Grenzüberschreitung. Sie sind dort auch am besten 'kultiviert', wo man auch im 'normalen' Leben über seine Grenzen und deren Berechtigung gut Bescheid weiß und sie anerkennen kann. Wo sich aber allenthalben ein Widerspruch auftut zwischen Grenzenlosigkeit, Willkür, Beliebigkeit auf der einen, starren Grenzen, uneinsehbaren Geboten, unvernünftigen Sachzwängen auf der anderen Seite, dort gerät der Rausch aus der Kultur, wird selbst unmäßig und unsteuerbar. Wir sprechen vom „Geschwindigkeitsrausch". Ist er Zuflucht? Ist er noch Kultur, oder dominiert er bereits eine Kultur, aus der man sich so rasch wie möglich und immer wieder entfernen muß, will?

„Ich weiß zwar nicht, wo ich hinfahr', dafür bin ich schneller dort", singt Qualtinger in seinem berühmten Lied: „Der Wilde mit seiner Maschin'" (seinem Motorrad). Im Geschwindigkeitsrausch geht es hier nicht mehr um irgendeine Art Zielerreichung. Wo man hinkommt, ist eigentlich egal, wichtig sind Schnelligkeit, Geschwindigkeit. Sie für sich genommen bringen den Genuß, die dauernde Grenzüberschreitung bringt das Hochgefühl. Wenn nun unsere Zeit und unsere Gesellschaft ständig weiter beschleunigen und Geschwindigkeiten erhöhen, kann es sein, daß sie dem gleichen Rausch verfallen sind? Daß wir in einer Zeit schneller Veränderungen leben, wird gegenwärtig von allen Zeitdiagnostikern bestätigt. Daß wir zugleich in fatalen Sachzwängen stecken, die uns unüberschreitbare Grenzen zu setzen scheinen, die ein von uns nicht mehr steuerbares Eigenleben führen (Zauberlehrlingssyndrom), wird schon weniger oft und gern zugegeben; ebenso daß wir unsere Weltgesellschaft auf großartiger Einseitigkeit (technologisch-ökonomisch) aufzubauen beginnen, die alles gleichschaltet und denselben Prinzipien zu unterwerfen versucht. Man könnte also sagen, noch nie war der Widerspruch so groß wie heute. Noch bis vor kurzem unfaßbare Grenzüberschreitungen gehen Hand in Hand mit selbstverschuldeten Grenzsetzungen, die unserer Welt nur wenig Spielraum lassen, nur einen 'der sich rechnet'. Vordergründig ist klar, daß allein dieser Zustand Beweglichkeit fordert; daß man den ständigen Veränderungen nur mit *schneller* Anpassung folgen kann, sonst aber zurückbleibt. Den Flexiblen, Schnellen gehört die Welt, die wenigsten von ihnen merken aber, daß sie den Veränderungen nur hinterherlaufen, daß man nur mehr ihre Anpassungsfähigkeit überprüft. Zwar überschreiten auch sie Grenzen. Sie müssen ständig 'dazulernen', ständig auch vergessen und verlernen. Es sind aber ihre eigenen individuellen Grenzen, die partiell überschritten werden. *Was* zu lernen ist, ist meist bereits vorgegeben. Wenige gestalten wirklich.

Kann es sein, daß dieser Widerspruch es ist, der zum Rausch reizt? Daß wir einerseits bemerken müssen, daß wir uns selbst eingekerkert haben, daß wir gegenüber dem, was uns betrifft, immer ohnmächtiger, immer mehr zum Zuschauer werden? Daß wir andererseits aber dauernd zur Grenzüberschreitung veranlaßt, gezwungen, aufgefordert werden? Am Ende schließlich bemerken müssen, daß wir trotz aller Überschreitung wieder am selben Fleck landen? Daß wir am Ort laufen, uns wie im Hamsterrad abstrampeln? Wird hier aufs Neue die Weisheit der Mythen und Gleichnisse bewußt, die uns bei aller Grenzüberschreitung auf unsere Endlichkeit zurückverweist? Ein Tag voller Aktivität und Hektik geht zu Ende, und wir fragen uns spät abends, was wir eigentlich getan haben; wir können uns zwar an Verschiedenes erinnern und aufzählen, die Bilanz ist aber ernüchternd: Eigentlich war es 'nichts', zumindest nichts Wichtiges. Wenn wir uns aber vor dem Dilemma befinden, trotz aller Anstrengung und Geschwindigkeit nur wieder dort zu landen, wo wir ohnehin schon waren, dann wird der Inhalt einer Tätigkeit unwichtig. Übrig bleibt die Form. Es geht nicht mehr darum, wo wir hinkommen, es geht um die Geschwindigkeit dorthin. Geschwindigkeit für sich genommen ist das Glück, sich zwischen allen Inhalten, Grenzen, Orten *schnell* bewegen zu können, nicht mehr faßbar zu sein, seine Freiheit zu spüren – wie dies ein bekannter deutscher Chansonnier gesungen hat, „über den Wolken muß die Freiheit grenzenlos sein."

Eine Form ohne Inhalt und Ritual kann aber zu einer gefährlichen Droge werden. Weil es *in ihr* selbst anscheinend keine bestimmten Grenzen mehr gibt – diese werden ja gerade durch sie überwunden – muß sie sich selbst steigern, erhöhen, öfter stattfinden. Der leere, unkultivierte Rausch führt zur Sucht. So soll es in den USA bereits so etwas wie eine 'Computerkrankheit' geben, die auch medizinisch anerkannt ist. Männer, aber auch Frauen, die sehr viel nur mit Computern arbeiten, und sich an seine Geschwindigkeit gewöhnt haben, werden gegenüber ihrer 'normalen' familiären Umgebung rasch ungeduldig. Die umständliche Sprechweise macht sie nervös, umschweifendes Reden nervt sie. Allmählich vermeiden sie Kommunikation. Dies mag man als computerverursachte Neurose betrachten, wie aber ist es sonst? Im alltäglichen Arbeitsleben eilen wir aneinander vorbei, und die Abende sind müde und kurz. Wir knüpfen viele kurzlebige Bekanntschaften und müssen ihren dahinrauschenden Wert durch besondere 'Freundlichkeit' erhöhen. Wir sammeln 'Zufallsbekanntschaften', die uns der Zufall auch wieder nimmt. Wir leisten uns schnell einmal ein Wochenendseminar zur tieferen persönlichen Einkehr und zur intensiveren Begegnung. Der Geschwindigkeitsrausch zwingt uns zur Flüchtigkeit, die übersteigerte Form zur ständigen Flucht. Wir überschreiten damit aber keine Grenzen mehr, wir fliehen vor ihrer zupackenden Realität. Der alte Menschheitstraum der schnellen Streckenüberwindung bleibt 'auf der Strecke'; wir können die Siebenmeilenstiefel nicht mehr ausziehen, weil unser Gehen kein Ziel mehr braucht.

Andererseits: Müssen wir nicht auch die Form genießen können, um uns unser grenzüberschreitendes Wesen in Erinnerung zu halten? Hat dieses Festhalten an der Erinnerung nicht auch immer dazu geführt, neue Versuche zu wagen, ins anscheinend Menschenunmögliche vorzustoßen? In gewisser Weise haben sich alle Generationen der Menschheitsgeschichte ihre Träume erfüllt, nur in ganz verschiedener Form. Daß aber Erfüllung immer wieder in wechselnder Spielart möglich war, verdanken wir wahrscheinlich dem Widerspruch, der sich im Verhältnis von Traum und Wirklichkeit immer wieder einstellt. Wünsche und Träume haben immer so etwas wie eine 'ideale Unendlichkeit' an sich, sonst wären sie nicht, was sie sind. Verwirklichungen sind aber von der konkreten Endlichkeit geplagt und durchdrungen und nicht nur Freude sondern auch Enttäuschung. „Soll das alles gewesen sein", „war es das, was wir uns vorgestellt haben", gibt es jetzt völlige Zufriedenheit? Eine gewisse Zeit können wir sicher Erfüllung genießen, uns eine Zeit beruhigen, dann aber stellen sich Zweifel und Fragen wieder ein; neue Träume beginnen, die alten Lösungen bleiben zurück. Verwirklichung heißt nämlich immer auch Handlung,

Entscheidung, Bestimmung. Im Entscheiden müssen Möglichkeiten ausgeschlossen werden. Sie können auch verboten, vernichtet, tabuisiert werden. So wird ihre Realisierung versagt. Aus den Gedanken und Träumen können sie aber nie verbannt werden. Dort begleiten sie uns, beschäftigen unsere Phantasie und formen sich zu neuen Wünschen. Verwirklichte Träume machen nüchtern und entfernen uns von unserem grenzüberschreitenden Wesen. Ihr Realismus entfremdet. Es entsteht das Gefühl, nur unvollkommen entsprochen zu haben. Und wieder kommt Sehn-Sucht auf. Man kann auch sie als Sucht sehen wollen, als die Grundstimmung der ewig Unzufriedenen. Man kann sie aber auch als Antwort der Träume verstehen, die sich zurückmelden, nie ausgeträumt sind.

Unser Zeitalter hat eine besonders realistisch-produktive Wunscherfüllung zur Verfügung gestellt. Sie unterscheidet sich von aller vergangenen durch ihren 'Materialcharakter'. Ich erwähnte schon: Auch alle Zeiten vorher hatten ihre spezifische Form der Antwort auf unsere Träume. Sie wurden z. B. in Sagen, Heldenliedern, Märchen usw. zum Ausdruck gebracht und dort künstlerisch kultiviert. Oder man bediente sich besonderer Rituale, kollektiver Techniken, die Zugang zu den Träumen verschafften und ihnen einen Ort in Kult und Feier gaben. Ekstase, Rausch und andere Formen der Selbsttranszendenz waren Wege der Grenzüberschreitung, Wege zum Menschenunmöglichen. Auch Gott und die Götter ließ man in seinen Träumen agieren und konnte sich komplex in die Erörterung dieser Themen – sogar theologisch – vertiefen. Der Däumling begab sich mit Siebenmeilenstiefeln auf die Reise, der Schamane spirituell auf die Wanderung durch die unendlichen Räume, der Mystiker verschaffte sich durch das Erlebnis einer Gottesnähe die Erfahrung einer Raum und Zeit übersteigenden Gleichzeitigkeit. All dies waren spezifische Wunscherfüllungen. Sie waren Antworten, freilich von einem Charakter, der, wenn nicht Verbote mit ihnen verbunden wurden, die Sehnsucht weiterblühen ließ. Ihr verdanken wir schließlich große Kunst, hohe Theologie und bunteste Mythen. Doch auch hier war endgültige Antwort nicht möglich; auch ihre Grenzen mußten überschritten werden.

Wir haben demgegenüber den höchsten Realismus eingeführt. Wir bieten Waren und Produkte. Unsere Träume bekommen laufend Verwirklichungsangebote; davon lebt unsere Wirtschaft, unsere Industrie und unsere Dienstleistungen. Für jeden Traum gibt es ein Angebot, wir müssen uns nicht mehr mit ihm weiterquälen. In jedem Kaufakt kann er ausgeträumt werden. Endlich haben wir Greifbares in der Hand, und in den vielen Variationen, dem Reichtum des Konsumierbaren, wird auch unsere Phantasie zur Ruhe gebracht. Wir müssen uns nicht mehr mit Göttern und Helden zufrieden geben, nicht mehr ekstatische Traumreisen absolvieren. Unsere Träume liegen konkret vor uns, haben äußere Gestalt, stehen für Verwendung und Gebrauch zur Verfügung. Sie sind 'materialisiert'. Die Konsequenz ist imponierend. Kein weißer Fleck soll bleiben; es gibt keinen unerfüllbaren Wunsch, für jeden steht ein Produkt zur Verfügung. Auch 'Geistiges' wird als Produkt gehandelt; so kann man sich auch Schamanen kaufen, Sektenangebote konsumieren, und letztlich hörte ich sogar die Kirche von 'Kunden' sprechen, den 'Gläubigen' und Kirchensteuerzahlern. In dieser Konsequenz erfüllen sich die Menschen zugleich einen alten Traum.

Sie ist nicht bloß Antwort auf die vielen Wünsche im einzelnen. Ein Gesamttraum scheint in Erfüllung zu gehen. Er hängt mit dem Thema Macht und Machbarkeit zusammen, abgehandelt früher in der göttlichen Allmacht. Man kann immer etwas machen, etwas herstellen und damit Wünsche befriedigen. Grenzüberschreitung ist nicht bloß Vorstellung, Träumerei, Phantasie, sie ist konkretes Tun. Der Mensch hat sein Schicksal in die Hand genommen, sich selbst zur Antwort verpflichtet. Keine andere Instanz tut mehr etwas für ihn. Er muß sich alles selbst schaffen. Viel wurde über diese 'Allmachtsphantasie' geschrieben, viel auch kritisch angemerkt. Man kann sie aber auch nüchterner fassen: Das grenzüberschreitende Produktionsprogramm unserer Neuzeit hat als grandioser Versuch, unendliche Widersprüche materiell zu lösen, schlicht den Nachweis erbracht, daß allein der Mensch über sich mächtig ist; daß er damit auch tätige Verantwortung über sich hat. Dann ist Allmachtsphantasie nicht mehr eine pathologische Neurose sondern die einfache Erkenntnis, daß es sonst keine Macht mehr gibt, die etwas mit uns tut, sondern daß wir selbst zu dieser geworden sind.

Aber auch diese Erkenntnis rettet uns nicht aus unseren Widersprüchen. Unsere Träume gehen in den Produkten nicht zu Ende; sie bleiben und wechseln die Ebene. Die Sehnsucht bleibt. Zunächst versuchen wir sie noch durch Vielfalt, Variationsreichtum und Akkumulation zu lösen. Warenreichtum und Besitz sind dafür äußeres Zeichen. Dennoch bleibt ein Rest. Wir scheinen eben nicht nur Wünsche zu haben, die sich nicht durch Produkte beantworten lassen, es sind sie vielmehr selbst, die ihre Unvollendetheit und ihre Unvollständigkeit an sich haben. Dies läßt uns zunächst nicht resignieren. Es treibt uns weiter zu inneren, besseren Lösungen und tatsächlich werden auch die Produkte immer besser, technisch perfekter. Es gibt aber keine Vollendung in ihnen, und so können wir ihr immer weiter nachlaufen. Das scheint die eine Lösung unseres Dilemmas zu sein: Wir bieten Mehr-Desselben und immer anscheinend Neues, Besseres. Die Produktantwort steht unter dem Prinzip der zu vermehrenden Quantität. Weil aber mit Quantität niemals die unruhige Qualität der Träume einholbar ist, wird man immer *schneller*. Beschleunigung und Erhöhung der Geschwindigkeit sind naheliegende Kompensationsversuche. Sie bieten nicht nur Ablenkung, sie unterstützen die Illusionsbildung. Je öfter und schneller Wünsche befriedigt werden, um so eher werden sie erfüllt. Das Angebot ist riesig, eine Innovation jagt die nächste, der Innovator ist der neue Held. Leider beginnen wir aber schon zu stolpern, kommen mit den Neuerungen, der nächsten 'Generation' an Waren nicht mehr mit und bemerken mit Verwunderung, daß wir zur Wunscherfüllung gezwungen werden, wollen wir nicht blöd dastehen. Das große, vielfältige Angebot macht auch sonst noch nervös; man muß vermuten, ständig etwas zu versäumen, was vielleicht den Wünschen vollkommener entspricht. Diese Defizitempfindungen lassen uns dann immer mehr an unserer Wunscherfüllungsmaschinerie zweifeln, manche sprechen von Konsummüdigkeit, manche steigen aus und propagieren wieder einmal das einfache Leben. Auch wenn diese alle heute noch den Außenseitern zuzuzählen sind, sie bezeugen die uns längst bekannte Tatsache: Auch die Materialisierung unserer Träume ist endlich und läßt viel offen; will man diesen Befund durch Beschleunigung bewältigen, wird man nichts erreichen. Glück und Zufriedenheit können sich deshalb nicht einstellen. Sie sind, wie wir meinen, an eine unaufhebbare Dialektik gebunden. Glücksstreben muß einerseits zur größtmöglichen Wunscherfüllung drängen, gleichzeitig geht es in ihr nicht auf. Denn die Träume haben den Charakter 'idealer Unendlichkeit'. So gibt es materiell gesehen nur punktuelles Glück, und es wird nicht größer, wenn man mehr Punkte dichter aneinanderreiht. Es gelingt wohl Ablenkung, weil man auch mit Geschwindigkeit grenzüberschreitende Wunscherfüllung verbindet, da aber mit dieser Beschleunigung das Eigentliche nicht erreicht wird, geht sie ins Leere. Diese Leere macht sich trotz aller Überfülle auch im Glück bemerkbar. Kinder mit vollgeräumten Spielzeugkästen, erfreut mit immer neuen Geschenken, sind nicht glücklicher. Fragen wir deshalb heute so viel nach dem Glück, weil es 'produktiv' seiner Inhalte beraubt wurde?

Auch unsere Träume von Beweglichkeit und Geschwindigkeit (Allgegenwart) haben die verschiedensten Produktantworten erfahren. Fahrrad, Motorrad, Auto, Bahn, Flugzeug, raketenbetriebene Shuttles etc.; wir können Strecken immer schneller überwinden, immer öfter woanders sein. Aber auch das Fernsehen und das Internet befriedigen Allgegenwartswünsche. Hier sind wir 'real-time', also tatsächlich gleichzeitig dabei. Und Gleichzeitigkeit gehört ebenso zum Repertoire der grenzüberschreitenden Wunschträume. Wer kann daran zweifeln, daß wir uns Träume erfüllt haben, die früher für nicht menschenmöglich gehalten wurden. Und wer kann nicht auch die Geschwindigkeit genießen, bzw. das Wohlgefühl, an geschütztem Ort überall dabei zu sein. Auto und Fernseher sind Top-Produkte unserer Zeit und repräsentieren in idealer Weise die durch Produkte mögliche Wunscherfüllung; in den letzten Jahren ist das Flugzeug noch dazugekommen, und je weiter weg man auf Urlaub war, einer um so größerer Bewunderung seiner Umgebung konnte man sicher sein. Zwar werden auch hier Grenzen immer deutlicher. Die Steigerung der Quantität kostet Qualität. Man kann z. B. die Geschwindigkeit nicht mehr auskosten. Immer wieder steckt man in einem Stau, und überlastete Autobahnen sorgen von sich aus für Geschwindigkeitsbeschränkungen. Aber auch in der Luft beginnt der Platz Mangelware zu werden. Überlasteter Luftraum zwingt uns in Warteschleifen, die wiederum das Anschlußflugzeug versäumen lassen. Da hängt man dann in Flughäfen herum oder muß unfreiwillig übernachten. Aber auch in der fernsehenden Allgegenwart fühlen wir Enttäuschung. Wir *sehen* zwar überall hin, wo Kameras aufgestellt sind, wirklich *dabei* sind wir aber nicht. Wir merken dies an unserer emotionellen Gleichgültigkeit, mit der wir Katastrophen über uns ergehen lassen und wiederum vergessen, und einer sich herausbildenden voyeuristischen Haltung, die uns zurückgelehnt im bequemen Stuhl das erhabene Schauspiel der Welt genießen läßt. Für diesen Genuß werden immer neue Anreize geboten, die Dosis gesteigert bis hin zu den gefilmten Gewaltszenen, die sich angeblich auch in Wirklichkeit so ereignen.

Vor allem aber zeigt das Produktangebot eine gleichbleibende Verläßlichkeit, eine unbeirrbare Gegenständlichkeit, eine tote Kontur, die als solche dem Wesen der Träume und Wünsche nie gerecht werden können. In ihnen ging und geht es ja um Grenzüberschreitung, um ein Austesten menschlicher Möglichkeiten, zumindest um Grenzgängertum. Der biedere Mittelklassewagen, der omnibusartige Air-'Bus' vermitteln diese Erlebnisse nicht. Erst der ICE, der an einen Brückenpfeiler kracht, erinnert an die wahre Geschwindigkeit und an ihre Grenzen. Erst Katastrophen machen deutlich, daß das Produkt so verläßlich wie angenommen nicht ist, daß feste Gegenständlichkeit zerbricht. Sie rufen Sicherheitsexperten auf den Plan, und in Kürze wird uns wieder versichert, daß alles wieder sicher ist, das Produkt zu seiner festen Form zurückgefunden hat. Nur, ist es das, was wir insgeheim wollen? Gut, in Grenzerfahrungen gleich zugrunde zu gehen, wollen wir nicht, insofern wollen wir auch Sicherheit. Wir wollen sie uns aber auch nicht nehmen lassen, der Verdacht liegt nahe: Deshalb 'lieben' wir die Katastrophen, als Unbeteiligte allerdings, und können uns der Faszination nicht entziehen. Das Fernsehen läßt uns daher so viel wie möglich dabei sein. Die Crashs bei Autorennen werden zwanzig Mal wiederholt, der Sturz des allzuschnellen Skiläufers ebenso. Das Challengerunglück flimmerte Wochen, ja Monate über unsere Bildschirme, und wie man hört, warten förmlich viele Zuseher von Geschwindigkeitsspektakeln auf den Unfall. Auch wenn es sich nur um stellvertretende Grenzerfahrung handelt, unsere Neugierde, unsere Erwartungen sprechen dafür, daß wir sie uns nicht nehmen lassen wollen, daß die Unendlichkeit des Traumes sich nicht durch ein endliches Produkt befriedigen lassen will. Sicherlich spielt in all diesen Zusammenhängen auch ein altes Verhaltensmuster eine Rolle. Die 'Freude' an der Katastrophe, die andere trifft, kann wohl Mitleid sein, eher steht sie aber in der Opfertradition. Bei Gefahr muß den Göttern geopfert werden; das eigene Unglück soll so vermieden, das Schicksal besänftigt werden. „Karl, du bist es nicht", sagt Qualtinger und meint damit dieses Gefühl, durch das Opfer anderer in seiner Existenz bestätigt worden zu sein. Wir alle wissen uns im Grunde in ständiger Gefahr. Sie steigert sich durch die Erhöhung von Geschwindigkeiten. Die Straßen heißen 'Verkehrsadern', weil auf ihnen so viel Blut fließt, hörte ich einmal sagen. In Katastrophen schwebt die Gefahr nicht mehr über uns, sie ist bereits eingetreten, und das nimmt Angst; besonders wenn sie andere betrifft, die sich sozusagen für die Sicherheit der anderen aufgeopfert haben. In Katastrophen ballt sich daher so Einiges zusammen: Grenzerleben, Opfer, Auflösung der starren Objektivität der Produkte, Wiedererweckung der alten Träume. Kein Wunder, daß sie uns so wichtig sind.

Es ist paradox, daß wir erst durch diese Katastrophen Grenzerfahrung erleben. Eigentlich hätten es ja die Produkte selbst zustandebringen sollen. Ihre Geschwindigkeitssteigerung sollte uns den Traum erfüllen. Das tut sie aber nicht oder nur sehr partiell. Eher ist das Umgekehrte der Fall. In den Produkten gehen unsere Träume und Wünsche zugrunde. Es gibt immer weniger Grenzerfahrung. Also muß ich den Traum aus den Produkten wieder zurückholen; Geschwindigkeit muß wieder fühlbar werden. Das tut sie zunächst in Rausch und reiner Form. Es kommt weder auf Produkte an, noch auf Ziele, die man mit der Erhöhung der Geschwindigkeit schneller erreichen kann. Die Geschwindigkeit selbst, der unendliche Traum muß ausgekostet werden, egal wo, und mit welchem Mittel. Man kann U-Bahn surfen, private Autorennen veranstalten, sich an Seilen hängend Brücken hinunterstürzen, immer schneller laufen, um sich den 'Flow' zu geben; vielleicht genügt es sogar, etwas besonders schnell zu 'erledigen', den Konkurrenten zu überholen, schneller zu denken, zu lesen, zu rechnen. Was in allen Formen der Rückeroberung von Geschwindigkeit zum Zwecke, Grenzerfahrungen zu machen, auffällt, ist vielleicht eine eigentümliche Wendung vom Produkt zum eigenen Leib. An ihm soll erprobt werden, was an Geschwindigkeit er inszenieren, was er aushalten kann. In ihm muß Grenzerfahrung spürbar werden. Und tatsächlich wird viel von 'Glücksgefühlen' berichtet. Für mich durchaus nachvollziehbar: Ich kann es durchaus genießen, so schnell wie möglich die Skiabfahrt hinunter zu fahren und wider alle Vernunft und Verantwortlichkeit kenne ich auch das wolkenhafte Dahinschweben im schnellen Auto. Wenn schnelle Beschleunigung im Flugzeug uns an die Sitzlehne drückt, wenn ein starker Wind unser Segelboot dahinflitzen läßt und wir uns mit den Elementen 'anlegen', es wäre, glaube ich, Heuchelei zu behaupten, daß uns dies alles unbeeindruckt läßt. Der abgeklärte Weise wird zwar zu bedenken geben, daß Glück wohl auch noch etwas anderes ist, ein gewisses Glücksgefühl wird aber auch er nicht leugnen können. Kinder z. B. schreien und kreischen vor Lust, wenn es schneller wird (beim Schaukeln, Rodeln, etc.), sie sind da noch ganz unbefangen. Wir Erwachsene wissen zwar um die Unvernunft des Austestenwollens von Grenzen, auch des eigenen Körpers, unattraktiv ist es dennoch nicht. Geschwindigkeit und ihre Steigerung macht Grenzerfahrungen möglich. Die Frage ist: Braucht man sie zu seinem Glück? Die davon berichten meinen es schon, andere glauben, darauf verzichten zu können. Holen sich diese aber nicht solche Erfahrungen woandersher? Es muß ja nicht nur mit der Geschwindigkeit gehen, Reinhold Messner, der berühmte Bergsteiger, stellt andere Grenzen in Frage. Was aber ist, wenn man tatsächlich keine Grenzerfahrungen macht oder machen will, wenn man die Träume ins 'Übermenschliche' hin nicht zuläßt oder abwehrt? Wenn man sicherheitshalber seine Grenzen in seinen 'vier Wänden', seinem 'Alltagsstundentakt', seinen unbeirrbaren Gewohnheiten setzt? Ist das Glück? Oder braucht Glück Grenzerfahrung und manchmal auch -überschreitung, um in aller Fülle erlebt werden zu können?

Die Frage scheint rhetorisch gestellt und legt die Antwort nahe. Doch so einfach ist es nicht. Nicht nur, weil Menschen eben verschieden sind, manche mehr 'Thrill' brauchen, manche weniger. Die Schwierigkeit liegt in der Widersprüchlichkeit dessen, was Glück ist, und von ihr aus läßt sich die oben gestellte Frage eben nicht eindeutig beantworten. Wir empfinden Glücksgefühle nämlich, wenn wir mit Erfolg Grenzen überschreiten, ebenso aber, wenn wir in vertrauter Umgebung in ihren Grenzen leben.

Im ersten akzeptieren wir unsere Unbestimmtheit, unsere 'Unendlichkeit', unsere Offenheit. Wir wissen nicht, wer wir sind, was 'endgültig' aus uns wird, was die Richtung ist, in die hin wir uns bewegen. Hier ist der Ort der Träume, Wünsche und Herausforderungen. Als 'freie' Menschen sind wir uns immer vorausliegend. Kein Menschheitstraum muß nun vergeblich geträumt werden. Wir können nicht wissen, ob aus ihm einst Wirklichkeit wird. Vieles, was in der Geschichte als Utopie bezeichnet wurde, ist längst Realität geworden. Insofern sind es die Träume selbst, die uns versteckte Befehle in die Zukunft geben. Unser Glück besteht hier darin, träumen zu können und zu dürfen, aber auch wahrzunehmen, wozu wir immer wieder imstande sind. Es ist das Glück des Bewußtseins von Freiheit und von der ständig an uns ergehenden Aufforderung, von ihr tätigen Gebrauch zu machen. Was den Menschen betrifft, ist das Schöpfungswerk unabgeschlossen.

Im zweiten akzeptieren wir unsere Endlichkeit, Bestimmtheit, Abhängigkeit, unser Entscheiden-Müssen – ausgeträumte Träume. Freiheit für sich genommen ist leer, erst über konkretes Handeln und Entscheiden (auch Lassen und Nichts-Tun ist entschieden worden) wird sie faßbar, bekommt sie Ausdruck und Gestalt. In den hohen Worten von Selbstbestimmung und Selbstverwirklichung fassen wir das Glück auf dieser Seite zusammen. Aber auch hier ist die Dialektik bemerkbar. Selbstbestimmung (Autonomie) betont Freiheit und Bestimmung zugleich. So könnte Glück hier heißen, von der Freiheit einen guten Gebrauch zu machen. Dafür ist es aber nötig, daß ich davon weiß. Akzeptanz seiner eigenen Endlichkeit passiert nicht einfach so. Und wenn, dann meistens nicht als Glück. Es ist wichtig, seiner Freiheit zuzuschauen, über seine Handlungen nachzudenken, sie zu betrachten, zu bewerten, danach zu sehen, ob sie gut waren. „Glück heißt, bei sich selbst anzukommen, ohne zu erschrecken", formuliert so ähnlich W. Benjamin als Voraussetzung für die „Heiterkeit des Gemüts", die „Windstille und Ruhe der Seele". Das hierfür notwendige innehaltende Betrachten läßt sich nicht von Aufgabe und Herausforderung treiben, es erträgt und läßt Unabgeschlossenheit, kann drängende Träume zum Schweigen bringen. Es ist ein ständiges Abschließen und Vollenden, Abrunden und Sinn-Geben. Der neuerliche Widerspruch stört nicht mehr, daß es nämlich kein endgültiges Vollenden gibt, daß dieses ein ständig sich erneuernder Versuch bleiben muß. So setzt sich hier auch das erste Moment durch. Die Unbestimmtheit (Freiheit, Offenheit) bleibt, nur in rückwärtsgewandter, versöhnender Geste. Unglück ist, wenn diese Aussöhnung nicht gelingt, wenn uns die Vergangenheit in Bruchstücken unverbunden auseinanderfällt, wir in unserer Selbstbestimmtheit keinen Sinn mehr finden, kein Gutes mehr in unseren Entscheidungen entdecken können. Im alten Griechenland haben sich Philosophen und 'Weisen' intensiv und ausführlich mit der Frage nach dem Guten und dem Glück beschäftigt und eigentlich alle Antworten gegeben, die noch heute gültig sind. Da wurde in aller Ausführlichkeit das Thema der Glücks*güter* (Reichtum, Besitz, Gesundheit etc.) abgehandelt – also die verwirklichten Träume – aber auch die andere Seite mitbedacht. Eudaimonia war das Wort dafür, meist mit Glückseligkeit übersetzt. Hier ging es den Griechen um das höchste Gut, das Menschen ihrer Meinung nach 'besitzen', um ihre Seele, sie soll ein 'guter Dämon' sein, der uns begleitet, und sie wird zu einer solchen, wenn wir von ihr den spezifisch menschlichen Gebrauch machen, nämlich einen 'vernünftigen'. Vernünftig hat hier nichts zu tun mit rational, berechnend, kalkulierend. Von der Vernunft Gebrauch zu machen, heißt viel schlichter zu überlegen, zu reflektieren, nachzudenken. Weder dem unmittelbaren Antrieb blind zu folgen, noch sich fremd bestimmen zu lassen.

Eine glückliche Seele 'besitzt' also jemand, der sein Handeln überlegt, sich zu ihm in betrachtende Differenz stellt. Dies mag für viele eine abstrakte, typisch philosophische Antwort sein; m. E. trifft sie aber den Kern. Glück *ist* nämlich nicht, ist auch nicht bloß an Güter und Produkte zu binden, es entsteht vielmehr und vergeht dauernd dort, wo der Mensch sich als das beschrieben widersprüchliche Wesen wahrnimmt. Zwar mag uns Glück auch zufällig (an)treffen, uns dort und da unvorhergesehen überwältigen, uns „in den Schoß fallen". Dieses Glück ist aber weder von Dauer, noch vorhersehbar, es ist Schicksal, Geschenk, Gnade. 'Glückseligkeit' zu erreichen, ist aber nach dem Vorschlag der griechischen Weisen eine Sache unserer eigenen Möglichkeiten im rechten Gebrauch unserer Seele. Zu dieser zweiten Seite des Glücks fand ich eine schöne Geschichte von den „Kleinen Ferien" (Laß Dir Zeit, hrg. Rudolf Walter):

„Aufhören – so erklärt sich das Wort – besagt: 'aufhorchend von etwas ablassen'. Damit kann auch ein Unterbrechen gemeint sein, welches seine eigene Ehre hat. Das 'aufhorchende Ablassen' kann einem Ereignis gelten, das mich plötzlich herausruft. Solchen wichtigen 'Gehorsam' meine ich jetzt nicht, sondern nur dieses Aufhören, das sich von selbst 'terminiert', das sich mir gibt, weil ich eben mit etwas fertig bin. Und die ganz Schlauen wissen ihre Arbeit in besonders viele Rundungen abzuteilen.

Dieses luftige Vergnügen kann man haben oder nicht. Man kann es 'unterdrücken', einfach indem man es nicht wahrnimmt. Denn bei diesem Aufhören gibt es nichts zu vernehmen, nichts zu hören, und ein Vergnügen ist es doch. Ein Vergnügen, das einfacher nicht sein könnte, durchaus konkret abhüpfend vom Sprungbrett und doch selber aus nichts gemacht.

Es fühlt sich an, aber wie? Keiner der fünf Sinne ist zuständig. Wie ein Luftzug sich anfühlt, wie ein Abheben vom Boden. Aber damit habe ich es nicht beschrieben, eher versteckt. Das kommt, weil es immer *dazwischen* ist. Ich wollte es gerne hervorholen und anpreisen als ein Vergnügen, das sich jeder alle Tage leisten kann, aber es ist verschwindend klein und leicht zwischen den beleibten Dingen.

Immerhin, dieses nichtsnutzige Dazwischen ist gratis zu haben, nicht einmal Zeit fürs Nichtstun kostet es.

Nichtstun kostet die großen Ferien, den Urlaub, und was ist es dann? Eine andere, erfreuliche Beschäftigung, kurzweiliger oder gleichförmiger, ein ausgedehntes Ausruhen? Das Nichtstun, das ich listigerweise tagein tagaus zwischen Arbeitsbergen haben kann, ist nichts als ein vergnüglicher Sprung. Ich nehme wahr, daß es keine ununterbrochene Dauer gibt, auch nicht der Arbeit, die angeblich 'nicht abreißt'. Sondern daß die Wolkendecke sich immer wieder wolkig lockert, daß immer wieder etwas Bestimmtes rund und fertig wird, und wäre es nur das Tagwerk am Abend. Zwischen diesen 'Quanten' gibt es also die Sprünge. Im Moment eines Aufhörens komme ich los – ein losgelassener, ausgelassener Moment, wo man ausrufen könnte: fangt mich doch! ... Lebenslust hat sich noch immer gern in Luftsprüngen geäußert.

Auch wenn man das Glück hatte, da es eine befriedigende, fesselnde Arbeit war, mit der man aufhört, und auch wenn das nächste Stück gar nicht abschreckt, der Moment dazwischen ist unersetzlich. Er verlöre indes seine Sprungfederkraft, wenn er bloß ein Entkommen wäre. Er wäre kein Dazwischen mehr, wenn nachher nicht wieder etwas anfinge. Die Kleinen Ferien wissen nichts davon, sie scheinen vom Aufhören zu leben. Aber davon wären sie keineswegs heiter. Das Ende von etwas, und wäre es von Not und Pein, verschenkt nicht Heiterkeit. Auch das Ende der Nacht macht nicht heiter, sondern der Anfang des Tages macht es. Die Kleinen Ferien, zeitlos und gewichtlos wie sie sind, verfliegen in ein neues Tun hinein, das ihretwegen sich nicht an das vorige anschließt, sondern soeben zur Welt kommt.

Das leichtmütige Vergnügen der Kleinen Ferien, das zwischen den Tätigkeiten herumflattert, hält die Dinge auseinander, schiebt sich dazwischen, ein Luftkissen für Gesichter. Wie sehr alle Dinge Luft zwischen sich brauchen, um sich abzuheben und nicht trübe ineinanderzufließen, wird man vor eitel Drinstecken in der Arbeit nicht immer gewahr; manchmal vielleicht doch, wenn die vergessene Luft zum Bruder Wind wird, der einen leicht spöttisch an die Stirn tippt" (Maria Otto, Aufhören).

Geschwindigkeit kann Glücksgefühle vermitteln; davon haben wir berichtet. Sie kann sie aber auch verhindern. Daran erinnert die zweite Seite des Glücks, die langsame, verharrende, zurückblickende. Diejenige, die an Überlegen, Nachdenken und Sinngeben gebunden ist; die Grenzen nicht ständig überschreiten muß, sondern den Zweck hat, sich in ihnen einzuhausen.

Wenn aber beides zum Glück gehört, bleibt nur mehr die Frage offen, wie es heute um beide Seiten steht? Hier könnte wahrscheinlich ein Mißverhältnis diagnostiziert werden. Unsere 'produktive Antwort' auf Wünsche, Träume und Bedürfniswidersprüche hat uns in einen Geschwindigkeitsrausch abheben lassen, der im Verharren und Nachdenklichkeit nur Bremsen und Aufhalten sieht. Es herrscht eine Hysterie der Veränderung und ein Fetisch Innovation. Man kann gar nicht mehr über Gehandeltes, Entschiedenes nachdenken, es hätte auch keinen Zweck, weil es in seiner Bedeutung schon überholt ist.

Immer kürzer trägt ihr Sinn, wenn er überhaupt noch reflektiert wird. Unsere ständige Überschreitung einer 'Gegenwartsgrenze', unser Auslöschen von Ausdauer, unser hektisches Ausgerichtetsein auf das, was kommt, auf Zukunft, entwertet im Grunde alles, was bereits getan wurde. Daher müssen Museologen als Spezialisten des Vergangenheitswertes auftreten, die aus immer jüngeren Zeiten Museen machen. Museen haben nämlich trotz aller vordergründigen Gegenteiligkeit immer auch den Zweck, den lebendigen Sinn von Vergangenheit zu vernichten. Den Sinn aber ausschließlich aus Veränderung („das einzig Fixe, Bleibende ist Veränderung", bekommen wir zu hören) und Zukunft holen zu wollen, hat letztlich, wie die Geschichte zeigt, immer etwas Tyrannisches an sich gehabt. Denn eigentlich bekommt alles 'Ausstehende' nur Inhalt, wenn es Mächtige, oder Machtsysteme gibt, die ihn setzen, verkünden und durchsetzen. Was aber für uns von unmittelbarer Wirkung ist: Wir werden sukzessive um Genuß und Glück gebracht. Nicht bloß deshalb, weil wir nach griechischem Vorbild nicht mehr überlegen, nachdenken können, also um unsere Eudaimonia gebracht werden, sondern weil wir uns schlicht nicht mehr „auf unseren Lorbeeren ausruhen können". Bereits der Wunsch, so etwas in Erwägung ziehen zu wollen, hat etwas Anrüchiges an sich; „wer rastet, der rostet", so sagt man uns, als wären wir 'aus Eisen'. Feiertage werden zur Disposition gestellt, und Feierabende beginnen immer später. Wir nehmen uns unsere 'kleinen Ferien' und stehen in den großen dann dumm da. Hier fallen wir in ein großes Loch, weil wir uns die kleinen Pausen längst abgewöhnt haben. Wir müssen es zuschütten, es gibt ja Events und Animateure.

Wer sich Sinn und Glück immer nur aus einer 'besseren' Zukunft holen will, vergißt ihren wahren Charakter. Sie ist nämlich leer und unbestimmt wie wir wissen, Ort der Träume und Wünsche. Sinn und Glück werden damit selbst leer, immer mehr zum aufgeschobenen, aufschiebenden Traum. Es geht mit ihnen wie mit der Geschwindigkeit, die zur Form wird, weil sie sich nicht mehr in den Produkten zum Ausdruck bringen kann. Wenn Glück aber leer wird, immer nur vor uns liegt, werden Vergangenheit und Gegenwart ebenso sinnentleert. Wir finden in ihnen keine Zufriedenheit mehr, müssen andauernd dem immer noch ausstehenden Glück nachjagen. Dafür haben wir auch das geeignete Rezept in der Geschwindigkeit, die selbst zur bloßen Form geworden ist. Wir laufen immer schneller hinterher, es wird alles 'flüchtiger' und verschwindet unbedacht in der Vergangenheit. Vielleicht hat sich dort bereits einiges Zukunftsweisendes angesammelt, das uns schicksalhafter bestimmen wird, als wir mit unserer ungetrübten Zukunftshoffnung meinen. Vielleicht scheuen wir daher auch den Blick zurück und wollen nicht an unsere Entscheidungen, Taten, erinnert werden. Geschwindigkeit dient dann der beschleunigten Flucht und nicht mehr dem Glücksgefühl gelungener Grenzüberschreitung.

Jochen Hörisch

Beschleunigung oder Bremsen
Die Entdeckung der Zeit in der Moderne

Vorbemerkung

Den Vortrag auf dem Symposion des Heidelberger Clubs am 24. April 98 habe ich frei gehalten. Ihm lag aber die ausgearbeitete Fassung eines Vortrages zugrunde, den ich 1994 im Museum für Gestaltung in Zürich gehalten habe und der im folgenden wiedergegeben wird. In überarbeiteter Form ist er in mein Buch „Kopf oder Zahl – Die Poesie des Geldes" (Ffm 1996 – edition suhrkamp 1998) eingegangen.

Der Chiasmus der Gegenwart: Die silberne, die versilberte Rose

Die Zeit, die ist ein sonderbares Ding.
Wenn man so hinlebt, ist sie rein gar nichts.
Aber dann auf einmal,
da spürt man nichts als sie:
sie ist um uns herum, sie ist auch in uns drinnen.
In den Gesichtern rieselt sie, im Spiegel da rieselt sie,
in meinen Schläfen fließt sie.
Und zwischen mir und dir da fließt sie wieder.
Lautlos, wie eine Sanduhr.
O Quin-quin!
Manchmal hör ich sie fließen unaufhaltsam.
Manchmal steh ich auf, mitten in der Nacht,
und laß die Uhren alle stehen.[1]

So sinniert die Marschallin in Hofmannsthals *Rosenkavalier*. Doch sie fällt sich selbst sogleich ins Wort, als sei sie über die Paradoxie erschrocken, daß sie die doch 'lautlos' verfließende Zeit gehört habe. Und sie, die unerbittlich Alternde, die wieder jugendlich, die wieder Kind werden möchte, ergänzt, sich Mut zusprechend über die Abgründe der Zeitlichkeit: „Allein man muß sich auch vor ihr nicht fürchten. / Auch sie ist ein Geschöpf des Vaters, / der uns alle geschaffen hat." Die rinnende Zeit als ein Geschöpf des ewigen göttlichen Vaters, der uns alle geschaffen hat – das ist die tradierte ontotheologische Antwort auf die Rätselfrage nach dem Wesen der Zeit. Der Schöpfer ist ewig, seine Kreaturen sind zeitlich; der erste unbewegte Beweger ist unendlich, die von ihm Bewegten sind endlich;

---

[1] H. von Hofmannsthal, Der Rosenkavalier; in: Gesammelte Werke – Dramen V, ed. B. Schoeller. Ffm 1979, p. 43

zeitlichen Dinge heimkehren zu ihrem Schöpfer, werden sie teilhaben an seiner Ewigkeit.

„Sie spricht ja heute wie ein Pater", fällt Octavian der Marschallin denn auch ins Wort. Wie subtil und leicht das gedichtet ist: Die Marschallin, die nicht mehr jugendlich ist und die darüber sinniert, „wie ... das wirklich sein (kann), / daß ich die kleine Resi war / und daß ich auch einmal die alte Frau sein werd!...", die Marschallin beruhigt sich in ihrer Zeitangst mit dem Verweis auf den ewigen göttlichen Vater. Doch sie muß sich alsdann von ihrem jugendlichen Geliebten liebevoll verspotten lassen als eine Frau, die wie ein 'Pater' spricht – als jemand also, der seinen Namen stets dementiert und keine Geschöpfe in die Welt entläßt, jedoch stets im Namen des himmlischen Vaters spricht, der geradezu entgrenzt geschaffen hat. Und nach diesem Bescheid läßt sie anspannen – Hofmannsthal scheut keinen Preis, um zu zeigen, daß er outrierten Tiefsinn vermeiden möchte – und fährt, um sich und ihre Zeitmelancholie zu zerstreuen, in den 'Prater', der sich auf den unväterlichen 'Pater' so hartnäckig reimt, auf den Pater also, der im Namen des ewigen Vaters spricht, der Zeitlichkeit und Vergänglichkeit zu verantworten hat.

Hofmannsthals *Komödie für Musik* ist 1910 entstanden; die Handlung aber spielt „zu Wien, im ersten Jahrzehnt der Regierung Maria Theresias", also um 1745. Ein Zeitspalt, ein temporaler Riß charakterisiert das Stück aber nicht nur deshalb, weil sein Verfasser erschütterter Zeitgenosse der Relativitätstheorie ist, während seine Protagonisten sich noch in der vorkantischen Epoche eines theologischen Zeitvertrauens bewegen. Ein Zeitriß zerreißt diese prächtige Oper auch deshalb, weil sie als musikalisches Ereignis Zeitkunst im eminenten Sinne des Wortes ist und gleichwohl den Augenblick verewigen möchte. Den Augenblick, in dem Octavian nicht als er selbst und nicht für sich selbst, sondern als Brautwerber in seines „Vetters, / dessen zu Lerchenau Namen"[2] Sophie die versilberte Rose überreicht und ihre Blicke sich treffen. Doch diese Feier des ewigen Augenblicks ist abgründig wie die Identität derer, die sie erfahren. Denn die Rose des Kavaliers, der stellvertretend für einen anderen wirbt, ist ein uraltes Symbol der Vergänglichkeit, die Schönheit entbindet, und zugleich (in diesem spezifischen Kontext) als versilberte Rose eine hochparadoxe Allegorie der Dauer. Ihren betörenden Reiz, ihren „starken Geruch", der sie, die künstliche, versilberte, tote Kunstrose „wie Rosen, wie lebendige" scheinen läßt, verdankt sie einem technischen Trick – einem „Tropfen persischen Rosenöls", dessen Duft schnell verfliegt. Dieser Duft entbindet nun aber einen Sog ins Vergangene[3], dem Sophie und Octavian erliegen und der sie, die doch gegenwärtig zusammen sind, in je verschiedene Vorgeschichten zurücktreibt. Der Duft „zieht einen nach, als lägen Stricke um das

---

[2] Ibid., p. 48. Zur Zeitmotivik im *Rosenkavalier* cf. u.a. P.A. Stenberg, Der Rosenkavalier – Hofmanntshal's 'Märchen' of time; in: German Life&Letters 26/1972,73, pp. 24-32

[3] Auch dies ist ein weit verbreitetes Motiv; der Duft der Madeleine, der den Marcel der *Recherche du temps perdu*, ins Vergangene entführt, ist zum locus classicus geworden.

Herz. / Wo war ich schon einmal (...)." Im Augen-Blick ihrer imaginären Vereinigung sind die Liebenden gegenwärtig getrennt.

Hegel hat solchen Paradoxien des ewig scheinenden und sich ewig entziehenden Augenblicks nachgedacht und sie (auf rosenkreuzerische Esoterik anspielend) in die großartige Formel von der „Rose im Kreuz der Gegenwart" gebannt. Das Kreuz, das wir zu tragen haben und das uns Endliche trägt, ist das der Gegenläufigkeit der Gegenwart. Das Kreuz der Gegenwart ist, daß Gegenwart nicht ist. Sie verläuft sich in der Kreuzbewegung, im Chiasmus der verrinnenden Zeitlichkeit, die Gegenwart nicht als ewiges Verweilen des Augenblicks, sondern nur als „Furie des Verschwindens"[4] kennt. Die Gegenwart ist, wie der Rosenkavalier erfahren muß, nie die Gegenwart der Gegenwart, sondern stets die Gegenwart der Vergangenheit und der Zukunft bzw. die Zukunft der immer schon vergangenen Gegenwart.[5] Das futurum exactum der vergangenen Zukunft ist der genuine Zeitmodus der ekstatischen Gegenwart: „ich werde gelebt haben."

Die Furie des Verschwindens von Gegenwart ist nun aber, und dies ist die Pointe von Hegels Denken und Hofmannsthals Kunst, bedeutsam und schön. „Aus der Gärung der Endlichkeit, indem sie sich in Schaum verwandelt, duftet der Geist hervor"[6]. Schrecklich-schön ist die Furie des Verschwindens und schön ist die Rose im Kreuz der Gegenwart um ihrer Zeitlichkeit willen. Die sich entblätternde Rose ermöglicht es, den endlichen Entzug von Dauer als Vollzug von bedeutsamem Sein und Dasein zu erfahren, zu denken und zu deuten. Die Gabe des Seins ist eins mit dem Nehmen von Zeit. Nicht umsonst haben der nehmende Tod und die gebende Liebe die Macht zu entblößen, zu entblättern, den Augenblick und den Augen-Blick zu entgegenwärtigen. Ohne das Schreckliche (der Zeit) ist das Schöne (daß überhaupt Sein ist und nicht vielmehr Nichts) nicht zu haben; und das Schöne ist deshalb kaum anders zu bestimmen als des Schrecklichen Anfang. Und so ist die Furie des Verschwindens schön – schön wie eine sich entblätternde Rose, schön wie die Musik des *Rosenkavaliers*, schön wie die schwermütigen *Terzinen – Über Vergänglichkeit* des frühen Hofmannsthal.

> *Noch spür ich ihren Atem auf den Wangen:*
> *Wie kann das sein, daß diese nahen Tage*
> *Fort sind, für immer fort, und ganz vergangen?*
>
> *Dies ist ein Ding, das keiner voll aussinnt,*
> *Und viel zu grauenvoll, als daß man klage:*
> *Daß alles gleitet und vorüberrinnt.*

---

[4] Hegel, Phänomenologie des Geistes, Werke, edd. Michel/Moldenhauer, Bd. 3. Ffm 1970, p. 436

[5] So schön Augustins klassische Analyse in den *Confessiones*, elftes Buch

[6] Hegel, Vorlesungen über die Philosophie der Religion II; Werke, edd. Michel/Moldenhauer, Bd. 17. Ffm 1969, p. 320

[7] H. von Hofmannsthal, Gedichte, Dramen I, 1891-1898. Gesammelte Werke in zehn Einzelbänden. Ffm 1979, p. 21

Daß alles gleitet und vorüberrinnt, wollen die Liebenden in Hofmannsthals Libretto nicht wahrhaben. Sie nehmen vielmehr ein apollinisches Recht auf Verdrängung, Verkennung und Verklärung in Anspruch, wenn sie, als wollten sie vergessen machen, daß auch der präsenteste und geglückteste Opernabend einmal verklungen sein wird, der 'Ewigkeit' noch einmal und ganz buchstäblich das letzte Wort[8] lassen. „Beieinand für alle Zeit / und Ewigkeit!" singen ohne Scheu vor der Banalität dieses Reims und gleichsam wider besseres Wissen Sophie und Octavian. Sie begreifen durchaus traditionell den Augenblick als den zeitlichen Saum der Ewigkeit. Und sie tun alles, nein: sie lassen alles gewähren, um die Erfahrung verrinnender Zeit zu verlangsamen. Ihr Schlußduett will verklären, was nur auf der Grundlage von ästhetisch-religiöser Verklärung zu ertragen ist: das „zu grauenvolle" Verrinnen der Zeit.

Monetäre Deckung der Zeit

Wer gegen eine solche apollinische Verklärung Mißtrauen hegt und auf der Erklärung dessen besteht, was Zeitlichkeit und Endlichkeit bedeuten, kommt nach 1900 um die grauenvolle Entdeckung kaum herum, die die Liebenden im Zeichen der silbernen Rose noch eben kunst- und liebevoll verdecken können: daß nämlich die Erfahrung von Zeitlichkeit und Endlichkeit nicht länger gedeckt ist, daß sie vielmehr bodenlos und abgründig ist, daß die Erfahrung von Zeitlichkeit (und wohl auch Zeit selbst) einen eminenten zeitlichen Index aufweist und d.h. einen Zeitkern hat. Dichtung hat auch in früheren Epochen kaum je versucht, das rätselhafte Wesen und die Geheimnisse der Zeit an sich zu klären. Fragen vom Typus „was ist die Zeit?" fallen eben nicht in den Kompetenzbereich der Dichtung. Theologie, Philosophie und (ab 1900 verstärkt die) Physik fühlen sich dafür eher zuständig. Dichtung aber registriert aufmerksam, wie sich die Weisen der Zeiterfahrung verändern.[9]

---

[8] Ein allegorisches Requisit: das Taschentuch, das Sophie aus der Hand gefallen ist, hat dann freilich das letzte, stumme, zeitliche Wort. – Zur doppelten Semantik des Begriffs 'Ewigkeit' cf. M. Theunissen, Negative Theologie der Zeit. Ffm 1991, p. 310: „Die erste, die nicht-aionische Ewigkeit befindet sich jenseits der Zeit; sie bildet deren Gegensatz, als eine Ewigkeit, die nichts ist als das Andere der Zeit. Die zweite, die aionische Ewigkeit, scheint demgegenüber, obwohl sie über Zeit hinausgeht, in der Zeit auf; in ihr ist Zeit – Hegel würde sagen – das Andere ihrer selbst."

[9] Cf. dazu die klassische Studie von Emil Staiger, Die Zeit als Einbildungskraft des Dichters – Untersuchungen zu Gedichten von Brentano, Goethe und Keller. München 1976. Sie verspielt allerdings schon in der Einleitung ihre Möglichkeiten, wenn sie den Sinn von 'Literaturgeschichte' eben nicht in der Akzentuierung des historischen Erfahrungswandels, sondern in ihrem „Beitrag ... zur allgemeinen Anthropologie" (p. 9) sieht. Eben dies leistet Literatur nicht; sie beobachtet vielmehr, wie sich alle Phantasmata einer überzeitlichen „allgemeinen Anthropologie" angesichts des Wechsels von Menschenfassungen (W. Seitter) blamieren.

Die Jahre nach 1900 haben nun den Zeitgenossen eine Revolution der Zeit-Vorstellung abverlangt, deren ungeheuerliche Dimensionen und Verwerfungen nicht zu übersehen sind: die Relativitätstheorie. Diesseits und jenseits ihres physikalisch und kosmologisch angemessenen Verständnisses hat sie einen nicht zu überschätzenden Signalwert. 'Relativ' – das ist eben erst einmal (und durchaus auch bei Einstein selbst) der Gegenbegriff zu 'absolut'. Und 'absolut' ist der tradierte philosophische Begriff nicht nur (wie bei Kant) für absolute (also allen konkreten Apperzeptionen vorausliegende) Formen der Anschauung, sondern auch für Gott, für das Absolvierte, das Losgelöste, das von allen Relationen und Rückkoppelungsschleifen Unabhängige, das über alle endlichen Bedingtheiten Erhabene und also Unbedingte. Eine Relativitätstheorie der Zeit bedeutet deshalb auch für die, die mathematisch-physikalische Formeln nicht lesen können, daß kein von Ewigkeit zu Ewigkeit Absolutes die verrinnende Zeit auffängt, errettet, fundiert und deckt.[10]

In den Jahren nach der bahnbrechenden Veröffentlichung Einsteins (von 1905) und eben zu der Zeit, da auch der *Rosenkavalier* entsteht, schreibt Rilke an den *Aufzeichnungen des Malte Laurids Brigge* (erschienen 1911). Dieser umfangreichste Prosatext Rilkes wird seinem sachlichen Titel vollauf gerecht. Rilke entwirft eben kein neues Weltbild und versucht nicht etwas zu stiften, was auch nach Einstein zu bleiben verspricht. Er protokolliert vielmehr die Weisen, in denen die Moderne auf die Relativität einer Zeiterfahrung zu reagieren versucht, die durch kein Absolutes mehr gedeckt ist.

Auch Rilke hat bis hin zu dem Grabspruch, den er in seinem Testament vom 27. Oktober 1925 festlegte, die Rose als schrecklich schöne Inkarnation des reinen Widerspruchs von Gegenwart stilisiert:

> *Rose, oh reiner Widerspruch.*
> *Lust,*
> *Niemandes Schlaf zu sein*
> *Unter soviel*
> *Lidern.*

steht auf dem Grabstein[11] an der talzugewandten Mauer der Kirche in Raron zu lesen. Auch Rilkes Lyrik bemüht sich unablässig, den grauenvollen Entzug von Zeit als Vollzug bedeutsamen und schönen Seins und Daseins erfahrbar zu ma-

---

[10] Die Veränderungen und Verwerfungen im Zeitverständnis sind jüngst wiederum zu einem (ganz zweifellos berechtigten!) Modethema geworden. Verwiesen sei nur auf zwei instruktive Essaybände zum Thema: M. Bergelt/H. Völckers (edd.), Zeit-Räume – Zeiträume-Raumzeiten-Zeitträume. München 1991 und G. Ch. Tholen/M.O. Scholl (edd.), Zeit-Zeichen – Aufschübe und Interferenzen zwischen Endzeit und Echtzeit. Weinheim 1990

[11] Hier zitiert nach dem Foto des Grabsteins in I. Schnack, R.M. Rilke – Leben und Werk im Bild. Ffm 1973, p. 251

chen.[12] Diese genuin ästhetische Erfahrung mobilisiert den Traum, den Schlaf und die verklärte Nacht gegen das „Leiden unter der Herrschaft der Zeit"[13]. Rilkes Werk aber weiß, daß diese ästhetische Aufmerksamkeit für die schrecklichen oder aber eben schönen Paradoxien der Zeitlichkeit – daß sie Bedrohung und Geschenk ist, daß sie nimmt und gibt, daß ihre subjektlose Gabe ausschließt, daß es sie gibt: Denn es 'gibt' keine Zeit[14] – umso mehr geboten ist, als die Moderne dieser post-theologischen Entdeckung der Zeit eine spezifisch neue Form ihrer Deckung ent-gegensetzt: nämlich die monetäre.[15]

Monetäre Probleme spielen auch schon in Hofmannsthals Libretto eine kaum mehr untergründig zu nennende Rolle. Um seine knappen Finanzen zu sanieren, strebt der Baron Ochs die Verbindung mit der reichen Bürgerstochter Sophie Faninal an. Die silberne Rose Octavians wahrt ostentativ ihre ästhetische Distanz zu den Tendenzen des Ochs von Lerchenau und Faninals, alles (und d.h. noch die Braut bzw. noch die Tochter) zu versilbern. Sophie kommt es nicht zu unrecht so vor, als käme es dem Baron vor, „er hätt (sie) eingekauft"[16]. Und kaufmännisch tüchtig ist der Baron Ochs auch, wenn er beim Rendezvous mit dem als Maderl verkleideten Octavian im chambre séparée in temporal-erotisch-ökonomischer Dreisinnigkeit darauf drängt, die Kerzen zu löschen: Erstens ist, wie verbrennen-de Kerzen seit jeher verdeutlichen, die Zeit stets knapp, zweitens erleichtern Ver-dunklungen erotische Annäherungen an weniger attraktive Gestalten und Figuren, und drittens sind, wie des Barons Befehle an den Kellner, das Licht zu löschen, erkennen lassen, auch Kerzen teuer. „Er ist ein braver Kerl. Wenn Er mir hilft, die Rechnung runterdrucken, / dann fallt was ab für Ihn. Kost' sicher hier ein Marter-geld."[17]

Auch schöne und tiefsinnige Silberrosen sind nicht davor gefeit, versilbert zu werden. Ja gerade das eminente Zeitsymbol der Silberrose bietet sich zur monetä-ren Überformung an. Denn 'time is money'; Zeit ist als knappe Ressource nicht etwa nur mit der knappen Ressource Geld kompatibel, sondern Zeit selbst *ist* insofern Geld, als es (wie und zusammen mit Geld) den Wert schlechthin darstellt. Weil Zeit und Geld die wertvollen Medien schlechthin sind, kann knappes Geld knappe Zeit konterkarieren. Um des überzeitlichen Geldes wegen investiert man Zeit; der Gewinn von Geld motiviert den Verlust von Zeit; Geld akkumuliert vergangene und vergehende Zeit; Geld ist virtuell ewig; ein Vermögen überlebt

---

[12] Celans berühmtes Gedicht *Psalm* knüpft an den berühmten Grabspruch Rilkes offenbar an. Viele Celan-Interpreten übersehen die enthusiastischen Momente seiner Lyrik, die die „Niemandsrose" rühmen und preisen will – als das grundlose, bedeutsame und schöne Geschenk zeitlichen Daseins, das zumal im 20. Jahrhundert so grauenvoll zurückgewiesen wird.

[13] M. Theunissen, l.c., p. 45 sqq.

[14] Cf. J. Derrida, Donner le temps – 1. La fausse monnaie. Paris 1991

[15] siehe meinen Beitrag zum Katalog *Zeitreise*

[16] L.c., p. 52

[17] L.c., p. 77

den Sterblichen, der es hat; ein Testament machen und also über seinen Tod hinaus Rechtssubjekt bleiben kann sinnvoller Weise nur der, der etwas zu testieren und zukünftig zuzustellen hat – kurzum: Geld kann nicht sterben; eine abgegriffene und alt aussehende Münze ist nicht weniger wert und weniger gültig als eine soeben erst emittierte; 'time is money', weil Geld zeitlich und überzeitlich zugleich ist.

Nicht in seiner Lyrik, sondern in den prosaischen *Aufzeichnungen des Malte Laurids Brigge* ist Rilke den Verschiebungen der Zeiterfahrung nachgegegangen, die postreligiöse Zeiten mit sich bringen. Wenn kein Vertrauen zum ewigen Vater, dessen verrinnendes Geschöpf die Zeit ist, mehr angezeigt scheint, muß Zeit, an der man entdeckt, daß sie nicht mehr gedeckt ist, als knappe Ressource erfahren und berechnet werden. Von einem, der mit seinen knappen und präzis kalkulierten Zeitbeständen auszukommen trachtet, berichtet die Geschichte des kleinen und jungen Beamten Nikolaj Kusmitsch, die in die *Aufzeichnungen* eingestreut ist. Er berechnet die Spanne des ihm verbleibenden Lebens großzügig auf 50 Jahre, und diese Summe stückelt er in die der Tage, Stunden und Sekunden, die ihm verbleiben. Und er, der Rechnende und im Hinblick auf sein temporales Vermögen Berechnete, „zog seinen Pelz an, um etwas breiter und stattlicher auszusehen, und machte sich das ganze fabelhafte Kapital zum Geschenk. (...) Er rechnete und rechnete, und es kam eine Summe heraus, wie er noch nie eine gesehen hatte. Ihn schwindelte.“[18] Dieser Schwindel wird Nikolaj Kusmitsch, der sich nicht mehr als beschenktes Geschöpf, sondern als geeint-geteilter Schenkender und Beschenkter begreift, fortan nicht verlassen.

Der Schwindel, in dem alle seine künftigen Vorstellungen zu zergehen drohen, macht aber eine entscheidende Wandlung durch, ohne Schwindel zu sein aufzuhören. Anfangs ist es der Schwindel des schieren, des 'fabelhaften' Übermaßes, der Nikolaj Kusmitsch „in eine glänzende Stimmung“ versetzt. Doch diese glänzende Champagner-Stimmung schwindet alsbald und macht dem Schwindel Platz, der Seekranken das Leben zur Hölle macht. Denn die Fülle der Zeit ist eins mit der Fülle ihres Ver-Schwindens; Kusmitsch agiert nicht nur auf schwankendem, sondern auf schwindendem, auf nur noch 'fabelhaftem' Boden. „Die Sonntage brachte er nun damit zu, seine [Zeit-] Rechnung in Ordnung zu bringen. Aber schon nach ein paar Wochen fiel es ihm auf, daß er unglaublich viel ausgäbe. Ich werde mich einschränken, dachte er. Er stand früher auf, er wusch sich weniger ausführlich, er trank stehend seinen Tee, er lief ins Bureau und kam viel zu früh. Er ersparte überall ein bißchen Zeit. Aber am Sonntag war nichts Erspartes da. Da begriff er, daß er betrogen sei.“

Anders als die Liebenden im *Rosenkavalier* hat Kusmitsch sich nicht bemüht, die Erfahrung der verrinnenden Zeit abzubremsen. Kusmitsch mobilisiert und beschleunigt vielmehr die Zeit, die ihm auf Erden gegeben ist. Er erkennt verdrängungsfrei die Lage; er rechnet, nach dem Entzug von Ewigkeit, mit seinen

---

[18] Dieses und die folgenden Zitate R.M. Rilke, Die Aufzeichnungen des Malte Laurids Brigge; in: SW in 12 Bdn, ed. E. Zinn, Bd. 11. Ffm 1975, p. 865 sqq.

Zeit-Beständen. Und er übt jenen rationalen Umgang mit der Zeit ein, in deren
Zeichen die Moderne steht. Denn erst die Neuzeit und die Moderne, die den ver-
bindenden und verbindlichen Glauben an die unsterbliche Seele nicht mehr aufbringen können, begreifen Zeit als die knappe Ressource par excellence. Doch
diese Rationalität im Umgang mit der knappen Ressource Zeit ist eins mit einem
Schwindel; sie beruht auf einem Trug, einem (Selbst-) Betrug, der einen schwin-
deln läßt. Auf dem Trug, auf dem Schwindel nämlich, knappe und deshalb wertvolle Zeit ließe sich – nach ihrer Entkoppelung von der Ewigkeit – über knappes
Geld decken. Endliche Zeit zu decken ist jedoch nicht einmal im Medium der Zeit
selbst möglich. Ihre kleinen Einheiten lassen sich nämlich nicht in große et vice
versa konvertieren. „Wie lange hat man nicht an so einem Jahr. Aber da, dieses
infame Kleingeld, das geht hin, man weiß nicht wie. Und es wurde ein häßlicher
Nachmittag, als er in der Sofaecke saß und auf den Herrn im Pelz wartete, von
dem er seine Zeit zurückverlangen wollte. Er wollte die Tür verriegeln und ihn
nicht fortlassen, bevor er nicht damit herausgerückt war. 'In Scheinen', wollte er
sagen, 'meinetwegen zu zehn Jahren. Vier Scheine zu zehn und einer zu fünf, und
den Rest sollte er behalten, in des Teufels Namen.'" Aber der Schenkende Kusmitsch im Pelz erscheint nicht, „wahrscheinlich war man seinen Betrügereien auf
die Spur gekommen."

Das Wortfeld, in dem Rilke die monetäre Verankerung von Zeit plaziert, ist
nur hier frei von Zweideutigkeiten: Eine 'Betrügerei' ist eine Betrügerei, und nur
dieser unter den Leitbegriffen, um die die Geschichte des Nikolaj Kusmitsch ro-
tiert, ist eindeutig. Die anderen Leitbegriffe sind hingegen von bemerkenswerter
Doppel- und Vieldeutigkeit: Ein 'Schwindel' kann aus einem Übermaß an Glück
oder aber aus einer abgründigen Bedrohung entstehen und überdies mit 'Betrug'
synonym sein, 'fabelhaft' darf ein Ereignis heißen, das alle Erwartungen über-
trifft, aber eben auch ein Ereignis, das nur im Bereich der Fabel statthat, und mit
dem vielfachen Sinn von 'Schein' wird Kusmitsch denn auch in dem Maße vertraut, wie er sein schwindendes Vertrauen in die schwindenden Größen Sein und
Zeit in das Vertrauen zu großen Geld'scheinen' konvertieren will. „Und dann war
da diese kleine Verwechslung vorgefallen, aus purer Zerstreutheit: Zeit und Geld,
als ob sich das nicht auseinanderhalten ließe."

Diese „kleine Verwechslung", dieser kleine Wechsel, diese Konversion von
Zeit in Geld beruht auf einem ungedeckten Wechsel. Man könnte Rilkes souverä-
nes Spiel mit Mehrdeutigkeiten als 'nur' poetisch interessante Lust an Polysemien
charakterisieren, wenn es nicht unübersehbar wäre, daß die Krise der Zeiterfahrung nach 1900 zusammenfällt mit der Krise der Spracherfahrung[19]. Hofmannsthals *Chandosbrief* und Rilkes zahlreiche Aufzeichnungen, die um die Einsicht kreisen, daß wir in der versprachlichten und gedeuteten Welt nicht sehr verläßlich zu Haus sind, stehen mit den Krisen der Zeiterfahrung in einer ganz unmit-

---

[19] Cf. dazu G. Braungart, Die Fremdheit der Sprache am Beginn der Moderne: Lebenskult,
Ritual, Remythisierung, Mystik; in: Akten des VIII. internationalen Germanistik-
Kongresses Tokyo 1990, ed. E. Iwasaki, Bd. 6. München 1991, pp. 117-127

telbaren Wechselwirtschaft: beide, Zeit und Sprache, erscheinen (literarisch – und gewiß nicht nur bei Hofmannsthal und Rilke) nach 1900 als ungedeckte Größen. Die entdeckte Zeit (und die entdeckte Sprache) lassen tradierte Formen der Welt- und Daseinsvertrautheit ins Schwanken geraten.

Kusmitsch, dem die Ent-Deckung der Zeit widerfuhr, befindet sich nicht länger auf festem Fundament, sondern auf schwankendem Deck, das nicht mehr wie sonst von einem sanft wehendem Hadeshauch gestreift, sondern plötzlich wie von einem zeitraffenden Sturm getroffen wird: „Es wehte plötzlich an seinem Gesicht, es zog ihm an den Ohren vorbei, er fühlte es an den Händen. Er riß die Augen auf. Das Fenster war verschlossen. Und wie er da so mit weiten Augen im dunklen Zimmer saß, da begann er zu verstehen, daß das was er nun verspürte, die wirkliche Zeit sei, die vorüberzog. Er erkannte sie förmlich, alle diese Sekündchen, gleich lau, eine wie die andere, aber schnell, aber schnell. (...) Er sprang auf (...). Auch unter seinen Füßen war etwas wie eine Bewegung, nicht nur eine, mehrere, merkwürdig durcheinanderschwankende Bewegungen. Er erstarrte vor Entsetzen: konnte das die Erde sein? Gewiß, das war die Erde. Sie bewegte sich ja doch. (...) Er taumelte im Zimmer umher wie auf Deck und mußte sich rechts und links halten. Zum Unglück fiel ihm noch etwas von der schiefen Stellung der Erdachse ein. Nein, er konnte alle diese Bewegungen nicht vertragen. Er fühlte sich elend. Liegen und ruhig halten, hatte er einmal irgendwo gelesen. Und seither lag Nikolaj Kusmitsch.“

Temporale Mobilmachung

„Wie auf Deck“ – die Entdeckung der nicht-gedeckten Zeit, die Nikolaj Kusmitsch macht, läßt ihn entsetzt sein. Sie wirft ihn buchstäblich um. Keine versilberte Rose, keine verklärte Liebe, keine apollinische Feier des Augenblicks kann das Entsetzen darüber bannen, daß verrinnende Augenblicke durch keine Ewigkeit und die verfließenden Signifikantenketten durch kein transzendentales Signifikat mehr gedeckt sind. Aber auch Kusmitschs Suche nach „einer Art Zeitbank, wo er wenigstens einen Teil seiner lumpigen Sekunden umwechseln könnte,“ bleibt vergeblich.[20] Denn Banken würden am Umtausch kleiner Münzen in große Geldscheine et vice versa selbst dann nicht genug verdienen, wenn dieser Umtausch provisionspflichtig wäre. Denn Banken handeln nicht mit gleichgültigen Gleichzeitigkeiten, sondern mit Geld und Zeit, mit der Schnittstelle von Zahlungen und Zeitpunkten, mit den „Risiken von Zahlungsversprechen“.[21] Zeit ist Inbegriff des Risikos, aber zugleich auch Medium seiner Konterkarierung. Wer jetzt, da sie eigentlich fällig sind, seinen Zahlungsverpflichtungen nicht nachkommen kann, kann sich bei Banken diese Zahlungsfähigkeit kaufen und somit auch für eine gewisse Zukunftstrecke liquide bleiben. Liquidität bedeutet, daß der

---

[20] Michael Ende hat in seinem Buch *Momo,* das gewiß nicht nur ein Kinderbuch ist, dieses Motiv einer Zeitbank aufgenommen und drastisch ausgestaltet.
[21] Cf. D. Baecker, Womit handeln Banken? Eine Untersuchung zur Risikoverarbeitung in der Wirtschaft. Ffm 1991, p. 17

Fluß von Zahlungen auch dann nicht abreißt, wenn einzelne Zahlungspflichtige
zur Zeit nicht zahlen können.

Banken ermöglichen es somit, mit mehr als nur mit den jeweils aktuellen Be-
ständen zu rechnen. Denn Banken kaufen und verkaufen "Zahlungsversprechen"
(promises to pay). Zahlungsversprechungen verbinden systematisch temporale mit
monetären Aspekten. Wenn der zahlungspflichtige Kreditnehmer seine Schulden
und die fälligen Zinsen bezahlt haben wird, kann die Bank diese Geldeingänge
erneut an die verkaufen, die Zahlungsversprechen abgegeben haben, an die, die
zur Zeit nicht zahlen können, aber zukünftig zu zahlen versprechen und plausibel
machen können, daß dieses Versprechen gedeckt ist. Banken verschieben also
Deckungsprobleme auf die lange, auf die unendlich lange, auf die ewige Bank.
Das schließt nicht aus, daß einzelne Teilnehmer am Zahlungsverkehr, die ihre
futurische Zahlungsfähigkeit gegenüber dem Gläubiger nicht glaubhaft machen
können, auch mal dran glauben müssen. Doch grundsätzlich gilt, daß der Kreislauf von Zahlungsversprechen durch Banken unendlich prolongiert wird. Ana-
chronistische Fragen nach der Deckung von Geld überhaupt und insbesondere von
Zahlungsversprechen lassen sich in all ihrer Peinlichkeit entschärfen, wenn man
sie temporalisiert. Geld ist das Medium, das in Zeiten, die die Frage nach der
Deckung von metaphysischen Sätzen nicht mehr stellen, dennoch für Geltung
sorgt.

Ein Zahlungsversprechen wird erfüllt worden sein, Geld wird gedeckt gewesen
sein – das futurum exactum ist das temporale Medium, das Banken verkaufen.
Banken werden tatsächlich immer schon Zeitbanken gewesen sein. Damit sie dies
sein können, verfügen sie über ein bemerkenswertes Privileg: sie dürfen ihre
Schulden verkaufen.[22] Einlagen bei Banken sind zugleich Schulden, die die Bank
gegenüber dem Einleger hat. Die Bank muß dem Einleger deshalb ein Zahlungsversprechen geben – ein Zahlungsversprechen, das sie aber weiterverkaufen kann,
wenn sie einem anderen einen Kredit gewährt und also zu einem Zahlungsversprechen ihr gegenüber veranlaßt. Wenn Banken ihre Schulden mit (Zins-) Gewinn verkaufen, so verstehen sie diesen Gewinn als Preis für ihre Leistung: sie
sind nie vor der peinlichen Entdeckung gefeit, daß die Zahlungsversprechen nicht
gedeckt sind.

Zeit-Banken agieren auf dem tiefsinnigen Niveau des Anaximander-Satzes.
„Woher die Dinge ihre Entstehung haben, dahin müssen sie auch zugrunde gehen,
nach der Notwendigkeit; denn sie müssen Buße zahlen und für ihre Ungerechtig-

---

[22] Cf. N. Luhmann, Die Wirtschaft der Gesellschaft. Ffm 1988, p. 145: „Banken haben das
Zentralprivileg, ihre eigenen Schulden mit Gewinn verkaufen zu können." und D. Baecker:
l.c., p. 60, „Die Banken werden immer als große Gläubiger und fast nie als große Schuldner gesehen. Tatsächlich ergeben sich jedoch die wichtigsten Momente der Risikopositio-
nen der Bank erst aus ihrem Passivgeschäft, das heißt aus der jederzeitigen Möglichkeit,
daß die vielen Einleger von der Bank die Einlösung ihres Zahlungsversprechens verlangen."

keit gerichtet werden, gemäß der Ordnung der Zeit."[23] Und sie geben ja auch durchaus zu erkennen, daß sie, wenn sie einen Fluß von Zahlungsversprechen liquide und die Ordnung der Zeit aufrecht halten, eine theologische Erbschaft antreten und temporalen wie metaphysischen Tiefsinn organisieren: in ihrer Tempel-Architektur, in den priesterlich strengen Kleidersitten für ihre Angestellten, in der altarhaften Qualität ihrer Schalter, in den tabernakelgleichen Tresoren, in der Grundterminologie von Schuldner und Gläubiger, in den Ornamenten und Spruchweisheiten der Scheine, mit denen sie umgehen („in God we trust"), mit den Offenbarungseiden, auf denen sie bestehen. Diese fast schon überdeutlichen, aber selten überdeutlich thematisierten temporalontotheologischen Bezüge haben gewiß auch eine apotropäische Komponente: Die Deckung der monetären und temporalen Flüsse zu beschwören, die sie verwalten und durch kryptotheologische Veranstaltungen vergessen zu machen, daß der religiösen Tradition der Handel mit Zeit als satanisches Geschäft galt.[24]

Aber alles und noch die dialektischsten Organisationsformen von Banken haben ihren Preis. Man muß für alles und noch dafür, daß Geld und Zeit liquide bleiben, zahlen. Es gibt eben nichts umsonst. So kostet die temporale Mobilmachung der Neuzeit, wie Rilke sie an Nikolaj Kusmitsch illustriert, neben vielen anderen Positionen (wie etwa theologischen und ökologischen Fundamenten) an erster Stelle viel Raum. „Die Expansion des Raumverbrauchs ist ... immer noch das probateste Mittel gegen die Zeitverknappung. So gut wie alle Produktions- und Transportvorgänge lassen sich durch Zugabe von Raum und Geräumigkeit beschleunigen. Flachbauweisen in Produktion und Lagerhaltung, breitere Straßen und größere Flughäfen, dichtere Straßennetze und zusätzliche Luftkorridore – die Liste ließe sich beliebig fortsetzen – sparen knappe Zeit."[25]

Wer spart, verzichtet auch. Gesellschaften und Kulturen, die Zeit sparen, verzichten geradezu systematisch auf Raum, ja nehmen gar Raum-Vernichtung billigend in Kauf. 'Verzicht' aber ist die rationale und ökonomische Gestalt des (religiösen) Opfers. Und auf religiöse bzw. theologische Implikationen hin hat Walter Benjamin in seinem *Passagen*-Werk die modernen Weisen der systematischen Zeitbeschleunigung befragt. Er vermutete, „daß die Beschleunigung des Verkehrs, das Tempo der Nachrichtenübermittlung, in dem die Zeitungsausgaben sich ablösen, darauf hinausgeht, alles Abbrechen, jähe Enden zu eliminieren."[26] Das ist der theologische Kern des Projekts der Moderne: In ihrem heißen Kern will dieses Projekt die Zeit liquide, unendlich, abbruchsfrei halten, d.h. die Moderne will genau die Ewigkeit selbst gewährleisten, die sie theologisch ausge-

---

[23] So lautet die Übersetzung Nietzsches; cf. M. Heidegger, Der Spruch des Anaximander; in: ders., Holzwege. Ffm 1963 (4.), p. 296 sqq.

[24] Letzteres ist ein Lieblingsthema Thomas Manns, wie ein Blick auf die Gestalt Naphtas im *Zauberberg* oder auf den teuflischen Zeitkauf Adrian Leverkühns im *Doktor Faustus* zeigt.

[25] G. Franck, Aufmerksamkeit, Zeit, Raum; in: Zeit-Räume, l.c., p. 80

[26] W. Benjamin, Das Passagen-Werk, GS V/1. Ffm 1982, p. 120

trocknet hat, sie will technisch, temporal und ökonomisch das perpetuum mobile und muß entsetzt feststellen, wieviel Energie dieses Projekt verbraucht. Cash flow mitsamt den Schnittstellen zur Kapitalbildung tritt in diesem Projekt an die Stelle der religiösen Anschlüsse von Endlichkeit und Ewigkeit. Um diese Anschlüsse zu gewährleisten, macht die Moderne der Zeit immer schnellere Beine. Sie nimmt dafür Verzichte in Kauf: an Ruhe, an unberührten Ressourcen, an Räumen, an einigermaßen stabilen Weltbildern usw.

Seins- und Zeit- und Menschenopfer

Diese temporale Mobilmachung, diese systematische Beschleunigung heischt nicht nur Verzicht, sondern blutige Opfer. Und zwar an den Menschen, die sie eingesetzt haben, an den Menschen, denen Hören und Sehen vergehen, an den Menschen, die schwindelnd erkennen müssen, daß es nicht so einfach zugeht, wenn sie mit ihren zerbrechlichen, sich allenfalls langsam evolvierenden Körpern mit den Geschwindigkeiten der Informationen und Zahlungen mithalten wollen, die sie umtreiben. Wenn nicht nur Informationen und Zahlungen, sondern auch Körper sich stets mehr darauf verpflichtet fühlen, die Anschlüsse nicht zu verpassen, kommt es zu Staus und Unfällen. Sie stehen nicht umsonst am Beginn des Romans *Der Mann ohne Eigenschaften*, der die Fragestellungen des *Rosenkavaliers* mit der des *Malte Laurids Brigge* verbindet. Kein zweiter Roman dieses Jahrhunderts dürfte die Alternative Bremsen oder Beschleunigen so nachdrücklich analysiert haben wie der des Ingenieurs Robert Musil.

„Es war ein schöner Augusttag des Jahres 1913. / Autos schossen aus schmalen, tiefen Straßen in die Seichtigkeit heller Plätze. (Ein elegantes Paar flanierte durch die Stadt.) (...) Diese beiden hielten nun plötzlich ihren Schritt an, weil sie vor sich einen Auflauf bemerkten. Schon einen Augenblick vorher war etwas aus der Reihe gesprungen, eine quer schlagende Bewegung; etwas hatte sich gedreht, war seitwärts gerutscht, ein schwerer, jäh gebremster Lastwagen war es, wie sich jetzt zeigte, wo er, mit einem Rad auf der Bordschwelle, gestrandet dastand. Wie die Bienen um das Flugloch hatten sich im Nu Menschen um einen kleinen Fleck angesetzt, den sie in ihrer Mitte freiließen. (...) Auch die Dame und ihr Begleiter waren herangetreten und hatten über Köpfe und gebeugte Rücken hinweg, den Daliegenden betrachtet. Dann traten sie zurück und zögerten. (...) 'Nach den amerikanischen Statistiken', so bemerkte der Herr, 'werden dort jährlich durch Autos 190.000 Personen getötet und 450.000 verletzt.'"

So, mit der sachlichen Schilderung der Folgen eines Autounfalls, beginnt *Der Mann ohne Eigenschaften*. Musil übertreibt maßlos. Nach meinen Recherchen hat er an die Zahlen aus der amerikanischen Unfallstatistik der späten 20-er Jahre (nicht etwa des Jahres 1913) einfach eine Null drangehängt. In den USA starben damals jährlich nur 19.000 Menschen durch Autounfälle; schwer verletzt wurden nicht etwa 450.000, sondern nur 45.000 Menschen. Musil hat demnach die statistischen Zahlen für das Jahrzehnt als die Summe nur eines Jahres ausgegeben. Die ideologische Kritik am Auto schreckt eben vor keiner Manipulation zurück. Um sachlich richtigzustellen, was der promovierte Ingenieur Robert Musil verzerrte, als er zur Feder griff und zum Schriftsteller wurde: In den 20-er Jahren insgesamt starben in den USA 190.000 Menschen den Autounfalltod; 450.000 wurden verletzt; im Jahresdurchschnitt waren es demnach nur 19.000 Tote und nur 45.000 Verletzte.

Der Ingenieur Musil übertreibt also maßlos. Der Schriftsteller Musil aber untertreibt maßlos. Denn seine Schilderung des Verkehrsunfalls ist von bemerkenswerter, von gewissermaßen unpoetischer Sachlichkeit. Sie weist ja auch ausdrücklich darauf hin, daß die elegante Begleiterin des technisch versierten Herrn immer noch „das unberechtigte Gefühl hatte, etwas Besonderes erlebt zu haben." Man stelle sich vor, ein expressionistisch begabter Dichter hätte sich des sujets angenommen, das Besondere an diesem Erlebnis krass herausgestellt und mehr geschildert, als daß „ein Mann, der wie tot dalag, an die Schwelle des Gehsteigs gebettet" wurde. Die Szene kann auch ein poetischer Dilettant eindringlicher schildern. Ob Blut rinnt, ob Gehirnmasse austritt, ob ein offener Bruch vorliegt und ein Knochen herausragt – das alles erfahren die Leser des Eingangskapitels von Musils *Mann ohne Eigenschaften* nicht. Ein großer Dichter, einer der wenigen Dichter übrigens, die sich des Themas Autounfall überhaupt annehmen (und noch dazu an so prominenter Stelle, nämlich gleich zu Beginn des Hauptwerks) – ein großer Dichter verschenkt ein großes Thema.

Nein: Er gewinnt ein großes Thema. Denn die Pointe des Eingangskapitels im *Mann ohne Eigenschaften* ist ja gerade: daß das unangenehme, das unentschlossene, lähmende Gefühl in der Herz- und Magengrube der feinen Dame schwindet, wenn der sie begleitende Herr das gräßliche Geschehen erklärt: „Diese schweren Kraftwagen, wie sie hier verwendet werden, haben einen zu langen Bremsweg." Heute könnte der Herr mit Genugtuung auf Sicherheitsgurte, Scheibenbremsen, ABS und Airbag verweisen. Und darauf, daß die Zahl der Verkehrstoten in der Bundesrepublik trotz gesteigerten Verkehrsaufkommens von 20.000 jährlich in den 70-er Jahren auf nur noch ca 12.000 Ende der 80-er Jahre zurückgegangen ist bzw. wäre, wenn da nicht die deutsche Einigung gekommen wäre. Sie hat auf den Alleen Mecklenburgs, im märkischen Sand und auf sächsischen Straßen in einem Jahr durch Verkehrsunfälle mehr Blutzoll gefordert als der Schießbefehl in den fast dreißig Jahren seiner Existenz. Aber natürlich darf und kann man das nicht vergleichen. Die Mauerschüsse waren, wenn nicht ausdrücklich gewollt, so doch befohlen. Die Verkehrstoten aber sind weder befohlen noch ausdrücklich gewollt; sie werden vielmehr in Kauf genommen – mißbilligend, wie denn sonst? Besser wäre natürlich schon, man könnte sie vermeiden. Natürlich könnte man sie vermeiden. Man könnte, gestützt auf den massenhaften Willen, die massenhafte Leichenproduktion zu vermeiden, den Individualverkehr verbieten. Aber das wäre absurd, das geht doch in einer modernen Industriegesellschaft nicht, wo kämen wir da hin, kurzum: Das wollen wir denn doch nicht.

Präziser: Wir ziehen es vor, diese ungemein konkrete Frage: Ist uns der Individualverkehr jährlich 12.000 Tote und einige Hunderttausende Verstümmelte wert, zu vermeiden. Ein Volksentscheid über eine solche Frage wäre recht peinlich. Deshalb sind die Heerscharen der Zerquetschten, Verbrannten, Verbluteten und Verstümmelten ganz offenbar nicht zu vermeiden. Ist angesichts dieser bekannten Tatsache die Rede, man nehme sie vielleicht doch nicht mißbilligend, sondern billigend in Kauf, eine billige Provokation? Seit dem Bestehen der Bundesrepublik sind deutlich mehr als 600.000 Menschen bei Autounfällen getötet worden; mehrere Millionen wurden so schwer verletzt, daß sie bleibende Schäden erlitten. Außerdem ist seit jeher umstritten, wie man z.B. ein 47-jähriges Unfallopfer statistisch verbucht, das in der Klinik zusammengeflickt und in die Rehabilitation geschickt wird, um dann 18 Monate nach dem Unfall an Kreislaufkollaps und Herzversagen zu sterben. Ein solcher Fall wird eben nicht unter „Tod durch Verkehrsunfall", sondern unter 'Herzversagen' rubriziert.

Doch diese Hinweise stammen nicht von einem Unfallstatistiker, sondern von einem Literatur- und Kulturwissenschaftler. Und der hat Anlaß zu dem Hinweis, daß Musils Roman auf schockierende Darstellungs-Dimensionen offenbar bewußt verzichtet und statt dessen herausstellt, „daß (mit der technischen Erklärung) dieser gräßliche Vorfall in irgend eine Ordnung zu bringen war und zu einem technischen Problem wurde, das (die Dame) nicht mehr unmittelbar anging." Den folgenden anderthalbtausend Seiten von Musils Roman wird es (unter der Leitformel „Genauigkeit und Seele") darauf ankommen zu zeigen, was das heißt, daß ein blutiges Problem dadurch, daß es technisch erklärbar und thematisierbar ist, uns nicht mehr unmittelbar angeht. So viel Schreibraum und Redezeit habe ich (glücklicherweise!) nicht. Und so gebe ich, mich von statistisch-sachlich-technischer Kompetenz freisprechend, einer unstatthaften Versuchung nach, beschleunige von Null auf Hundert in 8,3 Sekunden, ziehe an ganzen Problemkolonnen vorbei, werde Kolonnenspringer mit großer Risikobereitschaft, überfahre Einsprüche, nötige Passanten zum rettenden Sprung auf den Bürgersteig, werde unsachlich und polemisch, und mache, da in dem Fach, das ich vertrete, die Probleme und Projekte einer Neuen Mythologie zur Zeit Hochkonjunktur haben, einen mythologischen Übersetzungsvorschlag für die Probleme der (auto)mobilgemachten Gesellschaft.

Und der geht so: Vor 120 Jahren offenbart sich ein neuer, junger, moderner, ungemein attraktiver Gott. Nennen wir ihn Hermes-Mobilios. Er räumt mit theologischen Vagheiten auf und verspricht Handfestes – Handfestes, das gleichwohl einen alten Menschheitstraum realisiert: den Individualverkehr. „Ich verspreche Euch", so beginnt sein süßer Redefluß an die faszinierten Gläubigen, „ein Verkehrsmittel, das Euch mitsamt Euren Waren in ungeahnter Schnelligkeit und Bequemlichkeit von Haustür zu Haustür transportiert. Es zu fahren und zu steuern, macht Spaß, ja es vermittelt gar die schönsten Rauschgefühle. Ihr lernt Gegenden kennen, in die Ihr sonst nicht kämet. Ihr werdet mobil, automobil. Ihr geratet in Bewegung, Ihr könnt überall hin, nichts bleibt Euch verschlossen. Ihr könnt verreisen, Ihr könnt fern von Euren Arbeitsstätten wohnen, Ihr könnt schnell zu Euren Liebsten fahren, Ihr werdet mobil, Ihr werdet selbstbestimmt, Ihr werdet unabhängig von der Masse, Ihr werdet automobil. Wollt Ihr die totale Automobilma-

chung?"[27] Und ein vieltausendstimmiger Begeisterungsruf formiert die Proselyten
des neumythologischen Gottes.

In diese Ekstase hinein benennt der Gott mit perversem Charme seine kultischen Konditionen: „Es sei. Doch Ihr müßt mir dafür kleine Opfer bringen. Ihr
müßt mich anbeten, Ihr müßt mir huldigen. Jährlich will ich in Eurem Land unter
Euch 12-20.000 Opfer auswählen, Alte und Junge, Frauen und Männer und Kinder; und die will ich verbrennen, zu Tode quetschen, gegen Wände schleudern..."
Und die Masse sieht erstaunt und zunehmend fasziniert, wie der perverse Gott in
eine sadistische Ekstase gerät, weiter Hunderttausende fordert, die er verstümmeln
darf, wie er die Zahlen derer hochrechnet, die in 100 Jahren auf seinem Opferaltar
dargebracht werden, wie er darüber hinaus fordert, daß Dörfer, Landschaften,
Städte, ja noch die Luft um seinet- und um der Automobilmachung willen ruiniert
werden sollen. Wie würden, um die gängige TV-Frage zu bringen, wie würden Sie
entscheiden? Hermes-Mobilios war ein gescheiter Gott. Er hat darauf verzichtet,
offizielle Zustimmung zu erheischen. Mit einem impliziten „Ja" hat er sich listig
begnügt. Ihm kam es auf die Opfer an, auf den fulminanten Kultus. Beides hat er
erhalten; beides haben wir ihm gewährt; täglich erneuern wir das pagane Bündnis.

So, wie es das einmal ernst genommene Programm der neuen Mytholgie nahe-
legt, ist es nicht gelaufen. Aber so läuft es. Wir bringen den Blutzoll dar und wir
feiern den automobilen Opferkult mit einer Selbstverständlichkeit, die nicht er-
schaudern macht. Doch wir müssen uns einfach klarmachen, daß wir diesen Opferkult billigend in Kauf nehmen. So billigend, daß alles, was über Bedauern über
hohe Unfallquoten hinausginge, schlechterdings tabuisiert ist. Wer etwa unter
Berufung auf das durch Automobilmachung evidentermaßen hunderttausendfach
bedrohte Grundrecht auf körperliche Unversehrtheit das Verbot des Individual-
verkehrs einklagte, würde sich heute lächerlich machen und vermutlich psychia-
trisches Interesse auf sich ziehn. Wer als sachlicher Kritiker des Individualver-
kehrs argumentiert, wer auf die Unfalltoten und die autobedingte Umweltzerstö-
rung verweist, wer kulturkritisch darlegt, daß das Auto die Distanzen erst schafft,
die es dann überbrückt, wer darlegt, daß europäische und nordamerikanische
Autodichten in China und Indien den endgültigen Ökokollaps bedeuteten, daß wir
also in Anspruch nehmen, wovon wir nicht wollen können, daß andere es für sich
reklamieren – wer dergleichen tut, der wird regelmäßig der ideologischen Verteu-
felung des Autos geziehen. Und zwar von denen, die den Wortsinn des Begriffs
Ideologie erfüllen, von denen, die einer Logik trügerischer Bilder verfallen sind,
von denen, die eine halbnackte Frau bei der IAA zu Werbezwecken auf eine
Kühlerhaube setzen oder die den hundertsten Geburtstag des Automobils mit
einem Prunk feiern, an den kein Hochamt im Petersdom mehr heranreicht.

Das aber heißt: Die kultischen Dimensionen der totalen Automobilmachung
sind nicht zu übersehen. Der Automobilkult ist die blutig-anachronistische Ober-
fläche des Mobilitäts- und Beschleunigungskultus, der die Moderne wie eine Ra-
kete abheben läßt. Ein Ethnologe des Jahres 2500, der nach dem dritten Weltkrieg

---

[27] Vgl. Heathcote Williams, Automobilmachung, übers. J. Becker. Ffm (2001-Verlag) 1992

an einige gut erhaltene Videoaufzeichnungen von Tagesthemen-Sendungen unserer Zeit gerät und sie dechiffriert, dürfte auch an Meldungen wie diese geraten: „An diesem Oster- bzw. Pfingstwochenende bildeten sich schon in den frühen Morgenstunden auf den Autobahnen nach Süden kilometerlange Staus. Bei Massenkarambolagen wurden 27 Menschen getötet und um die Hundert schwerverletzt. Ein umgestürzter Bus wurde von einer Leitplanke aufgeschlitzt. 20 Menschen kamen dabei ums Leben, weitere acht schweben noch in Lebensgefahr" etc. Vermutlich würde die ethnologische Theorie dazu lauten: Wir seien Anhänger eines seltsamen Massenkultes gewesen; an hohen Feiertagen hätten wir uns millionenfach auf kultische Wege der Sonne entgegen begeben; dabei sei es zur Opferung völlig zufällig ausgewählter Menschen gekommen, die auf grausame Weise in ihren mobilen Behältnissen umgekommen seien. Menschentrauben hätten dem gebannt zugesehen. Mit großem akustischen Aufwand hätten dann uniformierte Hierophanten den Schauplatz erreicht, um die Opfer zu bergen und aufzubahren. Die Theorie wäre zweifellos phänomenal zutreffend.

In einem großartigen Essay über *Die Gesellschaft der Kentauren – Philosophische Bemerkungen zur Automobilität*[28] hat Peter Sloterdijk an unsere automobile „archaische Bereitschaft zum Blutzoll" erinnert. Und er hat darauf hingewiesen, daß wir die in jeder Weise ursprünglichste Form des Wahrheitsverständnisses automobil erneut ins Recht setzen und zugleich verdrängen. Nämlich „die martyriologische Dimension im Begriff Wahrheit – wonach wahr ist, wofür der Tod als Preis in Kauf genommen wird." Für die Automobilität wird der eigene Tod und der Tod anderer billigend in Kauf genommen. Und das in einer Gesellschaft, die sich auf eine diffuse Art immer noch als abendländisch christliche versteht. In unseren intellektuellen Selbstverständigungsfiguren haben wir die martyriologische Dimension des Wahrheitsbegriffes schlicht vergessen; intellektuelle Konjunktur haben Konsensusmodelle der Wahrheit, konstruktivistische Kategorien, hermeneutische Ansätze, kritisch rationalistische Theorien etc.

In philosophischen Seminaren und auf Symposien wie dem des Heidelberger Clubs würde man sich zu Recht unmöglich machen, wenn man für eine martyriologische Wahrheitstheorie und -praxis würbe. Gelebt und kultisch praktiziert aber wird nach wie vor ein martyriologischer Wahrheitsbegriff: Wir sind zwar samt und sonders – Gott sei Dank! – nicht mehr bereit, für Christus zu sterben. Und wir stehen einigermaßen fassungslos da, wenn wir andere (z.B. fromme Muslime) für den Namen ihres Gottes den Tod auf sich nehmen und anderen androhen sehen. Doch wir kommen um das Zugeständnis kaum herum, daß in unserer Kultur Mobilität der Weg, die Wahrheit, das Leben und der Tod ist und bedeutet. Für die Auto-Mobilität sind wir massenhaft bereit, zu sterben und grausame Verstümmelungen zu erleiden: zigtausendfach. Sollte es (doch wieviel Phantasie muß man für diesen schlichten Gedanken aktivieren!) – sollte es gelingen, den Individualverkehr juristisch zu verbieten, so wäre ein Bürgerkrieg nicht auszuschließen.

---

[28] im FAZ-Magazin Nr. 634 vom 24.4.1992

Um diesen Bürgerkrieg zu vermeiden, bietet sich ein Kompromiß an. Wir begrüßen es alle, wenn nicht mehr 12.000, sondern nur noch 10.000 Menschen jährlich der göttlichen Automobilität geopfert werden. Und wir begrüßen es, wenn die Unfallchirurgie weitere Fortschritte macht und die Zahl der verstümmelten Opfer langsam sinkt. Wie denn überhaupt Probleme der Verminderung, des Bremsens, der weichen Landung, des Rückgängigmachens unübersehbar ins Zentrum nicht nur der Kulturanalyse rücken. Auch im Zentrum der Technikentwicklung, an der Musils Protagonist beteiligt ist, stehen heute ganz offenbar nicht länger Beschleunigungs-, sondern Bremsprobleme. Scheibenbremsen, ABS und Airbag sind die Leitbegriffe und -fetische eines automobilen Kultes, der es vermeiden möchte, seine Opferlogik allzu schamlos zu präsentieren. Doch auch im avanciertesten Technikbereich ist unübersehbar, daß Spitzentechnik nur noch ein telos kennt: sich zurückzunehmen. SDI, Raketen, die Raketen zerstören, markieren den Gipfelpunkt dieses Prozesses, und im Alltagsleben dringen die Informationstechnologien vor, die Kommunikation verlangsamen: Der Anrufbeantworter, der es ermöglicht, Gespräche zu verweigern, und das Fax-Gerät, das die Bedächtigkeit der Schrift an die Schnelligkeit des Telephons koppelt.

Nicht viel, aber ein wenig immerhin wäre gewonnen, wenn die immer gespenstischer werdende Debatte um Moderne und Postmoderne ihre kulturelle Aufmerksamkeit und ihre mentalen Dispositionen auf die Höhe der avancierten Technik zu bringen verstünde – so wie Musils Protagonist es vor 60 Jahren versuchte. Kulturanalyse muß heute à la hauteur von ABS, Airbag und SDI prozedieren. Die technisch, ökonomisch, reflexiv und kulturell zentrale Aufgabe ist es heute, nicht Mobilmachungs-, sondern Demobilisierungsprogramme, nicht Beschleunigungs-, sondern Verlangsamungsmaschinen zu entwickeln. Natürlich muß dann auch das allzu dumme Spiel aufhören, von den jeweils anderen das Bremsen (z.B. im Bevölkerungswachstum) zu verlangen, selbst aber auf eigener Beschleunigung (z.B. im ökonomischen Wachstum) zu bestehen.

Nichts ist heute (nach dem sich überdeutlich abzeichnenden Kollaps der totalen Mobilmachung) avancierter, komplexer und auch technisch anspruchsvoller als Bremsen und Verlangsamen. Ich will meinen Beitrag dazu leisten. Konzediert waren meiner Rede 60 Minuten. Nur 57 habe ich davon gebraucht. Ich danke Ihnen fürs Zu- und Hinhören und schenke Ihnen die unverbrauchten drei Minuten.

Literatur

Baecker, Womit handeln Banken? Eine Untersuchung zur Risikoverarbeitung in der Wirtschaft. Ffm 1991

M. Bergelt/H. Völckers (edd.), Zeit-Räume – Zeiträume-Raumzeiten-Zeiträume. München 1991

G. Braungart, Die Fremdheit der Sprache am Beginn der Moderne: Lebenskult, Ritual, Remythisierung, Mystik; in: Akten des VIII. internationalen Germanistik-Kongresses Tokyo 1990, ed. E. Iwasaki, Bd. 6. München 1991

J. Derrida, Donner le temps – 1. La fausse monnaie. Paris 1991

G. Franck, Aufmerksamkeit, Zeit, Raum; in: Zeit-Räume, l.c W. Benjamin, Das Passagen-Werk, GS V/1. Ffm 1982

Wilhelm Hegel, Phänomenologie des Geistes, Werke, Bd. 3. Ffm 1970

Wilhelm Hegel, Vorlesungen über die Philosophie der Religion II; Werke, Bd. 17. Ffm 1969

Hugo von Hofmannsthal, Der Rosenkavalier; in: Gesammelte Werke - Dramen V, Ffm 1979

Hugo von Hofmannsthal, Gedichte, Dramen I, 1891-1898. Gesammelte Werke in zehn Einzelbänden. Ffm 1979

Cf. N. Luhmann, Die Wirtschaft der Gesellschaft. Ffm 1988

R.M. Rilke, Die Aufzeichnungen des Malte Laurids Brigge; in: SW in 12 Bdn, ed. E. Zinn, Bd. 11. Ffm 1975, p. 865 sqq.

I. Schnack, R.M. Rilke – Leben und Werk im Bild. Ffm 1973

A. Emil Staiger, Die Zeit als Einbildungskraft des Dichters – Untersuchungen zu Gedichten von Brentano, Goethe und Keller. München 1976

P.A. Stenberg, Der Rosenkavalier – Hofmanntshal's 'Märchen' of time; in: German Life&Letters 26/1972,73, pp. 24-32

M. Theunissen, Negative Theologie der Zeit. Ffm 1991

G. Ch. Tholen/M.O. Scholl (edd.), Zeit-Zeichen – Aufschübe und Interferenzen zwischen Endzeit und Echtzeit. Weinheim 1990

Gerhard Krüger

Informations- und Kommunikationstechniken (IuK) als Beispiel schneller Technologie

Einleitung

Zusammen mit den Biotechnologien werden die digitalen Informations- und Kommunikationstechniken mit ihren vielfältigen Anwendungen in den kommenden Jahrzehnten weltweit die wirtschaftlichen und gesellschaftlichen Entwicklungen prägen. Besonders die fast explosionsartige Ausweitung der Nutzung des Internets sowohl im persönlichen aber auch stark zunehmend im geschäftlichen Bereich bringt die Bedeutung der sich vollziehenden Veränderungen in das Bewußtsein der Öffentlichkeit. In den USA werden die Auswirkungen der digitalen Technik schon häufig als die dritte industrielle Revolution nach der Erfindung der Dampfmaschine und der Einführung der Elektrizität im 18./19. Jahrhundert bezeichnet.

Haben schon die klassischen Perioden des Maschinen- und Industriezeitalters gegenüber der jahrtausende alten Agrarwirtschaft und -technik eine erhebliche Beschleunigung in der Änderung der Produktionsweisen und Lebensumstände der Menschen gebracht, so hat sich – wie sicher allgemein anerkannt – in den letzten Jahren die technische Entwicklung weiter sehr deutlich beschleunigt. Diese Erhöhung der Schnelligkeit bezieht sich dabei sowohl auf die Rate der technischen Neuerungen, die Steigerung der Leistungsfähigkeit der technischen Systeme als auch – und das ist besonders wichtig – auf die Umsetzung in die berufliche Nutzung und den Lebensalltag des Durchschnittsbürgers.

Geschichtliche Entwicklung

Anhand der geschichtlichen Entwicklung der IuK-Techniken läßt sich dieser Wandel sehr gut nachzeichnen. Ein wichtiges historisches Datum ist das Jahr 1833. In diesem Jahr gelang es Gauß und Weber in Göttingen, die Eignung des elektrischen Stroms zur Übertragung nachrichtentechnischer Signale nachzuweisen. Zur gleichen Zeit legt in England Charles Babbage unter dem Begriff 'Analytischer Rechenautomat' die Grundkonzepte der digitalen Rechenmaschinen, der Computer, vor. Die Realisierung von Rechenautomaten konnte dem damaligen Stand der Technik entsprechend nur mit mechanischer Technologie erfolgen, die allerdings noch so wenig in Richtung Feinwerk- und Präzisionsmechanik entwikkelt war, daß das Projekt schließlich scheiterte. Es dauerte dann über 100 Jahre, bis Ende der dreißiger Jahre dieses Jahrhunderts Babbages Ideen in funktionstüchtige programmgesteuerte Rechenmaschinen umgesetzt werden konnten.

Ganz anders die Entwicklung der von Gauß und Weber 'erfundenen' elektrischen Telegrafie. Sie führte schon um 1840 zu den ersten einsatzfähigen Telegrafen, die bald in größeren Stückzahlen für die Weitverkehrstelegrafie und das gerade aufkommende Eisenbahnwesen industriell hergestellt wurden.

Bereits 1858 wurde das erste Transatlantikkabel für die telegrafische Kommunikation zwischen Europa und den USA gelegt. Schließlich hat Alexander Graham Bell 1876 das Telefon erfunden, das praktisch unverzüglich, so 1877 in Deutschland, eingeführt wurde. Beispielhaft zeigt sich hier, daß der Weg von der grundlegenden Erfindung zur praktischen Nutzung, zumindest in der elektrischen Kommunikationstechnik, auch schon im vorigen Jahrhundert sehr kurz war. Ähnliches gilt für die technische Nutzung der elektromagnetischen Wellen. Entdeckt im Jahre 1886/87 von Heinrich Hertz in Karlsruhe, begann mit Gugliel-mo Marconi schon 10 Jahre später die praktische Nutzung.

Wo liegt da also der Schnelligkeitsunterschied zu heute? Es ist die Geschwindigkeit der Durchdringung von Wirtschaft und Gesellschaft mit den neuen technischen Möglichkeiten. So wurde der Telegraf beispielsweise in der An-fangszeit nur für politisch-militärische Zwecke, wozu wegen seiner strategischen Bedeutung auch das Eisenbahnwesen zu rechnen ist, eingesetzt. Später durfte dann der Bürger ebenfalls ein Telegramm aufgeben, aber die Telegrafie blieb immer eine amtliche Einrichtung. Das Telefon war zwar von Beginn an für die individuelle Kommunikation gedacht, entwickelte sich aber, nicht zuletzt wegen der doch hohen Kosten, nur langsam zu einem für den Normalbürger erschwinglichen Kommunikationsmittel. Ebenso war die Funktechnik bis in die zwanziger Jahre dieses Jahrhunderts trotz großer technischer Fortschritte dem Bürger nicht zugänglich. Das ändert sich erst mit dem Aufkommen des Hörfunks, also des Radios.

Das hier skizzierte Grundschema, das für die elektronische Informationstechnik genauso gilt wie für die etwas näher beschriebene Entwicklung der Kommunikationstechnik, nämlich eine schnelle Folge grundlegender technischer Erfindungen mit hohem Nutzungspotential aber einer langsamen Diffusion in die breite Anwendung sowohl wegen der technischen Komplexität als auch der hohen Fertigungs- und Wartungskosten, kann als bis in die sechziger Jahre als dominierend angesehen werden.

Von da an wandelt sich das Bild dramatisch. Informations- und kommunikationstechnische Geräte und Systeme erschließen nicht nur immer neue Anwendungsfelder, sondern sie werden so stark verbilligt, daß wir heute von einer umfassenden Massennutzung und zwar auf der ganzen Erde sprechen können. Als typisches Beispiel sei nur das Transistorradio genannt.

Mikroelektronik

Ausgangspunkt und im Prinzip noch immer Motor dieser technischen Akzeleration sind ohne Zweifel die Mikroelektronik und heute zunehmend auch die Mikrooptik und andere Mikro- und Nanotechnologien. Das Neue an diesen Techniken sind die fortdauernden Leistungsgewinne, beispielsweise bei den Mikroprozessoren oder den Übertragungsleistungen von Glasfaserkabeln.

In der Geschichte der Technik kennt man üblicherweise Leistungssteigerungen von einigen Prozent pro Jahr. Man denke nur an die Verbesserung der Höchstgeschwindigkeiten im Automobilbau. In der Mikroelektronik/-optik hat man sich an Leistungsgewinne von 100% und mehr in ein bis zwei Jahren gewöhnt und das seit etwa 1970. Glaubt man den Prognosen, dann wird diese dramatische Entwicklung noch auf absehbare Zeit so weiter gehen.

Man muß sich bewußt machen, daß dieser rasante technische Fortschritt ohne Beispiel in der Technikgeschichte der Menschheit ist und das bei einer Breite der Nutzungsmöglichkeiten, die die meisten Gebiete menschlicher Aktivitäten umfaßt.

Mobilkommunikation

Ein Nutzungsbeispiel, das im wahrsten Sinne des Wortes hör- und sichtbar ist, stellt die Mobilkommunikation dar. Der Anspruch, der mit dieser Technologie eingelöst werden soll, läßt sich sehr prägnant fassen. Er lautet: "Jedermann, zu jeder Zeit, an jedem Ort, mit jeder Kommunikationsform."

Mit anderen Worten, die Mobilkommunikation verspricht die unbegrenzte Kommunikation, die universelle Erreichbarkeit.

Dabei werden – bildlich aber auch real – alle Grenzen übersprungen. Beschränkt man sich oft – ohne es eigentlich auszusprechen – bei der Betrachtung der Nutzung technischer Systeme meist auf die hochentwickelten Industrieländer, da nur dort die notwendigen Infrastrukturen zur Verfügung stehen, meint die mobile Erreichbarkeit wirklich überall. Mobile Verbindungen also auf dem Meer, in der Wüste oder als Bergsteiger im Hochgebirge, also tatsächlich: an jedem Ort.

Bei der Verwirklichung dieser Idee hilft die Satellitentechnik. Auch bei ihr erfolgt in diesen Jahren der Schritt von der 'elitären' Technik für das Militär, die Fernmeldegesellschaften und wirtschaftlich potente Anwender zur Massennutzung.

Hunderte von Satelliten werden in den nächsten Jahren auf niedrigen Umlaufbahnen in den Orbit gebracht. Die Umlaufbahnen sind so gelegt, daß die Satelliten eines Systems jederzeit praktisch jeden Punkt der Erde 'im Blick' haben. Für die universelle Nutzung entscheidend ist darüber hinaus, daß man mit den Satelliten über einfache, leichte Endgeräte, unserem heutigen 'Handy' vergleichbar, in Verbindung treten kann. Damit ist man – bis auf das Aufladen der Batterien – völlig unabhängig von jeder terrestrischen Kommunikationsinfrastruktur, die nicht nur in unbesiedelten Gebieten, sondern auch in vielen dicht bevölkerten Dritte Welt Ländern fehlt.

Eine technische Neuheit kommender aus vielen Satelliten bestehender Kommunikationssysteme ist, daß die einzelnen Satelliten direkt miteinander in Verbindung stehen. So kann ein Satellit als Durchgangsstation beispielsweise Telefongespräche direkt zu anderen Satelliten weiterleiten, d.h. im All vermitteln.

Damit kann auf die Zwischenschaltung aufwendiger Bodenstationen verzichtet werden. Das hat einerseits einen Kosteneffekt, da eine solche terrestrische Infrastruktur, über die ganze Welt verteilt, aufwendig zu unterhalten ist. Zum anderen gibt es auch eine politische Dimension. Die Satellitensysteme lassen nicht mehr zu, daß einzelne Länder den Kommunikationsfluß von und zu ihren Bürgern nach politischen Vorgaben regulieren können. Die Bürger der Erde erhalten nicht nur einen unzensierbaren umfassenden Informationsfluß und zwar ohne jede Verzögerung, sondern sie können auch in beliebiger Weise selbst direkt kommunizieren, ohne daß sie eine staatliche Autorität daran hindern kann.

Die Akzeptanz der Mobilfunktechnik ist gegenwärtig der augenfälligste Beweis für die dramatische Akzeleration der IuK-Techniken in Wirtschaft und Gesellschaft. Gab es 1994 etwa 2,5 Millionen Mobilfunkteilnehmer, also 'Handy'-Besitzer in der Bundesrepublik Deutschland, was einer Penetrationsrate von 3% Teilnehmer an der gesamten Bevölkerung entsprach, geht man für das Jahr 2001 von 30 Millionen Handy-Besitzern aus. Damit wären 37% der Bevölkerung Deutschlands in die Mobilkommunikation einbezogen.

Die Dramatik dieser Entwicklung wird besonders deutlich, wenn man bedenkt, daß das alte 'Dampftelefon', heute als Festnetzanschluß bezeichnet, mehr als 100 Jahre für eine Durchdringungsrate benötigt hat, wie sie das digitale Mobiltelefon in weniger als 10 Jahren erreichen wird.

Internet

Zur Einschätzung der technischen und gesellschaftlichen Bedeutung des Internet müssen wir uns die Ausgangslage vergegenwärtigen. Seit Mitte dieses Jahrhunderts waren die vorherrschenden, dem Bürger zugänglichen elektronischen Informations- und Kommunikationsmittel das (Festnetz-) Telefon, der Hörfunk und das Fernsehen. Das Telefonnetz dient primär der Sprachkommunikation zwischen zwei Kommunikationspartnern, es ist damit ein Mittel der Individualkommunikation, das rechtlich auch der Privatsphäre zugeordnet ist, was durch das gesetzlich fixierte Fernmeldegeheimnis gesichert werden soll.

Hörfunk und Fernsehen sind Medien der elektronischen Massenkommunikation. Sie dienen der Verbreitung von Informationen, die von wenigen aufbereitet und in vielen Teilen der Welt auch politisch oder kommerziell beeinflußt werden, an eine möglichst große Zahl von Bürgern. Der Informationsfluß ist einseitig, Hörer und Seher sind passiv, sie haben keinen direkten Einfluß auf die Informationsanbieter, technisch sagt man, es gibt keinen direkten Rückkanal. Die entscheidende Neuerung des Internets, hier als Oberbegriff für die neuen computernetz-gestützten Dienste verstanden, ist die Tatsache, daß es diese neue Technologie ermöglicht, die bisher technisch bedingte Unterscheidung von Individual- und Massenkommunikation aufzuheben.

Jeder Internetteilnehmer kann nicht nur durch 'Surfen' im Netz sich beliebig Informationen, auch als Sprache, Musik und Video beschaffen oder per elektronischer Post bzw. Internettelefonie mit anderen Internetteilnehmern individuell kommunizieren. Er kann auch – und da ist das revolutionäre Neue – selbst als Informationsanbieter auftreten und seine Informationsangebote der viele Millionen, für ihn in der Regel natürlich unbekannte, Teilnehmer umfassenden Internetgemeinde zum Abruf zur Verfügung stellen. Eine dritte Form der Internetinteraktion stellt die Gruppenkommunikation dar, d.h. der Austausch von Informationen mit einer Gruppe anderer Internetbenutzer. Der Unterschied zur Massenkommunikation besteht – mit graduellen Unterschieden – darin, daß die Teilnehmer der Gruppe sich gegenseitig identifizieren können, wenn auch vielleicht nur über Deck- oder Spitznamen. Man unterhält sich in der Gruppe in geschriebener Form, zukünftig auch in gesprochenem Wechselgespräch oder mit Mitteln der Bildtelefonie, über gemeinsam interessierende Themen mit mehr oder weniger hohem thematischen Anspruch. Eine interessante Entwicklung ist, daß die neue telekommunikative Nutzungsform Gruppenkommunikation, sich mit großen Zuwachsraten in der Berufswelt verbreitet. Auf diese Weise können über weite Distanzen verteilte Arbeitsgruppen beispielsweise gemeinsame Entwicklungsprojekte durchführen, Marktentwicklungen und Verkaufsstrategien behandeln und vieles andere mehr. Charakteristisch für die professionelle Nutzung der neuen digitalen Netzinfrastruktur ist der Verbund verschiedener Formen der Informationsdarstellung, wie die Sichtbarmachung und gemeinsame Bearbeitung von Dokumenten, die aus Text, Grafik und Bildern bestehen können, auf den Bildschirmen aller beteiligten Gruppenmitglieder. Durch die direkte Kooperation und den unverzögerten Informationsaustausch verlieren selbst interkontinentale Distanzen völlig ihren trennenden Charakter. Ein weiteres Beispiel für die Bedeutung der Informations- und Kommunikationstechniken als schneller Technologie.

Die Expansionsdynamik des Internets und anderer on-line Dienste ist der Mobilfunkentwicklung ähnlich. Nehmen wir wieder das Beispiel Bundesrepublik. Seit Anfang der neunziger Jahre wächst die Internetgemeinde jährlich mit hoher Rate. Mitte 1998 gibt es in der Bundesrepublik 1,3 Mio. direkte Internetanschlüsse und etwa 3,7 Mio Teilnehmer an den konkurrierenden Netzen (T-Online, American On-Line). Damit liegt Deutschland nur im Mittelfeld der Industriestaaten. Die Durchdringung wird in den nächsten Jahren stark zunehmen, da immer mehr Internetzugänge mit vereinfachter Technologie, z.B. als Erweiterung herkömmlicher Telefonapparate oder Fernsehgeräte auf den Markt kommen.

Auch die Verbindung von Internet und Mobilfunk gewinnt an Bedeutung, wobei zu erwarten ist, daß der Durchbruch zum hochleistungsfähigen, multimedialen

'Internet-Handy' erst mit der neuen Generation der Mobilfunktechnik (Universal Mobile Telecommunications System: UMTS) im Jahre 2002 eintreten wird.

IuK als 'schnelle Technologie'

Fassen wir die bisherigen Überlegungen zusammen und fragen uns: Was heißt eigentlich schnell?, dann können darauf mehrere Antworten gegeben werden.

Zum ersten ist festzuhalten, daß die Mikrotechniken nach den Maßstäben der Arbeitsgeschwindigkeiten, des unverzögerten Zugriffs auf riesige Informationsspeicher und des schnellen Transports großer Informationsmengen inhärent schnelle Technologien sind. Sie übertreffen in vielen Bereichen unsere natürlichen Fähigkeiten und die unserer traditionellen Hilfsmittel der Informationsverarbeitung und -speicherung um ein Vielfaches.

Der zweite Gesichtspunkt ist, daß diese technischen Möglichkeiten, auch von den physikalischen Grenzen her betrachtet, noch lange nicht ausgereizt sind. Wir können also davon ausgehen, daß wir noch mit einer weiter schnell wachsenden technischen Leistungsfähigkeit beim Transportieren, Speicher und Verarbeiten von Informationen zu rechnen haben. Mit anderen Worten es liegen noch riesige technische Potentiale vor uns.

Das dritte Zukunftsthema ist die schnelle Verbreitung in neue Felder der Anwendung. Ein Beispiel ist die Zunahme (teil-) autonom agierender technischer Geräte und Systeme. Haben wir bisher immer als selbstverständlich den Menschen als Nutzer von informations- und kommunikationstechnischen Einrichtungen betrachtet, so wird sich dieses Bild in Zukunft deutlich ändern.

Jedes einigermaßen komplexe technische Gerät von der Waschmaschine über den Fernseher zum Kraftfahrzeug enthält heute schon – meist mehrere – Mikrocomputer. Zukünftig wird gelten, daß jedes größere technische Gerät eine eingebaute Computerintelligenz und, was neu ist, auch Kommunikationsfähigkeit besitzen wird. Mit anderen Worten, viele Geräte werden einen Mobilfunk- und/oder Internetanschluß haben, mit dem sie im Bedarfsfall ohne die Einschaltung des Menschen kommunizieren können. Am weitesten fortgeschritten ist die Entwicklung naturgemäß im industriellen Bereich, wo schon viele Maschinen mit Anschlüssen für die Fernsteuerung, Ferndiagnose, Fernwartung usw. ausgerüstet sind. Auch Prototypen eines zukünftigen Internetautos mit automatischer Navigationshilfe, Überwachung der technischen Daten, Notfallalarmierung usw. sind schon von mehreren Automobilherstellern vorgestellt worden. Die Liste der Einsatzgebiete telematisch ausgelegter technischer Einrichtungen läßt sich beliebig verlängern und es besteht kein Zweifel, daß wir hier eine der interessantesten Zukunftsentwicklungen vor uns haben.

Und schließlich ein letzter und wirtschaftlich ganz entscheidender Punkt zum Thema Schnelligkeit. Die IuK-Märkte sind durch schnell sinkende Preise – zumindest gemessen an der Leistungseinheit – gekennzeichnet. Dieser Zuwachs an Wirtschaftlichkeit führt zum stark expansiven Wachsen der Märkte und damit in den Sektoren der Informationswirtschaft zu kräftig steigender Beschäftigung, inzwischen sogar zu Engpässen durch den Mangel an qualifizierten Arbeitskräften. Die Verbilligung und die breite Verfügbarkeit digitaler Informations- und Kommunikationstechnik schafft darüber hinaus auch für die Schwellen- und Entwicklungsländer Zugang zu den neuen technischen Möglichkeiten und den daraus sich entwickelnden wirtschaftlichen Potentialen.

Gesellschaftliche Auswirkungen

Es besteht kaum Zweifel, daß die IuK-Funktionen die Nervensysteme von Staaten, Wirtschaft und Gesellschaft geworden sind. Es wurde gezeigt, daß sich die Informationsflüsse in dieser – teilweise auch abstrakt zu sehenden – Infrastruktur beschleunigen und immer größere Informationsbestände zur Verfügung stehen und bewegt werden. Da solche technisch begründeten Umwälzungen auch tiefgreifende gesellschaftliche Veränderungen hervorrufen, stellt sich naturgemäß die Frage: Wie werden wir reagieren, d.h. wie verhalten sich der einzelne Bürger, gesellschaftliche Gruppen oder übergreifend die sozio-ökonomischen Teil- und Gesamtsysteme. Die Antwort auf diese Fragen kann heute wohl niemand geben, deshalb nur einige Anmerkungen für die weitere Diskussion.

Umfang und Schnelligkeit der Abläufe in IuK-Systemen werden zunehmend dazu führen, daß eine direkte Transparenz der Abläufe, eine Einsicht in die IuK-Details für den sie nutzenden oder von ihnen betroffenen Menschen, teilweise sogar für den Spezialisten, nicht mehr gegeben ist. Daraus ergibt sich als zentrale Forderung an die Technik, Systeme hoher Verläßlichkeit zu schaffen, die in der Lage sein müssen, sich selbst zu kontrollieren. Das bedeutet, daß IuK-Systeme hoch automatisiert sein werden, wobei die meisten Abläufe zu schnell für eine unmittelbare menschliche Einwirkung sind.

Eine zweite Folgerung aus der hohen Automatisierung und sicher auch ein Risikopotential ist die Gefahr von Instabilitäten durch zu schnelle, gegebenenfalls untereinander in Konflikt stehende, Informationsabläufe.

Ein Beispiel sind die computergesteuerten Börsenprogramme, die automatisch beispielsweise Verkäufe von Wertpapieren auslösen, wenn gewisse Kursmarken unterschritten werden. Diese Börsentechnik hat bereits in den letzten Jahren zu so starken Turbulenzen an den Aktienmärkten geführt, daß gesetzliche Maßnahmen ergriffen werden mußten. Auch in anderen Bereichen von Wirtschaft und Gesellschaft können sich gegenseitig aufschaukelnde zu schnelle Reaktionen zu gefährlichen Instabilitäten führen, da die bisher in den Systemen vorhandenen natürlichen Trägheiten, z.B. bis sich eine negative Information 'herumgesprochen' hat, nicht mehr existieren. Auch die Gefahr einer Teilung der Gesellschaft in wissende IuK-Nutzer und IuK-Analphabeten ist ohne Zweifel gegeben. Die einen können die durch die Schnelligkeit gewonnenen Informationsvorsprünge zu ihren Gunsten nutzen, während die anderen immer 'zu spät' sein werden.

Ausblick

Es kann schon heute ohne Einschränkungen festgehalten werden: Die digitalen Informations- und Kommunikationstechniken werden das weltweit menschliche Zusammenleben in kurzer Zeit stärker verändern als jede technische Entwicklung in der Geschichte.

Als besonders wesentliche Faktoren werden sich dabei erweisen: Die weltweite schnelle und ungehinderte Kommunikation durchbricht – in vielen Richtungen – heute noch bestehende Grenzen. Die Automatisierung wirtschaftlicher Prozesse nimmt weiter zu. Immer mehr werden 'intelligente' Maschinen Arbeitsleistungen übernehmen, und zwar nicht nur in der Produktion und Verteilung materieller Güter, das ist schon der Fall, sondern auch bei den Dienstleistungen.

Die Fähigkeit der Beherrschung der IuK-Systeme, die mit der Erlangung eines Wissens neuer Prägung verbunden ist, wird zum zentralen Unterscheidungs- und Wettbewerbsmerkmal für den Einzelnen, für Gruppen und Gesellschaften.

Als Fazit läßt sich ziehen, daß ein Paradigmenwechsel stattfindet: Statt der heutigen Dominanz der lebenslangen Arbeit in einem festgefügten Berufsumfeld wird das lebenslange Lernen im Mittelpunkt stehen. Natürlich muß dabei beachtet werden, daß der damit verbundene Druck und die Schnelligkeit der Veränderungen die Menschen nicht überfordern. Wo hier die Grenzen sind, wissen wir nicht, es wird aber sicher in den nächsten Jahrzehnten sehr deutlich werden. Wissenschaft und Politik stehen hier vor Herausforderungen, deren Umfang wohl noch nicht überall gesehen wird.

Ernst-Ulrich Matz

Kommunikation, Geschwindigkeit und Qualifikation im Maschinenbau – der Fall des Simultaneous Engineering in der Automobilindustrie

"Wir sehen, was auf den Märkten der Welt gewinnt: Geschwindigkeit, Geschwindigkeit und noch mehr Geschwindigkeit."

Jack Welch, Chief Executive von General Electric

1. Ausgangslage und Problemstellung:

Veränderte Wettbewerbsanforderungen im Maschinenbau

Als Spielregel auf den Märkten der Welt hat sich die Marktwirtschaft durchgesetzt. Marktwirtschaft heißt Wettbewerb; Wettbewerb bedeutet für den Anbieter von Gütern und Dienstleistungen, beim Kunden für sich Präferenzen zu schaffen. Die wichtigsten Kriterien sind Preis, Qualität und schnelle Verfügbarkeit, also Zeit. Zeit steht damit immer mehr im Mittelpunkt. Galt früher, „die Großen schlucken die Kleinen", so gilt heute: „die Schnellen fressen die Langsamen."

Als Folge wird jeder Anbieter versuchen, auf der Zeitachse durch Verbesserung der Produkteigenschaften, des Herstellungsprozesses und des Verwaltungs- und Vertriebssystems am „point of sale" mit seinem Produkt kostengünstiger und schneller zu sein, um es in der Präferenzskala des Kunden zu steigern.

Genauso geht es uns auch in der Investitionsgüterindustrie, für die die IWKA steht. Die IWKA beliefert beispielsweise die Automobilindustrie mit Produktionsanlagen zur Herstellung von Fahrzeugen. Wir als Maschinen- und Anlagenbauer stellen fest, daß die Lebenszyklen der Endprodukte, also der Autos, kürzer werden. Dadurch reduzieren sich auch die Nutzungsphasen der Maschinen und Anlagen, die wir liefern, um ein Auto herzustellen. Als Maschinen- und Anlagenbauer haben wir die Aufgabe, speziell auf das Endprodukt Auto zugeschnittene Produktionsanlagen zum frühst möglichen Zeitpunkt bereitzustellen, um dadurch den Markteintritt („Time to Market") unserer Kunden der Automobilindustrie zu beschleunigen. Andererseits nehmen jedoch aufgrund steigender Konstruktions- und Produktionskomplexität wegen der Vielzahl unterschiedlicher Fahrzeugvarianten die Entwicklungs- und Innovationszeiten tendenziell zu.

Sie wissen alle, daß der Marktanteil ausländischer Fahrzeuge in Deutschland langfristig gestiegen ist. Einer der Hauptgründe sind die Preisvorteile die ausländische Hersteller aufgrund ihrer Kostenvorteile bieten können. Die Antwort der deutschen Hersteller ist die Produktdifferenzierung über Qualitätsvorteile. Wir als Anlagenbauer müssen also für unsere Kunden die Qualitätsvorteile realisieren. Im Klartext heißt das: Die Fabrikleiter unserer Kunden verlangen von uns, daß wir ihnen hochautomatisierte und flexible, maßgeschneiderte Anlagen in ihre Fabriken stellen und das zu wettbewerbsfähigen Preisen sowie mit einem 24-Stunden-Service.

Zwischen hoher Qualität und dem Wunsch nach schnellem Markteintritt des Autos besteht jedoch ein Zielkonflikt. Dieser muß durch den Lieferanten der Produktionsanlage gelöst werden.

Bei der Entwicklung eines Autos werden in der Regel bereits 80% seiner Herstellungskosten festgelegt. Die Entwicklung selbst macht nur 10% der Kosten aus. Das zeigt, daß der Erfolg eines Produkts schon in der Entwicklungsphase angelegt wird.

Es ist daher logisch, daß das Unternehmen in der Entwicklungsphase schnell und angemessen auf veränderte Marktbedingungen reagieren muß. Im Sinne unseres Themas bewegen wir uns in dem Spannungsfeld von Zeit, Kosten und Qualität, das in seinen einzelnen Dimensionen und deren Zusammenspiel beherrscht werden muß.

Eine der zentralen Strategien zur Verkürzung von Produktentwicklungszeiten besteht in der intensiven Zusammenarbeit des Kunden als Produkthersteller mit uns als dem Lieferanten der Produktionsanlage. Erfolgreiche Zusammenarbeit erfordert ständige Kommunikation. In der Rolle des Wertschöpfungspartners werden deshalb sämtliche Tochtergesellschaften des IWKA-Konzerns frühzeitig in die Produktentwicklung ihrer Kunden eingebunden. Besonders ausgeprägt ist diese Art der Zusammenarbeit in unserem Bereich Anlagentechnik mit der Automobilindustrie: Der Roboter- und Schweißanlagenbau ist durch seine Ausrichtung am Endprodukt, dem Auto, unmittelbar an den Entwicklungsprozessen der Automobilindustrie beteiligt. Endprodukt und Produktionsanlage bedingen einander und machen die Trennung ihrer jeweiligen Entwicklungsprozesse unmöglich, wenn Zeit, Kosten und Qualität optimiert werden sollen. Aus Lieferanten werden somit Wertschöpfungs- und Innovationspartner. Wir fragen uns deshalb gemeinsam mit der Automobilindustrie:
- „Wie können wir die Zeit reduzieren, die notwendig ist, um das neue Auto und die für seine Herstellung erforderliche Produktionsanlage rechtzeitig auf den Markt zu bringen?"
- „Wie können wir für das Auto und für seine Produktionsanlage die Gesamtkosten für Herstellung, Betrieb und Service reduzieren?"
- „Wie können wir Produkte und Produktionsmittel so entwickeln, daß die Vorteile neuer Produktionstechnologien genutzt werden und die Qualitätsanforderungen des Autokäufers, also von Ihnen als Endkunden erfüllt sind?"

2. Anforderungen an das Innovations-Management als strategischen Erfolgsfaktor zur Steuerung des Innovationsprozesses

Die Beantwortung dieser Fragen führt zu neuartigen Anforderungen an das Entwicklungs- und Innovationsmanagement. Bevor ich darauf eingehe, lassen Sie uns die konventionelle Vorgehensweise in der Automobilentwicklung beleuchten, die bis vor wenigen Jahren noch dominierte und heute noch mancherorts anzutreffen ist. Man nennt sie die sequentielle Arbeitsweise.

Bei ihr wird zunächst ein Fahrzeugdesign entworfen und ein Modell gebaut. Im Anschluß daran wird das Auto konstruiert und seine technischen Daten berechnet. Es erfolgen der Prototypenbau und die Durchführung physikalischer Tests, zum Beispiel im Windkanal und schließlich die Bewährungsprobe im Crash-Test. Verlaufen diese Testphasen erfolgreich, wird mit der Planung, Konstruktion und Herstellung der Produktionsanlage begonnen. Danach werden Vorserienfahrzeuge gebaut. Erst dann läuft die Serie an. Sämtliche Arbeitsschritte laufen nacheinander, also sequentiell ab. Eine Informationsübergabe findet jeweils nur am Ende der einzelnen Sequenzen statt.

Dieser früher so erfolgreiche, stark arbeitsteilige Entwicklungs- und Innovationsprozeß, der fünf bis sieben Jahre dauerte, ist bei der hohen Innovationsdynamik heutiger Märkte zu langsam und zu teuer geworden. Funktions-, Qualitäts- und Kostenmerkmale werden bei diesen Prozessen schon früh endgültig festgelegt. Bei unvollkommener Kenntnis des Marktes sowie bei nicht ausreichendem Wissen über die einzusetzenden Technologien und deren Zusammenwirken birgt diese Vorgehensweise hohe Risiken. Diese Risiken bestehen in nachträglichen, kostenintensiven Änderungen des Autos, die zwangsläufig zu Änderungen der Produktionsanlage führen. Als Konsequenz verzögert sich der Serienanlauf, und der Markteintritt erfolgt zu spät.

Diesem Konzept liegen stark hierarchische Strukturen sowohl beim Kunden als auch beim Lieferanten zugrunde. Es entstehen lange Entscheidungswege und hoher Regulierungsbedarf, die nicht nur die Flexibilität der Entwicklungsabläufe sondern auch die Innovationskraft des Unternehmens begrenzen. Die hierfür typischen funktional organisierten Abteilungen konzentrieren sich meist ausschließlich auf ihre spezifische Entwicklungsaufgabe und gucken nicht links und rechts. Das heißt, das Gesamtprojekt tritt in den Hintergrund. Detailoptimierungen einzelner Arbeitsabläufe und Insellösungen führen nicht zu einer Verbesserung des gesamten Entwicklungsprozesses und können deshalb den Produkterfolg am Markt auch nicht garantieren. Die Vielzahl sich daraus ergebender Schnittstellen trägt zwangsläufig zu zahlreichen Integrationsproblemen im Verlauf der Produktentwicklung bei. Auf diese Weise kann man heute kein Geld mehr verdienen. Deshalb müssen wir das alte Paradigma sequentieller Arbeitsteilung durchbrechen.

Zur Förderung von Produktivität und Qualität organisieren sich moderne Unternehmen zu integrierten, vernetzten Systemen, in denen jedem Mitarbeiter klar ist, in welcher Weise seine Tätigkeit in der Zusammenarbeit mit anderen zum

Erfolg beiträgt. Die Schnittstellen zwischen verschiedenen Aufgaben- und Funktionsbereichen werden klar definiert und haben besonderen Einfluß auf den Gesamtablauf der Prozesse.

Organisationsstrukturen und Instrumente einer auf Marktorientierung und Innovation abzielenden Unternehmensführung fördern und erfordern deshalb ein prozeßorientiertes, über Bereichs- und Unternehmensgrenzen hinausgehendes Denken. Die Ausrichtung am Kundennutzen setzt dabei die Schaffung eines ganzheitlichen Zeit- , Qualitäts- und Kostenbewußtseins voraus. Schnelle Reaktionen sind nur möglich, wenn die Organisation des Unternehmens klar gegliedert und schlank ist. Prozeßabläufe müssen durchgängig sein. Die Kommunikationsfrequenz ist schließlich abhängig von dem Grad der Vernetzung der Funktionen durch technische und kaufmännische EDV. Insbesondere die EDV, der wohl größte Fortschritt in den letzten Jahren, ermöglicht einen unvorstellbaren Zeitgewinn. Die Einführung solcher Prozesse verlangt von den Mitarbeitern die Fähigkeit zu kommunizieren und zusammenzuarbeiten und setzt fachliche und entsprechende menschliche Qualifikationen aller Beteiligten voraus. Und dies beim Lieferanten und beim Kunden.

3. Das Konzept des Simultaneous Engineerings

Wenn Kunde und Lieferant enger zusammen arbeiten wollen, um Kosten und Zeit zu sparen und zugleich ein qualitativ einwandfreies Produkt am Markt einzuführen, ist Simultaneous Engineering ein geeignetes Mittel zur Schaffung eines unternehmensübergreifenden Aufgabenverständnisses.

Was versteht man unter Simultaneous Engineering? Wörtlich übersetzt heißt es gleichzeitiges Konstruieren oder Entwickeln. Simultaneous Engineering bedeutet, einzelne Stufen der Produktentwicklung parallel durchzuführen: Kunde und Lieferant konstruieren und entwickeln gleichzeitig Produkt und Produktionsanlage. Diese Gleichzeitigkeit ist gekennzeichnet durch:
- den partnerschaftlichen Dialog zwischen dem Kunden, in unserem Fall des Autoherstellers, und uns, dem Lieferanten der Anlage, auf der die Autos gebaut werden
- eine enge Zusammenarbeit unserer Entwicklungsabteilungen mit denjenigen des Autoherstellers, also zwischen dem Lieferanten und dem Kunden
- einen frühzeitigen und umfassenden Austausch technischer und wirtschaftlicher Daten des Autos und der Fabrik, in der die Anlage aufgestellt werden soll. Zu diesen Daten gehören der kritische Entwicklungspfad des Autos, beispielsweise mit Terminen über Crash-Tests und sich daraus ergebenden Bauteilveränderungen ebenso wie der Grad der Automatisierung der Anlage zur Herstellung des Autos.

Sie sehen aus dieser kurzen Aufzählung, daß es sich um einen Austausch hoch vertraulicher Daten handelt, der zu einer sehr engen, vertrauensvollen Zusammenarbeit führen muß, wenn am Ende der gemeinsame Erfolg stehen soll.

Simultaneous Engineering ist also das parallele Entwickeln vom Produkt und seiner Produktionsanlage. Wenn beim Lieferanten und beim Kunden spiegelbildliche Projektteams gebildet werden, die die Erkenntnisse und Fortschritte ihrer Arbeit fortlaufend austauschen, wird jedem einleuchten, daß im Unterschied zur relativ langsamen sequentiellen Arbeitsweise die parallelen Schritte der Produkt- und Anlagenentwicklung die gewünschte Zeitverkürzung erlauben.

Dieses Vorgehen hat darüber hinaus den Vorteil, daß nachträgliche Änderungen an der Produktionsanlage, die zeit- und kostenintensiv wären, vermieden werden können.

Da viele Qualitätsmängel und Fehler normalerweise in der Entwicklungsphase entstehen, sind kritische, besonders wichtige Qualitätsmerkmale des Autos zu Beginn festzulegen. Als Folge müssen diese Qualitätsmerkmale bereits in der Konzeption der Produktionsanlage und des Produktionsprozesses berücksichtigt werden. Je früher mögliche Qualitätsprobleme des Autos erkannt werden, desto geringer sind die Kosten der notwendigen Änderung. Auf diese Weise wird das Qualitätsmanagement schon in der Entwicklungsphase ein aktiver Bestandteil der Projektarbeit.

Neben der Präzisierung von Produkteigenschaften, Entwicklungsdauer und -aufwand ist insbesondere auch eine wettbewerbsorientierte Zielkostenplanung durchzuführen. Früher wurden die Kosten eines Fahrzeugs voll in den Preis eingerechnet. Heute, in sehr wettbewerbsumkämpften Branchen bestimmt der Markt den erzielbaren Preis. Das Gesamtkostenziel des Autos ergibt sich damit aus der Differenz von konkurrenzfähigen Preisen und akzeptablen Gewinnmargen. Es dient als Basis der Ableitung von einzelnen Zielkosten für Fahrzeugdesign, Ausstattung, Konstruktion und Produktionsanlage. Hieraus folgen Anforderungen für die technische Auslegung der Produktionsanlage und des gesamten Produktionsprozesses. Zielkosten und verursachte Kosten müssen für ein bestimmtes Projekt von vornherein in Einklang gebracht werden. Gelingt das nicht, müssen die Herstellkosten des Automobils und die Kosten der Produktionsanlage im nachhinein mühsam iterativ gesenkt werden. Das heißt, alle Beteiligten müssen von ihren technischen und wirtschaftlichen Vorstellungen Abstriche machen.

Werden die Zielkosten im Entwicklungs- und Innovationsprozeß unterschritten, teilen sich Automobilhersteller und der Lieferant der Anlage die Kosteneinsparungen als zusätzlichen Gewinn. Übersteigen die tatsächlich anfallenden Kosten das Ziel, so entscheiden beide Partner gemeinsam über das weitere Vorgehen und gegebenenfalls über Projektänderungen oder Projektabbruch.

Insgesamt sichert das Konzept des Simultaneous Engineering somit den beteiligten Unternehmen nachhaltige Wettbewerbsvorteile. Es schafft ein ganzheitliches Zeit-, Qualitäts- und Kostenbewußtsein. Das hierfür notwendige interdisziplinäre und unternehmensübergreifende Denken der Mitarbeiter wird dabei durch den Prozeß des Simultaneous Engineering angestoßen und weiterentwickelt.

4. Die Voraussetzungen des Simultaneous Engineerings

Die Einbeziehung des Lieferanten der Produktionsanlage in einem frühen Stadium der Autoentwicklung beinhaltet für beide Partner neben den genannten Chancen auch Risiken. Ideen und Know-how der beteiligten Unternehmen werden zu einem frühen Zeitpunkt offenbart. Wir erhalten als Lieferant der Anlage frühzeitig Einblick in die langfristige Modellpolitik der Autoindustrie. Die Automobilindustrie gewinnt andererseits schon vor der eigentlichen Auftragsvergabe Einblick in die Entwicklung und Planung der Produktionsanlage. Dies führt dazu, daß eine vertrauensvolle, offene und diskrete Zusammenarbeit sämtlicher Beteiligten gewährleistet sein muß. Durch die gezielte Auswahl der Partner soll eine Ausnutzung vermeintlicher oder tatsächlicher Machtpositionen verhindert werden. Die Autoindustrie muß bei der Auswahl ihrer Lieferanten auf verfügbare Management- und Ingenieurressourcen achten, die in der Lage sind, langfristige, strategische Bindungen einzugehen und eine positive Einstellung zu kooperativer Zusammenarbeit besitzen.

Die hohen Anforderungen an das Kommunikationsverhalten der in den Prozeß des Simultaneous Engineering einbezogenen Personen erzwingen in den beteiligten Unternehmen weitere Voraussetzungen. Es sind dies:
- bestimmte Organisationsformen
- technische Verfahren und Hilfsmittel
- Mitarbeiterqualifikationen
- die Unternehmenskultur.

Erst auf der Grundlage dieser Stützpfeiler kann der Prozeß des Simultaneous Engineering stabil ausgebaut und ein vertrauenvolles Informationsmanagement zwischen den verschiedenen Unternehmen und Bereichen entwickelt werden.

Damit das Simultaneous Engineering funktionieren kann, muß bei den Partnern, dem Autohersteller und dem Anlagenbauer, als Organisationsform ein Projektmanagement eingerichtet werden, daß mit klaren Zielen und präzisen Kompetenz- und Aufgabenzuweisungen ausgestattet sein muß. Die organisatorischen Vorgaben gibt der Autohersteller, dem sich die Organisation des Anlagenbauers in der Regel anpaßt. Dadurch wollen wir den Kundennutzen erhöhen. Anschließend muß im Rahmen der Projektplanung die zeitliche Reihenfolge einzelner Entwicklungsschritte und die Parallelbearbeitung voneinander unabhängiger Teilschritte beim Kunden und beim Lieferanten festgelegt werden. Wichtig ist in diesem Konzept, daß die Partner ihre Aufgaben parallel abarbeiten, während bei der sequentiellen Arbeitsweise die Aufgaben nacheinander bearbeitet wurden.

Organisatorisch empfiehlt es sich, die Projektleiter aufgrund der hervorstechenden Bedeutung eines jeden Entwicklungsprojekts mit umfangreichen Kompetenzen auszustatten. Beim Projektmanagement werden sämtliche am Projekt beteiligten Mitarbeiter aus den ursprünglichen Unternehmensbereichen temporär ausgegliedert und einem selbständigen, ad hoc gebildeten Projektbereich zugeordnet. Man nennt diese organisatorische Form des Projektmanagements „Task Force". Der Projektleiter bekommt dabei umfangreiche Vollmachten für das gesamte Projekt und die befristet zugeordneten Mitarbeiter und steuert das Projekt ohne Einmischung der Geschäftsleitung oder des Linienmanagments.

Bereichs- und unternehmensübergreifendes Denken und Handeln setzt einfache Kontrollmechanismen und kurze Entscheidungswege voraus. Das Projektteam und insbesondere der Projektleiter muß sowohl unmittelbaren Kontakt zum eigentlichen Entwicklungs- und Konstruktionsprozeß haben als auch direkt mit der Unternehmensleitung kommunizieren können. Gerade hier bietet die ausgeprägt mittelständische Struktur der Tochtergesellschaften des IWKA-Konzerns Vorteile. Unsere Gesellschaften operieren als dezentral geführte Einheiten weitgehend unabhängig in ihren Märkten und ermöglichen durch ihre flachen Hierarchien kurze Kommunikations- und Entscheidungswege zwischen Projektteam und Geschäftsführung.

Die zunehmende Produkt- und Produktionskomplexität erfordert im Rahmen des Simultaneous Engineering die technologische und methodische Unterstützung der Projektarbeit durch <u>technische Verfahren und Hilfsmittel</u>. Das moderne Instrumentarium umfaßt heute CAD (Computer Aided Design) -Systeme zur Bildschirmsimulation von Fertigungsabläufen sowie Ingenieur-Datenbanken, die wichtige Informationen zu neuen Werkstoffen, innovativen Fertigungsverfahren und Stücklisten bereitstellen. Unsere Erfahrungen im IWKA Konzern zeigen dabei, daß im Rahmen technischer Kommunikationsprozesse insbesondere die effiziente Organisation, sorgfältige Pflege und rechtzeitige Bereitstellung der entstehenden Daten entscheidend ist, um Zeit zu gewinnen. Auf der Grundlage kompatibler CAD-Systeme müssen diese Daten zwischen Kunde und Lieferant ausgetauscht werden können.

Zur organisatorischen Steuerung des Simultaneous Engineering-Prozesses ist zusätzlich ein Projektcontrolling erforderlich, das mit Hilfe der EDV die Überwachung und Koordination der verschiedenen Teilprojekte technisch und kaufmännisch unterstützt.

Ich komme nun zum dritten Stützpfeiler des erfolgreichen Simultaneous Engineering: den <u>Mitarbeitern und ihren Qualifikationen</u>.

Die weitgehende Parallelisierung und Synchronisation von Arbeitsabläufen erfordert eine produktbezogene, konstruktive Teamarbeit von Führungskräften und Spezialisten aus nahezu allen Abteilungen ohne Rücksicht auf ihren hierarchischen Status. Konkret heißt das, daß bei uns und dem Automobilhersteller Konstrukteure der Elektrik, der Mechanik, der Werkzeuge und der Fördertechnik mit Kaufleuten der Logistik, der Kalkulation und des Controllings zusammenarbeiten und alle durch das Projektmanagement koordiniert werden. Der Prozeß des Simultaneous Engineering wird also in erster Linie von den Menschen getragen, die an ihm beteiligt sind.

Entwicklungsingenieure, Designer, EDV-Spezialisten, Marketingfachleute, Fertigungsingenieure und Controller aus den verschiedenen Unternehmen planen und optimieren ein Produkt, seinen Produktionsprozeß und seine Produktionsanlagen ganzheitlich von der ersten Idee bis zu den Aktivitäten der Markteinführung des neuen Autos. Die teamorientiere Vorgehensweise des Simultaneous Engineering aktiviert ein großes fachliches Know-how-Potential unserer Mitarbeiter bei gleichzeitiger Intensivierung des direkten Informationsaustausches.

Darüber hinaus sollen unterschiedliche Interessen, Ideen und Fähigkeiten in den Projektzielen und der Projektdurchführung berücksichtigt und umgesetzt werden. Die Aufgaben des Projektteams und seiner Mitarbeiter sind vielfältig: Sie bestehen unter anderem in drei großen Aufgabenfeldern:
- der Einzelzielfestlegung und Terminierung des Projektvorhabens
- der Koordination und Bewertung von Vorstudienaktivitäten im Rahmen der Konzeption
- der raschen, aber auf gründlichen Analysen beruhenden und konsensfähigen Lösungsfindung und -umsetzung.

Diese Aufgaben erfordern die regelmäßige Rückkopplung des Projektteams mit den verschiedenen Funktionsbereichen. Simultaneous Engineering führt somit zu einem Mehr an Aufgaben und an Fach-, Kommunikations- und Führungskompetenzen der Beteiligten. Frauen und Männer müssen jedoch gleichzeitig ein hohes Maß an persönlicher Flexibilität, Lern- und Veränderungsbereitschaft aufbringen.

Die Schlüsselfigur des Simultaneous Engineering - Prozesses ist der Projektleiter. Die an ihn gestellten Anforderungen sind außerordentlich hoch und verlangen neben fachlicher Kompetenz und der Beherrschung moderner Managementmethoden insbesondere soziale Kompetenz und Durchsetzungsvermögen. Die Teammitglieder erwarten vom Teamleiter als "primus inter pares" ein ausgeprägt kooperatives Führungsverhalten. Dies gilt um so mehr, weil Mitarbeiter unterschiedlicher Unternehmen zusammenarbeiten. Noch anspruchsvoller wird es, wenn wir als Lieferant spezialisierte Subunternehmen einschalten. Um Konflikte grundsätzlich zu vermeiden, sollte der Teamleiter in einer Gruppe von hochqualifizierten und hochmotivierten Fachleuten des mittleren Managements deshalb Moderator, Berater und Förderer sein. Er ist weder Antreiber noch "Befehlsgeber", wohl aber der Verantwortliche für Erfolg oder Mißerfolg des Projektes und damit des gesamten Teams.

An dieser Stelle ist bereits klar, daß bei Simultaneous Engineering Projekten der Zeitgewinn groß ist und deutliche Wettbewerbsvorteile erreicht werden können. Um den Zeit- und Leistungsdruck zu beherrschen, empfiehlt sich eine konsequente Zeitplanung für alle Funktionen und Prozesse des Projekts. Die Verantwortung für die Einhaltung der Zeitplanung trägt der Projektleiter. Jeder Zeitverzug muß unmittelbar mit dem Leiter des Entwicklungsteams für das Auto besprochen werden. Gemeinsam sind Maßnahmen zu überlegen, die sicherstellen, daß der Endtermin, nämlich der Serienanlauf des Autos, nicht gefährdet wird.

Eine Arbeitsgruppe wächst und reift dann, wenn sie willens und fähig ist, mit ihren Problemen umzugehen, gemeinsame Entscheidungen zu treffen und dadurch zielorientiert zu handeln. Dazu müssen einzelne Grundsätze und Spielregeln für eine vertrauensvolle Zusammenarbeit ausgehandelt werden. Gerade bei Simultaneous Engineering - Prozessen mit Beteiligten aus unterschiedlichen Unternehmen ist dies für die Verbesserung der Kommunikation notwendig. Vertrauen und Verständnis für die Interessen des Teampartners ermöglichen die konstruktive Handhabung von Konflikten und die Intensivierung und Beschleunigung der Zusammenarbeit.

Als vierte Voraussetzung für erfolgreiches Simultaneous Engineering ist die <u>Unternehmenskultur</u> zu nennen.

Die beim Simultaneous Engineering auftretenden Probleme sollen trotz ihrer Komplexität, Vernetztheit und Dynamik in relativ kurzer Zeit gelöst werden. Dies erfordert vor allem Kreativität. Unter Kreativität verstehen wir die Fähigkeit, komplexe Probleme schnell zu lösen. Dem stellen sich häufig Althergebrachtes und Konventionen als Widerstände im Unternehmen entgegen.

Beim Simultaneous Engineering müssen deshalb die Angst vor dem Neuen und das Verharren in Konventionen überwunden werden. Dies erfordert ein Betriebsklima, in dem Offenheit für neue Ideen und Selbstvertrauen geschaffen werden. Selbstbewußte Mitarbeiter und Vorgesetzte, die sich für neue Wege begeistern und belastbar genug sind, das Gewagte durchzusetzen, müssen gefördert und belohnt werden. Neben materieller Belohnung ist Lob, Auszeichnung und Anerkennung von Mitarbeitern und Vorgesetzten oftmals noch wichtiger.

Kreativität im Team ist selten das Ergebnis der Leistung eines Einzelnen. Teamkreativität ergibt sich aus der gemeinsamen Freude am Projekt und aus dem Willen, Sachprobleme optimal für den Kunden zu lösen, um ihn zufrieden zu stellen. Dabei bestimmt neben der jeweiligen Persönlichkeitsstruktur des Einzelnen auch maßgeblich das Betriebsklima und die Unternehmenskultur die innere Bereitschaft zu Kooperation und Kommunikation. Vorgesetzte und Projektleiter haben hier maßgeblichen Einfluß: Ein autoritärer Führungsstil vermeidet den Dialog mit den Menschen, blockiert oftmals Kräfte oder lenkt diese in die falsche Richtung. Nicht selten bewirkt "Führung durch Anweisung" genau das Gegenteil dessen, was ursprünglich bezweckt werden sollte.

Ziele und Werte dürfen daher nicht vorgegeben, sondern sollten zwischen Vorgesetzten und Mitarbeitern gemeinsam vereinbart werden. Das stärkt die Eigenverantwortlichkeit der Mitarbeiter, worauf es beim Simultaneous Engineering gerade ankommt. „Führung durch gemeinsame Zielvereinbarung" (Management by objectives) ermöglicht außerdem individuelle Freiheit und die Einbringung persönlicher Beiträge. Auf der Grundlage konkreter, realistischer aber anspruchsvoller Zielvorgaben erfolgen schließlich auch die Ergebniskontrollen. Projektleiter und Mitarbeiter beurteilen die einzelnen Leistungsbeiträge gemeinsam am Ausmaß der Zielerreichung.

Neben speziellem Fachwissen, das der besonderen Koordinierung bedarf, ermöglicht vor allem ein breit angelegtes, interdisziplinäres Wissen und das Verständnis für schwierige Situationen und für Menschen den kooperativen Dialog. Wichtig ist, daß der Controller den Ingenieur und der Informatiker den Juristen versteht. Interdisziplinäres Lernen, also das Schauen über den eigenen Tellerrand, muß daher im Unternehmen gefördert werden. Breitenqualifikation durch Ausbildung und Erfahrung hilft dann, Kommunikationsbarrieren zwischen den einzelnen Fachdisziplinen zu reduzieren und Zeit im Sinne von Geschwindigkeit zu gewinnen.

5. Kommunikation und Kooperation als Schlüsselherausforderungen

Kommunikation und Kooperation haben schon immer im Zentrum unternehmerischen Handelns gestanden. Das Konzept des Simultaneous Engineering stellt sie nur in einen neuen Zusammenhang. Es gibt, wie wir gesehen haben, drei Ebenen der Kommunikation und der Kooperation:
- die Ebene des Automobilbauers als Kunden
- unsere Ebene als Lieferanten der Anlage
- die gemeinsame Ebene, die uns mit dem Kunden verbindet.

Auf allen Ebenen soll das Ziel erreicht werden, die Arbeitsprozesse zu verbessern und zeitlich zu verkürzen. Das technische Mittel bildet der Einsatz moderner Informationstechnologien in Management und Technik.

Kommunikation und Kooperation sind trotzdem nichts anderes als Interaktionen von Personen in einer Organisation. Je besser diese Mitarbeiter auf die geforderten Aufgaben ausgerichtet sind und Eigenschaften mitbringen, die sie fachlich und menschlich befähigen, Mitglieder eines Teams zu sein, um so größer und sicherer wird der Erfolg.

Für diese Aufgaben brauchen wir junge Persönlichkeiten, die neben fachlichem Wissen Teamgeist mitbringen. Vernetztes Denken in betriebswirtschaftlichen, technischen, juristischen und sozialen Dimensionen ist gefragt. In einer zusammenwachsenden Welt gehören dazu auch Fremdsprachen und Verständnis für andere Kulturen. Auslandsaufenthalte auch vor dem Berufseinstieg empfinden wir als besonders hilfreich. Kurzum, wir brauchen neben den Spezialisten auch Generalisten, die sich auf der Grundlage einer breiten universitären und außeruniversitären Bildung schnell in vielfältige Spezialfragen einarbeiten können. Dazu gehört auch Engagement und Ehrgeiz in der Beschäftigung mit dem Detail. Ich sage das, meine Damen und Herren als Empfehlung für die Gestaltung Ihrer eigenen fachlichen Ausbildung und Ihrer außeruniversitären Interessen. Geschwindigkeit und zunehmende Dynamik heißt auch, daß wir Menschen wie Sie und Ihre junge Intelligenz mit Ihrem Problembewußtsein und Ihrer Kreativität schnell bei uns einsetzen möchten. Aufbauend auf Ihrer, an der Universität erworbenen Kompetenz zum analytischen und strukturierten Arbeiten, gewinnen Sie bei uns die Erfahrung, praktische Probleme im Wirtschaftsleben anzugehen und zu meistern. Die Zusammenarbeit mit anderen steht dabei nicht nur beim Simultaneous Engineering im Mittelpunkt.

Wir begrüßen es, wenn Sie in Ihrer Ausbildung erste Erfahrungen in der wirtschaftlichen Praxis durch Praktika oder praxisorientierte Diplomarbeiten sammeln. Sie befruchten ihre theoretische Ausbildung und ermöglichen den zügigen und gezielten Berufseinstieg mit der Übernahme erster Verantwortung in der Praxis. Der IWKA-Konzern mit seinen vielen, in unterschiedlichen Branchen des Maschinenbaus angesiedelten Tochtergesellschaften bietet Ihnen dazu vielfältige Möglichkeiten. Gemeinsam können wir dann die interne und externe Kooperation mit unseren Partnern und Kunden weiter entwickeln. Das Dreieck aus Zeit, Kosten und Qualität wird um den Faktor Vertrauen und Motivation ergänzt, um dadurch Innovationsprozesse weiter zu beschleunigen. Der Markt und unsere Kunden werden uns den Zeitgewinn vergüten. Denn nach Clausewitz ist

„die beste Strategie...: immer recht stark zu sein, zuerst überhaupt und demnächst auf dem entscheidenden Punkt(.)":der Geschwindigkeit.

Carl von Clausewitz
Vom Kriege, S. 347

Barbara Mettler-v.Meibom

Geduld oder das Wissen um das richtige Zeit-Maß

Salopp formuliert: Unsere Zeit ist 'auf den Hund gekommen'. Wir haben unsere Vorstellungen von dem, was Zeit ist, vor allem auf die meßbare reduziert. Das Diktat der Uhrzeit, die die Zeit nach Sekunden, Minuten und Stunden mißt, hat zu einer beispiellosen Beschleunigung in der Geschichte der Zeitverwendung geführt, die uns weder individuell noch kollektiv gut tut. Geduld ist demgegenüber die Kraft, die hilft, dem Eigen-Sinn und der eigenen Wirkmächtigkeit der Zeit zu vertrauen: daß es – jenseits unseres Tuns – einen 'richtigen' Zeitpunkt gibt, eine 'richtige' Zeitdauer, eine 'richtige' Zeitqualität. Geduld ist die Fähigkeit, in diesem Sinne mit der Zeit zusammenzuarbeiten, statt sie unter dem Diktat der Zeitpeitsche manipulieren zu wollen.

In dem folgenden Beitrag soll angedeutet werden: 1. Wie vielfältig die Vorstellungen von Zeit sind, 2. an welcher Zeitvorstellung sich die Menschen der hochindustrialisierten Gesellschaften des Nordens vor allem orientieren. Sodann wird gefragt: 3. Ist die Orientierung an einer abstrakten, meßbaren Zeit die einzig erfolgversprechende für wirtschaftliches Handeln? und 4. Welche wichtigen Ansatzpunkte gibt es, um individuell und kollektiv zu zuträglicheren Zeitvorstellungen zu kommen?

1. Vielfalt der Zeitvorstellungen

Die Vorstellungen von Zeit, was sie ist, welche Qualität sie hat und wie mit ihr umgegangen werden sollte, unterscheiden sich von Kulturkreis zu Kulturkreis, von Epoche zu Epoche, ja sogar innerhalb von Gesellschaften zwischen Milieus und Generationen. Dennoch gibt es so etwas wie gesellschaftstypische vorherrschende Zeitmuster, die das Leben der Menschen prägen, z.T. bis in die kleinsten Alltagsroutinen hinein. Um einen Blick auf unsere gegenwärtigen Zeitmuster zu werfen, ist es darum hilfreich, ein Stück Abstand zu gewinnen und zu fragen, welche Zeitvorstellungen es überhaupt gibt und auf welcher Basis sie sich bilden. Hier können nur einige der wichtigsten Differenzierungen erwähnt werden.

Organische, zyklische, lineare, abstrakte Zeit

Der Soziologe und Zeitforscher Jürgen Rinderspacher greift in seinem Grundlagenwerk 'Gesellschaft ohne Zeit' (1985) die Unterscheidung zwischen organischer, zyklischer, linearer und abstrakter Zeit auf. Wir alle kennen diese unterschiedlichen Zeitarten aus eigener Erfahrung.

Die *organische Zeit* ist die Zeit, die ein Organismus für eine bestimmte Entwicklung benötigt. Es ist die Zeit, die von dem Wirken der Naturhaushalte bestimmt wird: die Zeit, die eine Pflanze, ein Tier, ein Mensch benötigen, um zu wachsen und sich zu entfalten; die Zeit, die eine Hülle wie die Ozonschicht braucht, um zu entstehen oder sich wieder zu regenerieren; die Zeit, auf die ein menschlicher Körper angewiesen ist, um Nahrung zu verdauen.

Wo organische Prozesse in regelmäßigen Rhythmen wiederkehren, spricht man von *zyklischer Zeit*. Hierher gehören der Wechsel der Jahreszeiten, der Wechsel von Tag und Nacht, der Wechsel der Mondphasen mit den Gezeiten und den Menstruationsrhythmen im Körper der Frau. Zyklische Zeiten können auch vom Menschen gesetzt werden: als Stundenpläne für Unterricht und Verkehrsmittel, als Markttage, die in einem bestimmten Wochenrhythmus oder Monatsrhythmus wiederkehren, als besondere Ereignisse wie Fest- und Feiertage oder Messen, die sich im jährlichen Turnus wiederholen. Zyklische Zeit erlaubt, die Tätigkeit von vielen Menschen in Raum und Zeit ohne großen Aufwand zu koordinieren. Sie schafft eine selbstverständliche Routine und macht den sich immer wiederholenden Aufwand der zeitlichen Abstimmung überflüssig. So erlaubt erst die Nutzung zyklischer Zeitmuster den Aufbau komplexerer Gesellschaften.[1] Es gibt Gesellschaften wie die asiatischen, die stark von zyklischen Zeitmustern geprägt sind. Hier wird das menschliche Leben als eine Abfolge vieler Inkarnationen angesehen, in deren Zyklen der Mensch immer wieder an bestimmte Aufgaben herangeführt wird.

Die *lineare Zeit* ist Zeit, die auf ein Ziel hin gerichtet ist. Sie ist prägend für den jüdisch-christlichen Kulturraum. Zeit definiert sich hier weder durch den Prozeß wie bei der organischen Zeit, noch durch die regelmäßige Wiederkehr wie bei der zyklischen Zeit, sondern von ihrem Ende her, von ihrem Ziel. So orientierten sich Christen über viele Jahrhunderte an der erhofften Wiederkehr Christi und an der Vorstellung vom Jüngsten Gericht. Die Ausrichtung auf das Gottesreich jenseits der menschlichen Zeit ist tief im kollektiven Unbewußten unserer Gesellschaften verankert. Als lineare Zeitvorstellung bestimmt sie unser Alltagshandeln und geht dabei eine enge Verbindung mit den Dimensionen von Ziel und Zweck ein: Schulbesuch bis zum Abitur, Studium bis zum Examen, Arbeiten bis zur Pensionierung/ Verrentung, Schlankheitskur bis zum Idealgewicht, Sporttraining bis zur angestrebten Höchstleistung. Gegenwart und Prozeß treten hinter dem erwünschten Ziel/ Produkt zurück. Im Geschäftsleben ist lineare Zeit von herausragender Bedeutung. Als Zielvorgabe soll sie das Handeln der Beschäftigten auf ein bestimmtes Ergebnis hin orientieren.

Die *abstrakte Zeit* schließlich ist die Zeit, die sich mechanisch in gleich große bzw. lange Zeiteinheiten zerlegen läßt. Ihre Grundlage ist die Uhr. Hier wird Zeit unabhängig, abstrakt im Sinne von abstrahieren: von allem Organischen, von allem Räumlichen und von allem Emotionalen und Geistigen. Es ist uninteressant, wieviel Zeit ein Körper/ Organismus qua Eigengesetzlichkeit für etwas braucht,

---

[1] vgl. Wendorff 1985 (vgl. genaue Angaben im LitVz.)

wo ein Prozeß stattfindet, wie er erlebt wird und welcher Sinn und Zweck mit ihm verbunden werden.

Die vier Zeitarten existieren in den seltensten Fällen unabhängig voneinander. Doch die eine oder andere Zeitart kann vorherrschend sein. Wenn einen Studierenden in einer Seminarstunde in der Universität der Hunger plagt, dann hat sich die organische Zeit in seinem Empfinden gemeldet. Er weiß jedoch, daß die zyklische Zeiteinteilung der universitären Lehre eine Pause in einem bestimmten Zeitraum bescheren wird. So kann er beschließen, der linearen Zeitverwendung Raum zu geben, indem er sich mit seinem Hunger bis zum Ende der Seminarstunde zufriedengibt. Ein Blick auf die Armbanduhr kann ihm dann mitteilen, daß die abstrakte Zeit bis dahin – so der Dozent/ die Dozentin die Uhrzeit einhält – noch genau 15 Minuten und 30 Sekunden beträgt. Bei einem Säugling, der seinen Hunger hinausschreit, werden die Eltern vermutlich anders reagieren: Sie geben der organischen Zeit Vorrang und distanzieren sich damit von dem Fütterungsmuster ihrer Großmütter, die dem Kind noch im festgelegten Vierstundenrhythmus die Flasche gaben und damit dem Kind eine abstrakte Zeitverwendung auf die zyklisch wiederkehrende Hungerphase oktroyierten.

Hier bestätigt sich, daß sich die Muster der Zeitverwendung nicht nur interkulturell, sondern auch je nach gesellschaftlicher Entwicklungsphase verändern können. Unsere Gegenwart ist, wie keine Zeit je zuvor, von der Dominanz der abstrakten Zeit geprägt. Erst die Einführung der Eisenbahn im vorigen Jahrhundert hat dazu geführt, die Uhrzeiten der Städte an die Uhrzeiten der Bahn anzupassen. Davor existierten sie nebeneinander. Heute erstreckt sich das Synchronisieren der Zeit auf den ganzen Globus. Im Zeitalter der Nanosekunde ist an jedem Ort der Welt eine exakte Zeitzuweisung möglich. Sie folgt dem Chronometer, dem präzis geeichten Meßinstrument, mit dessen Hilfe die Stunden und Minuten bis hin zu den Bruchteilen von Sekunden eingeteilt werden können.

Mit der abstrakten Zeit des Digitalzeitalters hat sich die Zeit von den sie tragenden Rhythmen der Natur und vom menschlichen Erleben mehr denn je abgelöst. Die organische und zyklische Zeit haben an Wirkmächtigkeit im Bewußtsein von Menschen verloren und an ihre Stelle ist eine vor allem instrumentell-lineare Verwendung abstrakter Zeit in einer Phase globalen zivilen Wettrüstens getreten. Darauf werde ich im zweiten Abschnitt zurückkommen, wenn es darum geht, zu verstehen, welche Muster der Zeitverwendung heute bei uns vorherrschend geworden sind. Davor ist es jedoch anregend, sich weitere Systematisierungen von Zeit zu vergegenwärtigen.

Chronos - Kairos - Aion

Auch die Griechen kannten die meßbare Zeit, die *Chronos*-Zeit, die durch den Lauf der Gestirne bestimmt wird und berechenbar ist. Die ihr zugrundeliegenden Meßgrößen fanden sich in den Rhythmen der Natur, in der Bewegung der Sonne, der Abfolge von Tag und Nacht. Sie hat damit Ähnlichkeiten mit der abstrakten Zeit, doch ihre Grundlage ist nicht die Maschine, sondern das Walten der Natur.

Ganz anders ist es beim *Kairos*. In der Kairoszeit begegnet uns der Mensch in der Zeit, mit seinen Hoffnungen, seinen Sehnsüchten, seiner menschlichen und natürlichen Mitwelt. Kairos ist die erfüllte Zeit. Es ist die Zeit, in der alles für das Gelingen richtige und wichtige zusammenschwingt. Es ist die rechte Zeit, in der das Rechte am rechten Ort getan wird. So schreibt Claus Eurich über die Kairoszeit bei Aristoteles,[2]

> *„Im antiken Griechenland hatte der Kairos göttlichen Rang." „Kairos taucht dort als das 'Gute in der Zeit' auf und zwar in einer Doppelbedeutung: Er ist die alles gut machende, vollendende Zeit und der zu etwas gute, günstige Moment. Dieser Moment liegt in der Mitte zwischen zu 'früh' und zu 'spät'... Der entscheidende Zeitpunkt steht unter göttlicher Bestimmtheit." (S. 60f) „Der Kairos jedoch, der nicht erkannt und erfüllt wird, gerät selbst zum Hindernis für das Zukünftige." (S. 69)*

Den Kairosmoment zu fühlen, sodann bewußt wahrzunehmen und schließlich ihm gemäß zu handeln, ist eine hohe Kunst. Dieser Moment erschließt sich dem Menschen über die Intuition; er entzieht sich dem rationalen Zugriff. Zu vielfältig sind die Einflußgrößen, die den 'rechten' Zeitpunkt bestimmen, als daß sie sich allein der menschlichen Verstandestätigkeit offenbaren könnten.

Der Mensch ist somit aufgefordert, die Kairosqualität zu suchen und zu leben. Sie trägt in sich das Versprechen gelingenden Lebens und der rechten Handlung für die Gemeinschaft.

Die dritte Zeitart im griechischen Denken ist *Aion*. Sie bezeichnet die Dauer: Dauer für das Vollbringen einer Handlung ebenso wie Dauer, die ein Prozeß benötigt, der sich ohne menschliches Zutun abspielt. Hier finden wir auch die organische Zeit wieder. Doch auch da spielt subjektives Erleben bei der Dauer mit: Wo die Dauer zur Ewigkeit gerät, vergehen 'Aeonen'.

Bei den Griechen begegnet uns in der Kairoszeit eine Zeitvorstellung, in der eine bestimmte ersehnte Qualität von Zeit mit einem nicht berechenbaren und vorherbestimmbaren Zeitpunkt zusammenfällt. Und nur wenn dieser Zeitpunkt intuitiv erfahren und aus ihm heraus gehandelt wird, kann sich eine Wirkung der Handlung entfalten, die individuell und für die Gemeinschaft Gutes bringt.

Astrologie, Mayakalender, Dreamspell-Kalender

Die Suche nach der besonderen Qualität eines bestimmten Zeitpunktes hat ihren Niederschlag in vielfältigen Zeitsystemen vielfältiger Kulturräume gefunden. Hier seien nur zwei weitere erwähnt. Sie gehen davon aus, daß sich der rechte Zeitpunkt nicht zuletzt aus den kosmischen Gegebenheiten ergibt, die auf alles Leben auf diesem Planeten einwirken. Die Astrologie als alte Weisheitslehre, die im vorderasiatischen Kulturraum noch immer große Bedeutung besitzt und heute auch bei uns immer mehr Menschen bewegt, versucht die besondere Qualität jedes Augenblicks aus der Stellung der Gestirne abzuleiten. Nach dem Gesetz

---

[2] Eurich 1996, S. 59 ff

'wie oben, so unten' geht sie davon aus, daß die Konstellation der Sterne und Planeten zueinander ein Abbild der Kräfte darstellt, die auch auf das Leben von Menschen, Pflanzen, Tieren, Organisationen und Kollektiven einwirken. In einem Horoskop der Geburtsstunde, also einer genauen Analyse der zeitlichen Qualität der Geburtsstunde, werden die wesentlichen Wirkkräfte, die z.B. für das Leben eines Menschen bestimmend sind, festgestellt. Aus der Berechnung der aktuellen Umlaufbahnen der Planeten lassen sich sodann die sogenannten Transite ermitteln, die die ursprünglichen Kräfte auf je spezifische Weise aktivieren und (miteinander) ins Spiel bringen. Aus all dem ergibt sich unter anderem die Hoffnung/ die Möglichkeit, so etwas wie den 'rechten' oder günstigen Zeitpunkt für das Gelingen einer Handlung zu bestimmen.

Nicht viel anders ist es mit dem Dreamspell-Kalender, der auf Erkenntnisse der Mayas aus dem 7. Jahrhundert zurückgeht,[3] der vor einigen Jahren entschlüsselt heute erneut in die Diskussion gebracht wird. Damit verbunden ist eine Kritik an unserem gregorianischen Kalender, weil dieser die 'natürlichen Zyklen' nicht berücksichtige und unserem Fühlen, Denken und Handeln statt dessen eine mechanistische Zeiteinteilung oktroyiert habe. Das Wissen, das dem Dreamspell-Kalender zugrundeliegt, postuliert, daß die besondere Zeitqualität des jeweiligen Tages nicht allein durch unser Sonnensystem bestimmt wird – wie dies in der auf astronomischen Berechnungen basierenden Astrologie der Fall ist. Vielmehr geht man im Dreamspell-Kalender davon aus, daß das Leben auf unserem Planeten sowohl durch die Sonnenzeit als auch durch die Zeit der uns umgebenden Galaxie bestimmt wird. Berücksichtigt man beide, so entsteht daraus ein Kalender mit einer sogenannten galaktischen Signatur für jeden Tag des Jahres. Sie kombiniert den 20-tägigen Zyklus der Sonnenzeit mit dem 13-tägigen Zyklus der galaktischen Zeit und dem viertägigen Zyklus der Himmelsrichtungen und Elemente. Die Maya, die ebenfalls mit der Sonnenenergie und der galaktischen Energie gearbeitet haben, haben auf dieser Basis einen Kalender entwickelt, der 26.000 Jahre umfaßt und dessen sogenannter Großer Zyklus im Jahr 2012 erneut zum Abschluß kommen wird. Auch hier geht es also wieder darum, die besondere Qualität eines jeden einzelnen Tages zu erfahren, anzuerkennen und ihr gemäß zu handeln, um in größter Übereinstimmung mit den kosmischen Gesetzen zu leben.[4]

Dieser Abschnitt ließe sich beliebig fortsetzen. Doch die wenigen Beispiele zeigen: Es gibt vielfältige Zeitvorstellungen, die ihre Korrespondenzen in unseren Erfahrungen und in natürlichen Wirkungszusammenhängen haben. Sie legen uns nahe, generell von sehr unterschiedlichen Qualitäten von Zeit auszugehen, die sich unserem gestaltenden Zugriff zumindest zum Teil prinzipiell entziehen. Zugleich enthalten sie die Botschaft, daß es eine *Lebenskunst gibt, die sich auf die Wahrnehmung der 'rechten' Zeit richtet*, die in sich die Aufforderung zum 'rechten' Handeln am 'rechten' Ort enthält. Diese 'rechte' Zeit wahrzunehmen, kann nicht allein mit Hilfe des Verstandes gelingen. Sie erschließt sich der Intuiti-

---

[3] vgl. http://www.tzolkin.com
[4] vgl. http://www.tzolkin.com/insights/ insights.htl mit Literaturangaben

on, deren Unterscheidungsvermögen umfassender ist als das der reinen Verstandestätigkeit. Ein Leben aus dieser Intuition enthält das Versprechen, für sich und
die Gemeinschaft das 'Rechte' zu tun.

2. Dominanz der abstrakten Zeit in den hochindustrialisierten Gesellschaften des Nordens

Wie hat es nun zu einer derart starken Abkoppelung unserer heutigen Zeitvorstellungen von den natürlichen und den seelisch-geistigen Grundlagen des Zeitbewußtseins kommen können? Diese Frage läßt sich nicht beantworten, ohne sich
den Umgang mit Zeit anzusehen, der seit der Mitte des vorigen Jahrhunderts zum
Motor der Industrialisierung geworden ist.

In der zweiten Hälfte des 19. Jahrhunderts begann der Siegeszug der
'Wissenschaftlichen Betriebsführung'. Ihr wichtigster Initiator und Protagonist
Frederic Taylor machte es sich zur Aufgabe, mit der Stoppuhr die effektivste
Verwendung menschlicher Arbeitskraft sicherzustellen. Anhand minutiöser Arbeitsstudien ermittelte er die genauen Bewegungsabläufe der besten Arbeitskräfte,
entwickelte daraus Arbeitsvorgaben für die anderen Fabrikarbeiter und brachte sie
mit Hilfe von Prämien und Strafen dazu, sich den genauen Arbeitsvorgaben entsprechend zu verhalten. Die wissenschaftliche Betriebsführung war geboren und
sollte fortan zum Motor der Industrialisierung werden und das (Arbeits-)Leben in
den aufstrebenden Industrieländern des Nordens von Grund auf verwandeln.

Die Industrialisierung läßt sich als ein Prozeß voranschreitender Zeitrationalisierung begreifen. In immer neuen Stufen und Schritten wurde die Ressource Zeit
betriebswirtschaftlich optimiert.[5] Es war die Phase der Industrialisierung der
Handarbeit. Dabei gab es eine immer wiederkehrende Abfolge: Arbeitsstudien;
auf deren Basis Standardisierung der Arbeitsprozesse; Maschinisierung der stan-
dardisierten Arbeit; Ausweisung von Restarbeiten, die Menschen nach genauesten
Vorschriften auszuführen hatten. Im Fließband der Fordwerke fand diese Technik
des Umgangs mit Zeit ihren deutlichsten Ausdruck und gab einer ganzen Epoche
einen Namen: Fordismus. Hier wurde und wird z.T. immer noch die menschliche
Arbeitskraft dem sekundengenauen Takt der Maschine untergeordnet und bis in
die Details hinein dazu gezwungen, exakt die Bewegungen zu vollziehen, die die
Maschine von ihr verlangt. Sogenannte SpringerInnen verhelfen der organischen
Zeit (Toilettengang) zu bescheidenstem Recht. Vor allem garantieren sie jedoch,
daß die Maschine nie still stehen muß. Die voranschreitende Industrialisierung der
Handarbeit folgte der einfachen Logik: Wo immer Arbeit sich so weit standardi-
sieren ließ, daß Maschinen sie übernehmen konnten, geschah dies. Mit dem Ergebnis: Immer mehr einst von Menschen geleistete Arbeit wurde zur Maschinen-
arbeit. Der Mensch erledigt(e) nur noch die Restarbeiten.

Die wichtigsten 'Restarbeiten', die sich über Jahrzehnte dem Zugriff der Ma-
schinenentwickler entzogen, lagen im Bereich der geistigen Produktion, des In-

---

[5] vgl. Rinderspacher 1985; Bravermann 1985; Negt 1984

formierens, des Kommunizierens und des Lernens. Im Zuge der 'Zweiten Industriellen Revolution' (Steinmüller), der Industrialisierung der Kopfarbeit, ist dieses Privileg der Kopfarbeit nunmehr auch vorbei. Mittels Informations- und Kommunikationstechniken lassen sich – wie wir tagtäglich in immer neuen überraschenden Meldungen erfahren – immer weitere Arbeitsprozesse auf Maschinen verlagern: Maschinen 'rechnen', 'lesen', 'hören', 'entwerfen', 'komponieren', 'lernen', 'organisieren'. Daß es nicht die Maschinen sind, die dies tun, wird bei so anthropomorpher Bezeichnung von Maschinenprozessen leicht vergessen. Dahinter steht derselbe Mechanismus, wie in der ersten industriellen Revolution, nur daß er sich nun auf die Kopf- und nicht mehr auf die Handarbeit richtet: Nun wird das geistige Arbeitsvermögen von Menschen genauestens studiert, analysiert, zerlegt und neu als maschinelles Konstrukt zusammengesetzt. Jedes Computerprogramm ist nichts anderes als der Versuch, menschliches Arbeitsvermögen maschinell abzubilden und maschinell ausführen zu lassen. Dahinter steht der anhaltende Versuch, durch Zeitrationalisierung und (möglichst weitgehende) Entkoppelung vom menschlichen Arbeitsvermögen, betriebswirtschaftlich effizienter zu wirtschaften und damit Konkurrenzvorteile zu erringen. Mit welchem Erfolg dies geschieht, läßt sich heute allerorten beobachten. Die anhaltend gleiche Logik des Prozesses, in dem die wissenschaftliche Betriebsführung eingesetzt wird, rechtfertigt es denn auch, statt von Spät- oder Postindustrialismus von Superindustrialismus (Jänicke) zu sprechen. Der Umgang mit der Ressource Zeit ist derselbe geblieben.

Die neuesten Entwicklungen wissenschaftlicher Betriebsführung lassen sich hier nur als Symptome benennen: Die Kombination industrialisierter Hand- und Kopfarbeit hat eine neue Maschinenära eröffnet, die der Robotik. Hier führt die Maschine nicht nur Handarbeit aus, sie verfügt auch über eine Sensomotorik, die eine ständige Anpassung an wechselnde Umweltbedingungen erlaubt. Die menschenleere Fabrik erscheint vorstellbar. Auf der Ebene der Zeitverwendung haben die Informations- und Kommunikationstechniken eine Erreichbarkeit 'immer und überall' geschaffen, die zu einer 'Verflüssigung von Zeit' (Dan Diner) führt: Wartezeiten werden wegrationalisiert, indem die zeitliche Koordination nunmehr unabhängig von Raum und raumbezogener Zeit bewerkstelligt werden kann. Für die Menschen ergeben sich daraus wiederum neue Anforderungen. Zum einen werden sie als Bediener 'intelligenter' Maschinen benötigt. Zum zweiten läßt sich ihre Zeitverwendung flexibilisieren und so sehr viel feiner als bisher dem Maschinentakt anpassen, zum dritten konzentriert sich die (noch?) nicht standardisierbare 'Restarbeit' nunmehr vor allem auf die intelligente Rekombination und Neukombination maschineller 'Intelligenzen', womit sich um so schneller und angemessener auf sich rasch verändernde Markterfordernisse reagieren läßt. Die Folge im Bereich von Management und Personalentwicklung: Gefordert sind nunmehr die flexiblen, sozial und kommunikativ kompetenten MitarbeiterInnen, die in Organisationen mit flachen Hierarchien in der Lage sind, in kürzester Zeit auf neue Markterfordernisse angemessen reagieren zu können.

Greift man auf die Unterscheidung in abstrakte, lineare, zyklische und organische Zeit zurück, so läßt sich festhalten: Im Prozeß der Industrialisierung hat die abstrakte Zeit sukzessive an Bedeutung gewonnen. Die in Sekunden und Minuten meßbare Zeit fungiert im Wirtschaftsleben als Mittel zum Zweck der ökonomischen Optimierung. Lineare Zeit wird im Hinblick auf Produktions- und Gewinnziele mit dem Mittel der abstrakten Zeit optimal organisiert. Die zyklische, die organische und schon erst recht jede Art von Kairoszeit oder eine Zeitqualität, die sich aus den Naturrhythmen ergibt, geraten dabei in Vergessenheit. Im Zeitalter der Nanosekunde gehen alle Uhren rund um den Globus gleich und erlauben eine reibungslose Zeitkoordination der wirtschaftlichen Akteure. Sie stellt sicher, daß keine Zeit 'vergeudet' wird, sondern das alle verfügbare Zeit auf die Zielbestimmung hin optimiert werden kann. Die „Diebe von der Zeitsparkasse" in Michael Endes Märchen „Momo" haben – wenn man so will – ganze Arbeit geleistet.

3. Abstrakte, meßbare Zeit – alleiniger Erfolgsfaktor wirtschaftlichen Handelns?

Die Zeitschraube dreht sich also immer schneller. Das Diktat der abstrakten Zeit, die an der Wiege der wissenschaftlichen Betriebsführung stand, hält an bzw. sie setzt ihren Siegeszug im Zuge der neueren informations- und kommunikationstechnischen Entwicklung unvermindert fort. Die Beschleunigung hat alle Lebensbereiche erfaßt. Heute wird Ungeduld von Kindesbeinen an mit dem Joystick in der Hand eingeübt. Die Fähigkeit junger Menschen, in Bruchteilen von Sekunden Muster zu erkennen, wird vom Fernsehen mit immer schnelleren Bildfolgen antrainiert.

Aus dem individuellen Versuch, alles und jedes in den immer gleichen Zeit-Raum von 24 Stunden zu packen, erwachsen neue Krankheitssymptome und verstärkt sich der vorhandene Streß der ohnehin überfüllten Psyche.[6] Die Zunahme von Streß und Kreislauferkrankungen kann als Symptom einer Beschleunigungs(un)-kultur begriffen werden. Welch exponentielle Entwicklung der Zeitbeschleunigung wir durchlaufen, ließ sich nach der deutschen Wiedervereinigung verfolgen. In der kurzen Zeitspanne von nur 40 Jahren hatte sich der Sprachduktus von 'Wessis' und 'Ossis' grundlegend auseinanderentwickelt: Der von 'Wessis' ist von Tempo und Aktionismus gekennzeichnet, der von 'Ossis' ist/ war von Abwarten, Hinhören, Zögern geprägt – sicherlich nicht nur eine Folge der politischen Kultur, sondern vor allem eine Folge von Erfahrungen, die im Umgang mit anderen technisch-gesellschaftlichen Umwelten gemacht wurden.

Heißt das nun, daß die Dominanz abstrakter Zeit die allein erfolgversprechende ist für wirtschaftliches Handeln und wirtschaftliche Überlegenheit? Heißt das, daß wir Menschen uns dem nolens volens anpassen müssen? Heißt das, daß alles Tun in Dienstleistung und Gewerbe unter dem Diktat der abstrakten Zeit optimiert

---

[6] vgl. Psychologie heute, 18. Jhg., Dez. 1991

werden muß, wir also weiterhin zu anhaltender Beschleunigung verurteilt sind, egal, ob uns dies als Individuen oder Kollektiv gut tut oder nicht?

Keine Entwicklung bleibt ohne Gegenentwicklung. Die Natur entwickelt sich – systemtheoretisch gesprochen – nicht in endlos positiven Feedback-Schleifen. Im Gegenteil: Negative Feedback-Schleifen sorgen immer wieder für systemische Anpassungen, die das Überleben des Gesamtsystems gewährleisten. Die losgelassene systemische Unvernunft unserer Wirtschaftsweise ist davon nicht ausgenommen. Sie verlangt systemisch (Makro-, Mezo- und individuelle Ebene) eine grundlegende Korrektur. Wir brauchen 'negative' Feedback-Schleifen, also eine Richtungsänderung, hoffentlich – noch – rechtzeitig; andernfalls wird uns die Natur diese höchst unfreiwillig verschreiben. Auf die Beschleunigung muß eine Verlangsamung folgen. Die unterschiedlichen Zeitrhythmen müssen sich wieder stärker aneinander anpassen.

Dies kann nur gelingen, wenn neben die abstrakte und lineare Zeit auch organische und rhythmische Zeitqualitäten wieder ins Bewußtsein kommen und handlungsleitend werden. Um dies individuell und kollektiv als Transformationsprozeß einzuleiten und durchzustehen, sind wir nicht zuletzt auf die Kairoszeit, auf das 'rechte' Handeln, zur 'rechten' Zeit am 'rechten' Ort angewiesen.

So trat in den 70er Jahren als erste lautstark mahnende Stimme der industrienahe Club of Rome an die Öffentlichkeit. In seiner Studie über 'Die Grenzen des Wachstums' (1972) trug er zum Entsetzen der Weltöffentlichkeit vor, daß just jenes höchst erfolgreiche Wachstumsmodell wirtschaftlichen Handels, das uns die wissenschaftliche Betriebsführung und ihre beispiellose Zeitrationalisierung beschert hat, höchst unzulänglich, ja hoch gefährlich ist. Da es die organische und zyklische Zeit der Natur nicht berücksichtigt, führt es zu einem Verhalten, mit dem wir uns offensichtlich den eigenen Ast absägen. Wir, d.h. vor allem die technisch so überlegenen Industriegesellschaften des Nordens, haben Zeit- und Konsummuster entwickelt, die sich direkt gegen die Gesetze der Natur richten. Sie entziehen der Menschheit mittel- bis langfristig die Existenzgrundlagen, unsere eigenen und die der nachwachsenden Generationen. Dies geschieht auf vielen Wegen: Indem unsere wachstumsorientierte Wirtschaft in wenigen Jahren Ressourcen verbraucht, die Jahrmillionen von Jahren für ihre Entstehung benötigten; indem wir die Atmosphäre aufheizen, das gesamte Klimagleichgewicht durcheinanderbringen und weite Teile bewohnter Erde mit Überschwemmungen bedrohen; indem wir Müll in unvorstellbaren Mengen produzieren und ihn in die Erde, ins Wasser und in die Luft leiten, ohne die Stoffe dem Kreislauf wieder zuzuführen und ohne die Gefahren von Emissionen aller Art zu berücksichtigen.

Dies hat globale, d.h. für den gesamten Planeten Erde und seine Bewohner verheerende Folgen. Sie drohen nicht nur, sondern sie sind längst – wie der Blick in die tägliche Zeitung beweist – leidbringende Wirklichkeit, bislang vor allem für die Menschen auf der Südhalbkugel. Mit den Worten von Sir Anthony Giddens, Direktor der berühmten London School of Economics[7]:

---

[7] Giddens 1997, S. 30

> *„Wir leben in einer durch und durch beschädigten Welt und*
> *zur Abhilfe sind radikale Mittel nötig."*

Doch die Beschädigung des Planeten und seiner Bewohner beschränkt sich
nicht mehr alleine auf den Süden. Sie schleicht sich allmählich auch in den Nor-
den, und sie bestimmt zunehmend die Wirklichkeit von Organisationen und Institutionen der Industrieländer. So schreibt der amerikanische Harvard-Professor für
Management Peter Senge[8]:

> *„Die Ironie liegt darin, daß heute die primären Überlebens-*
> *bedrohungen - für Organisationen ebenso wie für Gesell-*
> *schaften - nicht von plötzlichen Ereignissen ausgehen, son-*
> *dern von langsamen, schleichenden Prozessen."* Und weiter:

> *„Wenn wir lernen wollen, langsame, allmähliche Entwick-*
> *lungen zu erkennen, müssen wir unser hektisches Tempo*
> *drosseln und dem Subtilen genauso viel Aufmerksamkeit*
> *widmen wie dem Dramatischen."*

Sten Nadolny hat in seinem Roman „Die Entdeckung der Langsamkeit" (1994)
in eindrücklichen Bildern geschildert, wie das Überleben einer Gruppe von Menschen, die sich auf eine Expeditionsreise begeben hatten, davon abhing, daß unterschiedliche Zeitwahrnehmungen zum Tragen kamen. Wir haben jedoch ein System entwickelt, daß Geschwindigkeit derart überbewertet und überschätzt, daß
die Wahrnehmung existentiell wichtiger, gleichwohl langsamer Prozesse vernach-
lässigt wird. So bricht die nicht wahrgenommene und sich in langsamen Prozessen
verändernde Wirklichkeit dann plötzlich überraschend in unser Leben und in
unsere Vorstellungen herein: als Waldsterben, als Umkippen von Seen oder Mee-
ren, als Gletscherschmelzen, als Hochwasserkatastrophe, als Ozonloch und Dür-
rekatastrophe.

Wir müssen also etwas lernen, und zwar nicht nur als Individuen, sondern als
Kollektive, als Organisationen und als Institutionen. Dabei scheint eine der we-
sentlichsten Aufgaben, die wir individuell und kollektiv zu lernen haben, die
Entwicklung eines anderen Zeitbewußtseins und eines anderen Umgangs mit Zeit
zu sein. Das Paradox: Lernen selbst braucht Zeit. Die Herausforderung: Für einen
anderen Umgang mit Zeit brauchen wir Zeit. Wir brauchen *Eigen-Zeit* (Nowotny
1989), d.h. Zeit, um:

- uns zu besinnen,
- uns neu auszurichten,
- das Wesentliche vom Unwesentlichen zu unterscheiden, damit jede und jeder
  an ihrem/ seinem Platz den Kairosmoment ergreifen kann, um unsere Gesellschaften und ihre Organisationen, die 'unbeweglichen Tanker' (Glotz) in eine
  neue Richtung zu lenken.

---

[8] Senge 1996, S. 33, 34

Diese Fähigkeit zur kontemplativen Muße muß heute vor allem der Entscheidungselite in Politik und Wirtschaft abverlangt werden. Die Politik entzieht sich dieser Aufforderung bislang, die Wirtschaft nicht minder. Doch es werden neue Stimmen laut: Die Wirtschaftswoche fordert in einem großen Artikel: „Mut zur Langsamkeit".[9] Sich auf den Zeitforscher Karlheinz Geißler stützend, nennt sie 10 Gebote der Entschleunigung:

1. *Langsamer ist oft besser.*
2. *Warten lohnt sich.*
3. *Pausen sind kreativ.*
4. *Jede Arbeit braucht ihre spezifischen Zeitmaße.*
5. *Beschleunigung braucht Stabilität.*
6. *Zeit ist nicht immer Geld.*
7. *Verlieren Sie Anfang und Ende nicht aus den Augen.*
8. *Im Rhythmus arbeitet es sich besser.*
9. *Kreativität braucht Frei-Zeit.*
10. *Zeitmanagement kostet Zeit.*

Auch 'Die Akademie für Führungskräfte der Wirtschaft' konstatiert:[10] „Manager haben keine Zeit für innovative Ideen". Auf der Basis einer Befragung von 246 Managern stellt die Akademie fest: „Führungskräfte nehmen sich oder geben ihren Mitarbeitern 'keine Zeit, innovative Ideen reifen zu lassen'." Und der Professor für Betriebswirtschaftslehre Klaus Backhaus preist sogar im Managermagazin das Lob der Langsamkeit und meint:[11]

> *„Jawohl, wir befinden uns in geradezu rekordverdächtiger Geschwindigkeits-Höchstform und wehe dem, der nachfragt, wo uns der heillose Geschwindigkeitsrausch denn hinführen wird. Beschleunigen wir uns eigentlich in eine bessere neue Welt, oder was erwartet uns nach dem Beschleunigungsrausch?"*

Aus solchen Aussagen läßt sich noch nicht immer ermitteln, ob hier Langsamkeit als eine betriebswirtschaftliche Optimierungsstrategie gedacht ist, oder ob es mehr ist. Dies allerdings sollte es sein: Die Zeit zur Besinnung kann und muß eine Zeit sein, in der das eindimensionale Ziel ökonomischer Optimierung zu dem dreidimensionalen Ziel nachhaltiger Entwicklung umgeschmolzen wird: einer Harmonisierung von Ökonomie, Ökologie und Sozialem. Dies verlangt:
- die langsameren Rhythmen der Natur zu respektieren und mit ihnen zusammen- statt gegen sie zu arbeiten;
- jedem Entwicklungsprozeß, auch dem von Menschen, die Zeitspanne zuzugestehen, die er bis zu seiner Reifung benötigt.

Und dies alles ist kollektiv nur möglich, wenn damit individuell begonnen wird, und zwar insbesondere bei der Elite, die muster- und stilprägend an den Hebeln

---

[9] Wirtschaftswoche Nr. 17 vom 17.4.1997, S. 108-119
[10] Die Akademie für Führungskräfte der Wirtschaft, Presseinformation vom 13.1.1998
[11] Managermagazin, Nov. 1997, S. 246-251

der Macht sitzt. So äußert William O'Brian, Vorstandsvorsitzender von Hanover Insurance über seine Zeitverwendung:

> *„Wenn es kein Thema ist, das eine Stunde wert ist, sollte es nicht in meinem Kalender stehen"*, und Peter Senge fährt fort: *„In einem gut geplanten Unternehmen sollten die einzigen Angelegenheiten, die die Aufmerksamkeit einer hohen Führungskraft erreichen, komplexe, 'divergierende' Probleme sein. Dies sind die Probleme, die das Denken und die Erfahrung der höchsten Manager erfordern, zusätzlich zum Beitrag weniger erfahrener Personen... 'Für mich ist es ein großes Jahr' fügt O'Brian hinzu, 'wenn ich zwölf Entscheidungen treffe. Ich wähle vielleicht jemanden aus, der mir direkt unterstellt ist. Oder ich gebe eine neue Richtung vor. Aber ich verwende meine Zeit nicht darauf, viele Entscheidungen zu treffen. Ich verwende sie, um wichtige Fragen zu erkennen, mit denen sich das Unternehmen in Zukunft auseinandersetzen muß, um anderen bei wichtigen Entscheidungen zu helfen und um übergreifende Aufgaben im Unternehmensaufbau zu planen'."*[12]

Nur wo die Menschen an den Hebeln der Macht dies – in der Zeit und mit der Zeit, statt gegen sie – tun, können der katastrophale Zustand unseres Planenten und seiner Bewohner, unsere geistig-seelische Desorientierung und das Funktionieren unserer Wirtschaften einer allmählichen Heilung zugeführt werden.

4. Ansatzpunkte für eine Zeitumkehr

Wir brauchen Zeit, um zu lernen, anders mit Zeit umzugehen. Doch die Beschleunigung frißt genau diese Zeit, macht atemlos, unkonzentriert. Wie also zu einem anderen Umgang mit Zeit kommen? Wie aus dem Teufelskreis aussteigen? Wie ordnungspolitisch, wirtschaftspolitisch, organisatorisch-institutionell, ganz zu schweigen von mental und emotional, die Weichen stellen, um aus dem immer schneller rasenden Zeitzug auszusteigen bzw. diesen auf langsamere Gleise zu setzen?

Neue Weichenstellungen grundlegender Art können durch gesellschaftliche Katastrophen (militärisch, ökologisch, ökonomisch) herbeigeführt werden. Ein Börsencrash, ein ökologisches Desaster, eine militärische Auseinandersetzung können die Funktionsweisen ganzer Gesellschaften von Grund auf verändern. Doch getreu dem Satz Luthers -Und wenn die Welt unterginge, will ich heute mein Apfelbäumchen pflanzen- kann jede und jeder einen entschiedenen Schritt in Richtung auf ein neues Zeitbewußtsein und eine andersartige Zeitverwendung tun. Vordenker und Vordenkerinnen gibt es genug.[13] Ja, selbst die von Jeremy Rifkin so benannten Zeitrebellen sind bereits in Aktion, die sich dem rasenden Beschleunigungsprozeß entziehen.

---

[12] Senge 1996, S. 369
[13] Rifkin 1988, Held/Geißler 1993 und 1995; Projekt 'Ökologie der Zeit', Evangelische Akademie Tutzing

Doch wo der Funken noch wirklich springen muß, ist bei den Menschen in Entscheidungs- und Führungspositionen. Sie, die gelernt haben, mit dem Willen zu arbeiten, können sich, ebenso wie die anderen darauf besinnen, daß der Mensch mit einem freien Willen ausgestattet ist. Mit der Kraft dieses Willens können neue Wege des Denkens, Fühlens und Handelns gesucht werden, um aus der Zeitfalle herauszukommen. Geschieht dies, so macht es sich unweigerlich in der Alltagsgestaltung, beruflich ebenso wie privat bemerkbar. Und von dort aus wirkt es weiter in den vielfältigen verästelten Netzwerken, zu denen jede und jeder gehört.

Ansatzpunkte, um eine neue Zeitkultur zu entwickeln, gibt es viele: *Eigen-Zeit* (Nowotny 1989) läßt sich die Zeit nennen, in der ich die Muße finde, mich zurück in meine Mitte zu schwingen. Ich kann sie mir täglich nehmen, vielleicht in einem Rhythmus morgens, mittags, abends. Dabei genügen 5 Minuten, um für einen kurzen Moment aus Ablenkung, Hektik, bewußtloser Betriebsamkeit auszusteigen und sich zu konzentrieren. Mit dem erweiterten Bewußtsein, das sich in solchen Momenten einstellt, entsteht eine neue Sicht auf das eigene Tun.

Wer die Köstlichkeit von Eigen-Zeit erfährt, sucht sie vielfach mit immer größerer Intensität. Dies kann z.B. in der täglichen Meditation geschehen. In ihr können die Gedanken zur Ruhe kommen und die Pforten für die Weisheit der Intuition geöffnet werden. In tiefer Meditation taucht der Mensch in die Hier-und-Jetzt-Zeit ein; sie wird zur Ewigkeit und vergeht doch wie im Flug.

Jede Art von Alltagsroutine, *die repetetiv ist und in voller Konzentration und Hingabe an die Aufgabe* bewältigt wird, gewinnt meditativen Charakter, selbst Geschirrspülen oder das Jäten des Beetes. Auch Malen und Angeln haben die wundersame Wirkung, den Geist zu beruhigen und helfen, in die eigene Mitte (zurück) zu schwingen, sich an andere Zeitrhythmen anzuschließen.

Eine großartige Lehrerin in Zeitfragen ist die Natur, nicht im Erleben hinter der Windschutz- oder Fensterscheibe und auch nicht mit Insektiziden und Düngemitteln bewaffnet, sondern sich ihr direkt zuwendend, zu Fuß, in der gärtnerischen Fürsorge, im Beobachten und Wahrnehmen. Ihrem allmählichen Wechsel der Jahreszeiten, der Stimmungen, des Lichtes, der Feuchtigkeit und der Gerüche zu folgen, öffnet die Sinne für Rhythmen, die sich grundlegend den mechanistischen Maschinenrhythmen oder dem Beat elektronischer Musik entziehen.

Nicht zu vergessen: die Kinder. Sie leben in einer anderen Zeit und bringen gerade dadurch die Erwachsenen an die Grenzen ihrer Geduld und ihrer Fähigkeit, sich einzulassen. Je mehr ich abstrakte Zeitroutinen verinnerlicht habe, desto schwieriger wird es, mich den Zeitrhythmen von Kindern mit offenen Wahrnehmungssinnen zu widmen.

Und schließlich ist der eigene Körper eine nie versiegende Quelle, um andere Zeitrhythmen als die der Uhr auszuloten. Nicht ohne Grund trägt der Mann einen Schlips, der den Hals abschnürt, äußeres Symbol dafür, in welchem Ausmaß er sich in seinem Berufsleben dem eigenen Körper und den Zeitrhythmen, die dieser fordert, entfremdet. Der Körper lügt nie; auch nicht, wenn wir gegen das rechte Zeit-Maß, das er fordert, verstoßen: Bluthochdruck, Herzbeschwerden, Kurzatmigkeit, Schlaflosigkeit, Depression sind nur einige der Botschaften, die er uns sendet.

Wo die Extroversion in die Welt hinein so umfassend geworden ist, daß ein Zur-Ruhe-Kommen nicht möglich erscheint, können auch tiefgreifendere Wege gesucht und beschritten werden: Eine zeitlich befristete Aus-Zeit aus der Alltagsroutine mit dem inneren Versprechen, den seelisch-geistigen Prozeß, der sich in dieser Zeit abspielt, nicht am Ende zurückdrehen zu wollen. So kann man z.B. ein Jahr aus dem beruflichen Alltag aussteigen, was in der Regel nicht ohne massive Ängste geht. Zu den finanziellen gesellt sich dabei eine enorme seelische Herausforderung. Doch der Abstand zum Alltag kann befreien zur eigenen Wahrheit und den Mut stärken, diese Wahrheit dann auch in der Welt zu leben. Es gibt westliche Gesellschaften, wie z.B. die amerikanische, in denen ein sogenanntes Sabbatjahr viel üblicher ist als bei uns. Doch innovative Manager gestehen auch bei uns vereinzelt ihren MitarbeiterInnen entsprechende Aus- bzw. Eigenzeiten zu. Im indischen Kulturraum ist es für Berufstätige eine durchaus übliche Angelegenheit, sich für eine gewisse Zeit in ein Kloster zurückzuziehen, um geistig neu in die Welt zurückzukehren. Auch im christlich-abendländischen Kulturraum gibt es noch Elemente, die einen zeitlichen Wechsel von Rückzug und Weltbezug nahelegen, insbesondere die Fastenzeiten und Exerzitien im römisch-katholischen Raum.

Ziel all dieser Bemühungen ist es, Abstand zu gewinnen, um die eigenen Wahrnehmungs- und Verhaltensmuster bewußt(er) zu erleben, in Frage zu stellen und zu neuen zu gelangen. Indem wir aus der hektischen Betriebsamkeit aussteigen, öffnen wir uns für größere Wahrheiten als die, die von unseren kleinen, kurzfristigen, partikularen Interessen diktiert werden. Wir beginnen uns als Teil von Zusammenhängen zu begreifen, die uns tragen und für die wir achtsam Verantwortung übernehmen müssen: Die Welt der Menschen, der Pflanzen, der Tiere; das Netz des Lebens, von dem wir ein Teil sind.

Wirklichkeit ist eine Interpretation. Wo wir mit dem größeren Überblick des Abstands lernen, die Wirklichkeit neu zu sehen, werden wir frei, auf sie anders einzuwirken. Wo das Bewußtsein für die natürlichen Zeit-Rhythmen und die Zeit-Notwendigkeiten lebendiger Prozesse wieder wächst und deren Sinn einsehbar wird, wächst auch der Widerstand, dies kurzfristigen ökonomischen Einzelinteressen zu opfern. Solche Transformation ist kollektiv notwendig und wird doch individuell angestoßen und befördert. Und umgekehrt gilt: Wo sie nur individuell bleibt und nicht kollektiv wirksam wird, kann sie uns nicht aus der Zeitfalle herausführen.

So sind die vielen einzelnen Zeitpioniere auf die Gesellschaft angewiesen und die Gesellschaft auf die vielen einzelnen Zeitpioniere. Wenn wir aufhören, die Verantwortung hin und her zu schieben, können wir anfangen. Oder wie es so schön heißt: „Wenn du nichts erwartest, wartest du nicht und wenn du nicht wartest, kannst du weitergehen." (A. Kapur)

Weitergehen voller Geduld, offen für den Kairosmoment, in dem mir meine Intuition sagt, daß ich hier und jetzt das Rechte, zur rechten Zeit, am rechten Ort tun kann.

Literatur

Bravermann, H., Die Arbeit im modernen Produktionsprozeß. Frankfurt a. M.[2], New York 1985

Egner, H. (Hg.), Zeit haben. Konzentration in der Beschleunigung. Zürich, Düsseldorf 1998

Eurich, C., Die Kraft der Sehnsucht. München 1996

Giddens, A., Jenseits von Links und Rechts. Die Zukunft radikaler Demokratie. Frankfurt a. M. 1997

Handy, C., The Age of Unreason. London 1989

Held, M./ Geißler, K.A. (Hg.), Ökologie der Zeit. Vom Finden der rechten Zeitmaße. Stuttgart 1993

Held, M./ Geißler, K.A. (Hg.), Von Rhythmen und Eigenzeiten. Perspektiven einer Ökologie der Zeit. Stuttgart 1995

Nadolny, S., Die Entdeckung der Langsamkeit. München[21] 1994

Negt, O., Lebendige Zeit, enteignete Zeit. Politische und kulturelle Dimensionen des Kampfes um die Arbeitszeit. Frankfurt a. M. 1984

Meadows, D.L., Die Grenzen des Wachstums. Bericht des Club of Rome zur Lage der Menschheit. Stuttgart 1972

Mettler-v.Meibom, B., Kommunikation in der Mediengesellschaft. Berlin 1994

Nowotny, H., Eigenzeit. Entstehung und Strukturierung eines Zeitgefühls. Frankfurt a. M.[2] 1989

Rifkin, J., Uhrwerk Universum. Die Zeit als Grundkonflikt des Menschen. München 1988 (amerik.1987)

Rinderspacher, J.P., Gesellschaft ohne Zeit. Individuelle Zeitverwendung und soziale Organisation der Arbeit. Frankfurt a. M. 1985

Senge, P.M., Die fünfte Disziplin. Stuttgart 1996

Wendorff, R., Zeit und Kultur. Geschichte des Zeitbewußtseins in Europa. Opladen[3] 1985

Harald Seubert

Die Suche nach dem wahren Glück

Geschwindigkeit und Glück, das sind zwei weitreichende Themen: Das erste im Blick auf unsere Gegenwart, das zweite im Blick auf die philosophische Überlieferung und auf die Verständigung der einzelnen. Vom ersten Aspekt werde ich ausgehen. In einem zweiten Teil werde ich dann dem Phänomen des Glücks und der Frage nach ihm im Gang alteuropäischer Ethik vor allem der Antike nachspüren, um in einem dritten Teil die Frage aufzuwerfen, welches Glück wir heute – und angesichts der Herausforderung der Beschleunigung – meinen können.

Ich will Ihnen jedoch im Sinn einer Vorverständigung eingangs drei Prämissen nennen, unter denen meine Ausführungen stehen:

1. Meine Reflexionen sollen sich in dem Sinn als philosophischer Beitrag erweisen, daß sie einen bedrängenden gegenwärtigen Phänomenzusammenhang aufnehmen und fragen, *wie* er bedacht werden könnte. Es liegt also ein Begriff des Philosophierens zugrunde, der Hegels berühmtem Wort von der eigenen Zeit, die in Gedanken zu fassen sei, nahe ist,[1] jedoch weiß, daß das Denken nicht die ganze Wirklichkeit in ihrer Lebensfülle, sondern nur die *Formen* begreifen kann, in denen sie sich dem Denken mitteilt. Und ebenso weiß dieses Denken, belehrt von den Katastrophen und Erschütterungen der Moderne, daß auf Fragen von der Reichweite und bewegenden Kraft der Frage nach dem Glück nur andeutende Hinweise gegeben werden können, nicht Beweise oder Theorien mit Anspruch und Leistung vollständiger Erklärung.[2]

2. Wenn Hegel sagt, daß beim Eintritt in eine philosophische Erwägung Hören und Sehen vergehen, so heißt das – im Licht der viel bescheideneren weltphilosophischen Hermeneutik, der ich das Wort rede – auch, daß man, durch einen philosophischen Erwägungsgang belehrt, vielleicht etwas anders sehen und hören lernen möchte. Ich will Ihnen also durch den Ihnen an- und zugemuteten Denkweg nahebringen, daß die Philosophie zu Zeitfragen sehr vieles zu sagen hat, daß sie diese Zeitfragen damit aber in einem fremden Licht zeigen wird. Umwege und Exkurse sind seit Platons Dialogen ein bedeutsames Organon der Philosophie.[3] Im Blick auf das bewegende gegenwartsdiagnostische Problem der Beschleunigung wäre hier die Maxime aus Heideggers (Athener) Vortrag aus dem Jahr 1967 zu erinnern: „Zurücktreten des Denkens vor der Weltzivilisation, im Abstand von ihr, keinesfalls in ihrer Verleugnung".[4]

3. Zum Denken selbst gehört wesentlich der Faktor von Zeit und Geschichte: Ich möchte Ihnen also auch vor Augen führen, daß das älteste Alte das neueste Neue neu beleuchten kann: deshalb mein Rückgriff auf lange Vergangenes, „das näch-

ste Fremde" (Uvo Hölscher) der Antike. Dies bedeutet zugleich, daß Selbstdenken, sachliches und phänomenorientiertes Fragen und der Rückbezug auf die Überlieferung einander nicht ausschließen, sondern sich gegenseitig bedingen. Philosophieren bleibt ein „Gespräch zwischen Lebenden und Toten" (Marc Bloch) um Fragen, die seit je strittig sind und die sich nicht lösen und in operationale Schemata umsetzen lassen.

I. Aporien der Beschleunigung

a.) *Phänomen und Frage*

Die Urgeschichte Ihres „Symposium"-Themas geht zurück auf den Modernisierungsschock, der sich in den Dreißiger Jahren des vergangenen Jahrhunderts mit der Erfahrung der Eisenbahnreise, der Genesis der Industrialisierung und der Großstadt verband. Die Faszination angesichts von neuem metallischem Baal und Megalopolis und die Erschütterung rasten seinerzeit in wilder Oszillation durcheinander. Allenthalben jedenfalls war der Eindruck einer welthistorischen Zäsur spürbar, so, als sei es die Eisenbahn und nicht, wie Goethe einst meinte, die Kanonade von Valmy, die das hier und heute markiere, von dem eine neue Epoche der Weltgeschichte ausgehe. Der alternde Eichendorff hält fest: „Diese Dampffahrten rütteln die Welt, die eigentlich nur noch aus Bahnhöfen besteht, unermüdlich durcheinander wie ein Kaleidoskop, wo die vorüberjagenden Landschaften, ehe man noch irgendeine Physiognomie gefaßt, immer neue Gesichter schneiden, der fliegende Salon immer andere Sozietäten bildet, bevor man noch die alten recht überwunden". Und der jüngere Heinrich Heine beschreibt die eigentlich verändernde Signatur der neuen Zeitläufte im Jahr 1843 vielleicht am schärfsten: „Welche Veränderungen müssen jetzt eintreten in unserer Anschauungsweise und in unseren Vorstellungen! Sogar die Elementarbegriffe von Zeit und Raum sind schwankend geworden. Durch die Eisenbahnen wird der Raum getötet, und es bleibt nur noch die Zeit übrig."[5]
Was ist demgegenüber nun *heute* neu? Warum weiß sich der Heidelberger Club unter einem neuen Beschleunigungsschock? Denn wüßte er sich nicht unter diesen Auspizien, so wäre unsere Diskussion nur akademischer Art. Ich versuche zwei Antworten. *Zum einen:* Die Beschleunigung hat unstrittig im Zeitalter der Virtualität eine gänzlich andere Qualität gewonnen. Nun erst ist der Raum ganz und gar getötet. Der äußerlich immobile Surfer durcheilt die virtuellen Welten. Und auch mit der Zeit sind aufregende Wandlungen vonstatten gegangen: globale Kommunikation geht rascher vor sich als je zuvor, indem umfänglichste Informationen per Mausklick abrufbar sind, werden das Schatzhaus langgereifter Überlieferung, die Tradierung im Totenreich der Texte, das historische Gedächtnis, zu Anachronismen. Eine nicht mit Bildung und Respekt vor dem Gewesenen geschlagene Generation dominiert entschieden. Der Dreißigjährige fühlt sich angesichts Ihrer Computer-Kompetenz mitunter als Greis. Wenn auch das Internet die Zeit nicht gleichermaßen wie den Raum hinter sich gelassen hat, so erlaubt es mit ihr doch frivole Simulationsscherze zu treiben und „Zeit zu tilgen".[6] Man kann

nicht nur beschleunigt durch die Äonen 'switchen', man kann auch die real vergehende Weltzeit anhalten. Das umstürzend Neue liegt mithin darin, daß es nun nicht mehr nur die 'Weltzeit' mit den Vorgegebenheiten der äußeren Natur gibt und darin sich artikulierend die je subjektiv wahrgenommene Lebenszeit.[7] Es gibt als drittes eine gleichsam virtuelle Weltzeit, die mit der natürlichen 'Weltzeit' die objektive Vorgegebenheit teilt und mit der Lebenszeit dies, daß sie nicht einem chronologischen Raster folgt. Das exponentielle Wachstum der Informationen – entsprechend die Beschleunigung ihres Verfalls und der Neuerungen, die vom Zeitabstand von fünf Jahren als von einem fernen 'damals' reden lassen – wiederholen auf der Metaebene des Mediums diese schwindelerregenden Verzerrungen der Zeitverhältnisse. Wenn man indes diesen Befund unserer jüngsten Modernisierung mit der Frage nach dem glückenden Leben, der möglichen Sinnhaftigkeit menschlichen Handelns, verbindet, so sieht man sich einem Clash des nicht Zusammengehörigen gegenüber. Denn da kontrastiert das Glück, eine Größe aus dem je gelebten, nicht virtuellen Leben eben mit jenen virtuellen Systemen. Da tritt in die hoch artistischen Kunst- und Kommunikationswelten die Frage nach authentischer Welterfahrung ein. In dieser grotesken Koinzidenz, die ein E.T.A. Hoffmanneskes Tier mit Menschenkopf hervorzubringen droht, sehe ich den Moderneschock sein neues Gesicht gewinnen. Und von hierher verliert die Frage *„Macht Geschwindigkeit glücklich?"* ihre salonhafte Harmlosigkeit und ist plötzlich umzuckt von einem paralyisierenden Erschrecken. Die Titelfrage des Symposiums: „Wo steht der Mensch?", könnte man dann – mit mehr Recht als der Urheber – mit einer Gegenfrage Ernst Jüngers aus den Fünfziger Jahren quittieren: 'stehen wir denn überhaupt noch?'[8]

Ich will durch eine Zusatzbemerkung die kategoriale Veränderung des Geschwindigkeitsproblems noch weitergehend zu verdeutlichen suchen: im Blick auf die Philosophie, die der neuen Form von Geschwindigkeit entspricht.[9] Ich meine die semiotische Welterklärung, die alles zum Zeichen von allem, die Welt zu einem riesigen Text und vernetzten System erklärt. Zwischen Primärem und Sekundärem ist nicht mehr zu unterscheiden, ebensowenig wie zwischen Kopie und Original. Das Schaf Dolly ist eine obskure Manifestation dieses Zusammenhangs, den Walter Benjamin schon in den Zwanziger Jahren im Blick auf das Kunstwerk im Zeitalter seiner – beliebigen – technischen Reproduzierbarkeit erahnte.[10] Seine Folgerung: die Aura des einzelnen Werkes gehe in Zeiten infiniter Wiederholbarkeit verloren, sehen wir heute zugespitzt zur Verwechselbarkeit, in der Originalität zu einem nostalgischen Begriff wird. Die semiotische Denkart setzt aber voraus, daß es das reale, geschehende Leben nicht gebe. Indes: Es gibt Schnittstellen, an denen die Frage nach nicht-virtueller Lebenswirklichkeit unausweichlich wird. Diese Erkenntnis wird sich vielleicht noch frappierender einstellen, wenn man sich der Eleganz virtueller Kriege aussetzt und hinter ihnen wirkliche Verseuchungen, Blutströme, Leichenberge zu sehen wagt.

Lassen Sie mich einen *zweiten Antwortversuch* auf das entschieden Neue der Beschleunigung in den späten neunziger Jahren anschließen: Diese Gegenwart zermalmt den letzten Haltepunkt, den wir uns in der 'neuen Unübersichtlichkeit' des Globalisierungszeitalters zugelegt haben – die moderne oder postmoderne Glaubenslehre von Lebensformen oder sozialen Rollen.[11)] Dies war ein schöner Trost: Zwar geht alles und zwar ist die Welt komplexer geworden. Doch es gibt die kleineren Identitäten: föderal, familiär, persönlich organisiert. Es gibt die Partikularmoralen und den Punkt, wo wir uns aufgefangen fühlen und wo uns ein pater familias, vielleicht wir selbst, mit Wittgenstein sagt: so haben wir es schon immer gemacht, hier fragen wir nicht weiter. Doch wo ist die Möglichkeit für eine derartige Verständigung, wenn man das Wort von der Virtualität der Welten beim Wort nimmt?

Nun gibt es auf die Frage nach dem Zusammenhang zwischen der Geschwindigkeit in jener Gestalt, mit der wir es zu tun haben, und dem Glück wohlformulierte Antworten, die mich – ehrlich gesagt – nicht sonderlich überzeugen. Stilisiert möchte ich drei von ihnen unterscheiden:

1. Die Weltgeschichte ist von heute her neu zu schreiben, als eine Geschichte der Geschwindigkeitsbeschleunigung, vom Reitpferd bis zum Starfighter, von der Armbrust bis zur Laserwaffe.[12)] Diese Geschichte treibe in eine ökologische Katastrophe, nicht allein des Ressourcenverbrauchs wegen, sondern weil die Beschleunigung dem „Abenteuer der Erscheinungen", der in Natur und Kunst wahrnehmbaren Körperwelt, die Zeit entziehe, in der sie sich entfalten könne. Die Grenze zwischen Anwesenheit und Abwesenheit sei im Zug moderner Kommunikations- und Transportwege aufgehoben worden.[13)] Die ökologische Katastrophe ist zugleich eine politische Katastrophe. Es ist die circensische Rennbahn in Rom, nicht die Agora der griechischen Polis, die den öffentlichen Rhythmus späterer Zeiten diktierte. Es gilt also im Namen des Gemeinwohls ebenso wie der Ästhetik, ja es gilt im Namen der Seelenwelt des Passagiers, der wir auf dieser atemberaubenden Weltreise sind, diesem Sog zu entgegnen und sich jene Zeit zu nehmen, deren Gemeinwesen und natürliche Welt bedürfen. Um solche und ähnliche Konstellationen bewegt sich bekanntlich die Zeit- und Gegenwartsphilosophie von Paul Virilio. Bemerkenswert ist sie in der Tat, ihrer phänomenologischen Sehkraft wegen nicht weniger als ihrer metaphorischen Sprachmächtigkeit. Wer fühlt sich nicht entdeckt durch die Metonymie von der *Einmauerung in die Energetik des Reisens*, einem Leitmotiv der Gedankenwelt Virilios? Doch wie bei fast alle großen Welthypothesen läßt sich auch bei Virilio die Gegenrechnung aufmachen. Ist nicht gerade in den jüngsten 'high tech'-Ausprägungen von Geschwindigkeit Langsamkeit oder gar der absolute Stillstand im Auge des Sturms Kehrseite und Moment des Systems? Von der Stillstellung des Weltkonflikts mit den Mitteln projektiv modernisierter Waffentechnik lebte zum Beispiel der Kalte Krieg. Und bietet nicht das globale Dorf in der Tat Aussichten auf eine neue, weltweite öffentliche Kultur, einen Polis-Markt ('Agora') via Internet, in dem die in ein Gespräch kommen können, die einander nie von Angesicht sehen?

2. Überzeugender scheint da schon die 'Wiederentdeckung der Langsamkeit' im historischen Roman der Postmoderne. Der Nordpolforscher John Franclin bei Sten

Nadolny etwa, der im Schneckentempo und in einer lebenskünstlerischen Ziello-sigkeit seine, dem Fortschrittsideal folgenden dahineilenden Konkurrenten über-holt. Ist er nicht Paradigma jener gesuchten Lebensform, die um die Geschwin-digkeit weiß und das Glück findet? Gibt er nicht Antwort auf die berechtigte Fra-ge, woher denn jene im Gewüte der Beschleunigungen ruhende Lebensart kom-men soll, nach der nicht nur Virilio verlangt? Die gleiche Sehnsucht verbindet Peter Heintels 'Tempus'-Verein zur Verzögerung der Zeit mit dem Unwort von der 'Entschleunigung'.

Indes: bei näherem Zusehen sind Gestalten wie Nadolnys John Franclin eher Spiegel des Dilemmas als Bannerträger seiner Überwindung. Er bleibt stehen, da er als Lehre aus der Beschleunigung gelernt hat, daß es nichts Neues unter der Sonne gebe und daß die Schildkröte noch immer schneller ist als Achill. Nicht umsonst definiert sich ästhetisch das Säkulum der Überschallgeschwindigkeiten als Post-histoire, als Zeitalter kultureller Kristallisationen (Arnold Gehlen),[14] in dem in wechselnden Zitaten und Zitatkombinationen alles Vergangene verfügbar zu machen ist, doch keine neuen Lebensmöglichkeiten mehr ausgeprobt werden können. Und wo stehen Autoren wie Nadolny? Melancholie der Romantik und Fortschrittscredo der Aufklärer sind gleichermaßen zitable Motive in ihrem Bil-dungsschatz. Wenn man von der zeitdiagnostischen Frage nach der Beschleuni-gung aber bewegt ist, wird man sich kaum mit dieser erstarrten Antwort begnügen können!

3. Scharfsinnig hat Hermann Lübbe vor wenigen Jahren den „verkürzten Aufent-halt in der Gegenwart" beschrieben, und er hat zugleich die Möglichkeit sehen wollen, daß aus der Akzeleration neue Dispositionsfreiheiten gewonnen werden könnten, die tendenziell Glücksgaranten seien:[15] Freizeit heißt das Zauberwort, und Lübbe tut mit nicht endenwollender Belegfreude dar, wie Gartenarbeit, Sportvereinsengagement, Museumsbesuch, Hausmusik sich allererst den neuen Lebensumständen verdanken. Dem marxistisch konservativen Kulturpessimismus der 'Dialektik der Aufklärung' widerspricht Lübbe als Avantgardist modernen Lebens – und dabei hat er manche Lebenserfahrung für sich: „Kurz: je zeitfreier man objektiv existiert, um so schwieriger ist es, sich subjektiv wirklich als zeitsouverän zu erweisen".[16] Gegen sich hat diese Denkart – wie alles Kompensa-tionsdenken freilich –, daß sie den Augenaufschlag der Autonomie, der Orientie-rung bewußten Lebens auf das Glück nicht wirklich zur Geltung zu bringen ver-mag. Daß die Lebenszeit in Hobbyaktivitäten und die gehetzte Berufszeit zweier-lei, einander inkommensurable Zeiten sind: Ist dies nicht schon ein Lebensun-glück? Theodor W. Adorno hat es so gesehen.[17] Zu dieser Sichtweise wird man freilich einer Kategorie bedürfen, die heute nicht wohl angesehen ist, ohne die es aber recht flach zugeht in Gesellschaft und Denken: Ich meine die Kategorie der Entfremdung.

Es ist also das Nachdenken über unser Phänomen selbst, das das Ungenügen an beiden skizzierten Antworten nährt: an Lübbes kompensatorischen Reparaturen *und* an der großen Resistance-Geste von Paul Virilio. Denn im einen Fall wird die

innere Dialektik der Beschleunigung, im anderen ihre ins Einzelleben eingreifen-
de Radikalität nicht wirklich gesehen.

b.) Der innere Widerspruch des Phänomens

Was ist die *Idee im Phänomen* der Geschwindigkeitssteigerungen?, muß man
dann, einer methodischen Maxime Goethes folgend, fragen. Und jede Antwort
wird auf Doppeldeutigkeiten stoßen, die bereits in den Worten anklingen.
'Schnellebigkeit', dieses in Ihrem Programm so gerne gebrauchte Kennwort, das
meint ja, daß das Leben schneller wird, es meint die Möglichkeit, immer mehr in
ihm unterzubringen. Die Psychoanalytiker mögen darin einen modernen Versuch
sehen, den Tod zu bannen, möglichst viel kosmische Zeit in der eigenen Lebenszeit zu absorbieren. *Schnellebigkeit*, das meint aber auch, daß sich dieses Leben
schneller verbraucht – es verzehrt sich von mehr als nur von zwei Seiten her. Und
der Geschwindigkeitsrausch rührt doch wohl aus beidem: aus Lebenssteigerung
und der mitgehenden Ahnung, dabei vielleicht in den Abgrund zu springen. Eine
ganz spezifisch verfaßte Suche nach dem Glück macht sich da namhaft, ein
'James Dean Effekt'.

Doch nicht nur tiefenpsychologische Verständigungsversuche führen nicht zu
einem erschöpfenden Ergebnis. Auch die bequem kulturkritische Geste der Mah-
ner greift zu kurz: Wir sind in die Beschleunigung gezwungen, aus ökonomischen
und ökologischen Nötigungen der vernetzten Welt. Mehr noch, wir sind parado-
xerweise aus diesen heteronomen Gründen genötigt, sie zu bejahen. Kein nach-
denkender Mensch wird darüber klagen, daß die drängenden Gegenwartsfragen
im eigenen Land, doch auch im Weltdesign *derzeit zu schnell* gelöst werden.[16]
Und auch die weltweiten Folgen des Internets sind durchaus zweischneidig. Sie
dürften, mehr als das Fernsehen und in qualitativ anderen Dimensionen, auch
Drittweltstaaten eine Beteiligung an der Weltkommunikation erlauben. Und
gleichwohl gibt es, wie jeder Netz-User im Selbstversuch ermitteln kann, dicht
daneben auch die „Isolierung durch Verkehr", von der Horkheimer und Adorno in
der „Dialektik der Aufklärung" so pointiert gesprochen haben: „Die Kommunikation besorgt die Angleichung der Menschen durch ihre Vereinzelung".[18] Allerdings begegnet eine ähnliche Radikalität des Fragens zumal seit 1989 erschrek-
kend selten! Wir bedürften eines langfristigen Konzeptes *und* stehen doch unter
dem apokalyptischen Druck sofortigen Krisenmanagements. Das Unbehagen an
der Geschwindigkeitskultur kann dann zu dem feuilletonistischen Befund Anlaß
geben, wir müßten langsamer werden, um schneller werden zu können. Doch
damit ist noch nichts geklärt.

Statt an dieser Stelle bereits einen eigenen Lösungsversuch zu skizzieren,
möchte ich die Ratlosigkeit, in die ich Sie geführt habe, festhalten, und aus den
Aporien des Nicht-ein-noch-aus-wissens in den Rayon der Frage nach dem Glück
eintreten – in die Sphäre eines vergessenen Verständigungszusammenhangs. Dies
nötigt zugleich dazu, daß wir versuchen, miteinander zu denken.

II. Die Antinomie des Glücks

a.) *Das Phänomen des Glücks und die Natur des Menschen*

Beginnen wir damit, etwas tiefer zu graben, und werfen wir zu diesem Ende die Sokratische 'Was ist das'? ('ti estin') - Frage auf: „Was ist das Glück des Menschen?" Auf eine solche Frage nachdenkend antworten, das kann nicht heissen, einfach eine Definition zu geben oder eine Umschreibung dessen, was in der Alltagssprache gängiges Verständnis von 'Glück' ist. Es kann aber auch nicht heißen, die primären Erfahrungen zu überspringen. Es muß heißen, der Mehrdeutigkeit von Phänomenen nachzugehen. Umso mehr als jeder einzelne nur aus verschiedenen Facetten seines Lebens, erinnernd und damit weite Zeiträume in der Erinnerung heraufbeschwörend, sagen kann, was das denn gewesen sei oder sein könnte, das Glück. *Glück braucht also offensichtlich Zeit — und Glück braucht Erfahrung.*

Derartige Erinnerungen, die bei jedem und jeder von Ihnen und bei mir unterschiedlich sein werden, an Orte, Klimate, Sprachlaute gebunden, vielleicht auch schmerzlich die Vermutung Walter Benjamins und Theodor Adornos bestätigend,[19] daß jede Suche nach dem Glück auf die Kindheitsaugenblicke zurückverwiesen sei, da uns das Glück versprochen wurde, verdichten sich aber zu bestimmten phänomenhaften Strukturmerkmalen des Glücks, zu seiner wesentlichen und unauflösbaren Doppeldeutigkeit ('Antinomie'). Pascal hat sie in die Worte gefaßt: „Le bonheur est ni dans nous, ni hors de nous". Robert Spaemann antwortet ihm über die Jahrhunderte hinweg: Das Glück „ist sowohl in uns als außer uns".[20] Warum? Weil sich ein Glücksmoment nur von innen wahrnehmen läßt, insofern er erlebt wird. Damit ist dieser Moment aber dem vielleicht vernichtenden Fortriß der Zeit preisgegeben. Und deshalb ist es allein die Außenperspektive, die uns auf einen ganzen Lebensweg blicken und sagen läßt, er sei geglückt gewesen. Doch was weiß diese fremde Außenperspektive je von meinem Glück? Gewiß, als Wesen, das fähig ist, den Standpunkt der anderen einzunehmen und von sich abzusehen, kann ich die Außenperspektive auch selbst einnehmen. Doch dann bin ich zugleich genötigt, von der primären Orientierung auf meine Glücksempfindung Abstand zu nehmen. Die Antinomie verschiebt sich zwar, sie löst sich aber nicht auf.

Wenn das Glück diesen antinomischen Charakter hat, zwar immer wieder 'reale Gegenwart' (George Steiner) werden zu können, aber doch nie verfügbar zu sein, so weist dies darauf hin, daß der Ort der Frage nach dem gelingenden Leben, also im Sinn der abendländischen Überlieferung: der ETHIK, wie Adorno einmal schrieb, Aporie und Differenz ist.[21] Schon an den Platonischen Dialogen läßt sich diese Aporetik ablesen: Es ist uns aufgegeben, mit uns selbst Freund zu werden, um mit der Welt Freund sein zu können. Die Freundschaft mit uns selbst aber ist vielleicht die brüchigste und prekärste, die es unter der Sonne geben kann.

Alle klassischen Lehren vom Glück aus der Überlieferung haben mit dieser immanenten Antinomie des Glücks zu tun und sie haben gesehen, daß diese An-

tinomie in eminenter Weise mit der Zeitlichkeit menschlichen Daseins verflochten
ist. Das Glück ist augenblickshaft, seine Reflexion geschichtlicher Rückbezug in
einem Fortriß der Zeit, der das Glück vernichten kann. Oder anders und mit der
Sprache der Mythologie gesagt: Das große Menschenunglück liegt darin, daß das
eigentlich Vollkommene, das eigentliche 'Um-willen' des Glücks, auf die Wech-
selfälle und Launen der 'fortuna' verwiesen ist. Goethe erwies sich auch darin als
glückliches Weltkind, daß er das Glücksrad symbolisch fest in der Erde veranker-
te – an einem ganz bestimmten, glücklichen Weltort, vor dem Gartenpavillon von
Weimar.

Dazu kommt aber, daß das Glück seit der Antike nicht anders zu denken ist
denn als vollkommen. Seine Gestalt ist die in sich ruhende Kugel. Dies aber verschärft die Antinomie auf die Frage, ob, wenn es unter endlichen menschlichen
Voraussetzungen ein vollkommenes Glück nicht geben kann, es überhaupt ein
Glück gebe. Für Aristoteles war die Eudaimonia deshalb, ihrem Wesen nach bestimmt, ein göttlicher Vollzug: Und das Glück war ihm jener Zweck, auf den sich
alles menschliche Handeln richtet, das eigentliche Um-willen ('hou heneka').[22] Er
versteht es als „energeia psyches kat' areten" („Tätigkeit der Seele in Übereinstimmung mit Tugend"), (Nik. Ethik 1098 a 15-18) worin aber eine Doppeldeutigkeit liegt. Denn die Tugend, das ist das spezifisch menschliche Vermögen,
gemäß der Vernunft denken zu können. Diese Vernunft ('Nous') ist die eigentlich
göttliche Wesensnatur des Menschen. Sie konkretisiert sich aber jeweils verschieden und immer nur sehr unvollkommen. Also ist mit dem Glück zugleich die
'Arete' ('Tugend') gemeint, über die wir als je einzelne Subjekte gebieten. Deshalb ist auch unsere Eudaimonia Relativierungen unterworfen. Aristoteles spricht
von ihr als *der Seligkeit unter Bedingungen des Menschseins*. Und diese Bedingungen mittelt er, der spekulativer Denker ebenso wie den Augenschein beschwö-
render Naturforscher war, sehr genau aus. Wie kann man von Glück sprechen,
wenn Unfälle, Krankheit, weitgehende Verarmung einen treffen? Und dennoch, es
gibt den großen Charakter, der auch unter solchen Umständen nicht ganz un-
glücklich sein kann. (Nik. Ethik 1100b) Er lebt in einem fast göttlichen Zustand,
so wie der Philosoph, seit Sokrates, der auf das EINE hinblickt und die ALLOT-
RIA sein läßt, der sich die Vielen verpflichtet wissen.

Doch nicht jedem Menschen ist die Fähigkeit zu einer so unbedingten Konzentration gegeben. Deshalb führt das Dilemma der nur unter Konditionen des Endlichen möglichen Glückseligkeit, Aristoteles dazu, daß er einen Gemeinsinn exponiert, der den einzelnen und den Staat trägt, und aus dem die schwindelerregend
hohen Eisberge der Theorie sich erheben können. Das ist das praktische Vermögen der 'phronesis', des Wissens, worauf es im konkreten Handlungsvollzug ankommt. Sie kann auch die Vielen hindern, sich gleichsam rauschhaft an die Kon-
tingenzen des Lebens zu verlieren. Damit verbindet sich zumal bei Aristoteles die
Einsicht, daß Glück nicht abgetrennt von anderen Zielen zu haben ist. Es muß sich
mit ihnen zusammen einstellen, absichtslos gleichsam in der Erfüllung des Gebotenen: wer nach ihm allein jagt, wird zuallerletzt des Glückes teilhaftig werden.
Zu erinnern ist freilich an eine Mahnung des Komponisten Wolfgang Rihm, wo-

nach sich diese Absichtslosigkeit nicht auf Managerseminaren für Absichtslosigkeit lernen läßt.

Das Leiden unter der Antinomie des Glücks verstärkt sich in zwei anderen Grundausprägungen antiker Ethik, in Stoa und Epikureismus, und zugleich radikalisieren sich damit die Antworten. Beide Grundtendenzen gelangen zu der Einsicht, daß unter endlichen Bedingungen Glückseligkeit nicht zu haben ist, wohl aber eine bescheidenere Ausmünzung des Glücks: die *Zufriedenheit*. Dem Stoiker stellt sich die Zufriedenheit, die es dem auf Erden fremden Menschen, diesem Mängelwesen im Naturkosmos, möglich machen soll, heimisch zu werden, als *'ataraxia'* dar: als Befreiung von Leidenschaft und Kontingenz, so daß man leben könne wie die Götter. Am eindrücklichsten bewahrheitete sich diese Lebenskunst in den Auflösungszuständen der römischen Republik und in den Dichtungen und Maximen des 17. Jahrhunderts – mitten im verheerten, verblutenden, zersplitterten Deutschland, dem Schlachtfeld des Dreißigjährigen Krieges.[23] Dem Stoiker wird alles zum *adiaphoron*, zum für Selbst- und Weltorientierung nicht ausschlaggebenden Ding.[24] Wie ist es aber, wenn auf diese Lebensart das 'experimentum crucis' ansteht – bei schwerer Krankheit und Schmerz? Dann wird der Stoiker seine Autarkie im Selbstmord besiegeln. An großen, theaterwirksamen Inszenierungen solcher Abgänge fehlte es nicht (z.B. aufgeschnittene Pulsadern im Bad vor Zeugen). Allerdings kann man schon bei wenig Nachdenken sehen, daß die Antinomie des Glücks so nicht zu lösen ist. Robert Spaemann faßt den Einwand pointiert zusammen: „Um sich als Subjekt zu behaupten, verwandelt sich der, der sich selbst tötet, in eine bloße Sache. Weil er seine Zufriedenheit unbedingt behaupten will, ist er unzufrieden mit dem Dasein selbst, weil es volle Zufriedenheit unmöglich macht."[25]

Und der Epikureer? Auch er reduziert Glückseligkeit auf Zufriedenheit. Nur hat sie bei ihm ein anderes Gesicht. Zufriedenheit meint vollkommenes Sichwohlfühlen, was idealiter bei bescheidenen Bedürfnissen im zurückgezogenen Leben mit engen Freunden sich einstellen kann. Und es ist eine Zufriedenheit, die sich nicht durch die Drohung von Endlichkeit und Tod erschüttern läßt. „Das angeblich schaurigste aller Übel, das Totsein, hat für uns keine Bedeutung; denn solange wir sind, ist der Tod nicht da, wenn aber der Tod da ist, sind wir nicht mehr".[26] Erhebt sich gegenüber der Stoischen Glücks-Ethik der Einwand, daß sie an ihren eigenen Forderungen zerbrechen und sich selbst aufheben müsse, so ist gegenüber dem Epikureer zu fragen, ob sein Minimalbegriff des Glücks noch sinnvoll Glück heißen dürfe. Denn dies Glück hat keine intentionale Richtung mehr: das Wohlgefühl hat nicht einmal den objektiven Maßstab in sich, daß es auf wirklichem Wohlbefinden beruhen muß. Es ist nur konsequent, wenn man vor dem Horizont heutiger Medizintechnik mit Spaemann dem Befürworter des Epikureismus das folgende Experiment zur Prüfung vorlegt. Würde er einen Zustand vollendeten sich Wohlfühlens bis zur Euphorie wählen, beschenkt mit schönen Bildern und Visionen, der auf dem folgenden Weg hergestellt wird: Schädelöffnung, Einführung von Stromimpulsen in das Gehirn, die den Feelgoodeffekt bewirken, schmerzfreier Exitus im 85. Lebensjahr, ein garantiert solides Dienstleistungspa-

ket, das den Beglückten für die Außenwelt freilich zum sabbernden, hilflosen
Patienten machen würde? Wer würde dies als Glückszustand erachten, als einen
Zustand, gegen den er die Ungewißheiten und Kämpfe des eigenen Lebens gerne
tauschen würde?

Die Antinomien des Glücks blieben also in der alteuropäischen Ethik unaufge-
löst. Und dies gerade auch, wenn sie sich mit dem Geist des Christentums verban-
den. Die Aporien, unter denen die Antike litt, wurden nun geradezu als konstitutiv
für die endlichkeitstranszendierende Kraft des Menschen, ja als *apagogischer*
Gottesbeweis, interpretiert. Der Streit um das Glück ist für Augustin ein Zeichen
dafür, daß unter den Konditionen der Endlichkeit Glück nicht zu haben ist. Die
Seele schreit, zerspalten in die Zerstreuungen von Zeit und Endlichkeit, bis sie
ruhig werde in der Einheit Gottes (vgl. Confessiones X und XI). Und Thomas von
Aquin weiß, daß das Glück nicht mit dem *„desiderium naturale“*, den natürlichen
Wünschen und Bedürfnissen des Menschen, erschöpft sein kann: Denn das
'desiderium naturale' ist zwar Spiegel der Vollkommenheit göttlicher Schöpfung,
aber es scheint doch ins Leere zu laufen. Glück ist deshalb die Rückkehr zu Gott –
in der Erkenntnis. Wie sie möglich ist, das kann der Mensch nicht mit Gewißheit
wissen. Deshalb bleibt die natürliche Vernunft, auf deren Erkenntnis wir doch
verwiesen sind, verängstigt, verunsichert und dabei ungetröstet. Der Mensch kann
nur *per analogiam*, über die Menschwerdung Gottes, eine Ahnung davon gewinnen, daß alle Entäußerung der Schöpfung zurückweist in das *Einssein beim
Schöpfer*. Dabei sind jene Passagen in Thomas' großer apologetischer Schrift, der
„Summa contra gentiles“, am eindrücklichsten, die den Verweis nicht scheuen,
daß vollkommenes, erfahrbares Glück nicht möglich sei, und daß deshalb alle
antik paganen Ansätze zu einer integrativen Lehre vom Glück, bei all ihrer immanenten Größe und Wahrhaftigkeit, scheitern *mußten*. Dies gilt für die Epikureer:
„Der Mensch flieht von Natur aus seinen Tod und ist über ihn betrübt, nicht nur in
dem Augenblick, in dem er ihn sinnlich wahrnimmt, spürt und flieht, sondern
auch, wenn er ihn bei sich überdenkt. Daß er aber nicht sterbe, kann der Mensch
in diesem Leben nicht erreichen. Es ist also nicht möglich, daß der Mensch in
diesem Leben glücklich ist.“ Und es gilt nicht weniger für Aristoteles und Platon:
„Je mehr etwas begehrt und geliebt ist, desto mehr Schmerz und Trauer bereitet
sein Verlust. Die Glückseligkeit aber wird am meisten begehrt und geliebt. Sollte
aber in diesem Leben ein letztes Glück sein, dann ist gewiß, daß es verloren geht,
spätestens im Tod: und es ist nicht (einmal) sicher, ob es bis zum Tod dauern
wird. Immer also wird von Natur eine solche Glückseligkeit mit Trauer sich verbinden. Es wird also kein vollkommenes Glück sein“.[27]

b.) Methodische Besinnung

Lassen Sie mich eine kurze methodische Zwischenbemerkung einfügen, die
Ihnen genauer begründen soll, was ich meinte, als ich von der hilfreichen ver-
fremdenden Kraft der alteuropäischen Ethik für unsere Fragestellung sprach und
die Ihnen zudem das sachliche Anliegen dieses Rückbezugs verdeutlichen soll:
1. Die Frage nach dem Glück erweist sich bei allen skizzierten Ansätzen der
antiken und der christlichen Philosophie als zentrale Frage der Ethik. Glückselig-

keit ist das 'hou heneka', das eigentliche Um-willen, das wir erstreben. Deshalb sind für diese Ethik untrennbar voneinander die Fragen, worum es mir im Leben geht und was ich tun soll. Die klinisch reine Ethikbegründung jenseits der Bedürfnisse und Bedingungen menschlichen Daseins, dieses Streben rationaler neuzeitlicher Weltkultur, ist ihr völlig fremd. Es kann also keine reine Sollensethik geben, ebenso wenig wie eine reine Werte- oder Pflichtenethik. Die Ethik beginnt als Lebenskunst: Es sind 'minima moralia', die der Standnahme in der Endlichkeit dienen sollen. Ethik ist mithin ihrem Ursinn nach immer Reflexion aus dem *beschädigten* oder doch zumindest dem *verletzlichen* Leben.[28] Aber sie bleibt deshalb nicht privatistisch, sondern muß sich zum gemeinsamen Leben, zur Poliswirklichkeit verhalten. Deshalb taugen diese Gedanken nicht dazu, eine nur private oder auf die Kleingruppe beschränkte Verständigung anzuleiten: Von entscheidender Bedeutung ist vielmehr die Frage, wie sie mit dem heutigen Gemeinwesen in Verbindung gebracht werden könnten. In welchen konkreten Ausprägungen dies auch geschehe: es geschieht stets so, daß die Differenz und Verbundenheit von Philosophen und Öffentlichkeit auf der Agora deutlich wird. Sokrates' Apologie und Platons Höhlengleichnis haben dies mit letzter Gültigkeit in Bild und Begriff gebracht.[29] Damit hängt es zusammen, daß auch die Frage nach dem guten Leben ambivalent ist. Es ist das gelingende, auch das Spaß bereitende Leben, und es ist ein Leben, das über sich hinausweisende Orientierungen enthält, die auf das sittlich Gute verweisen.

2. Dieser Verweisungszusammenhang führt noch weiter. Er deutet darauf hin, daß die antike Ethik nie nur Ethik sein kann: Die Frage nach dem guten Leben schreit nach Erkenntnis. Sei es die reine, gottähnliche Erkenntnis des Philosophen, oder die praktische Phronesis-Klugheit. Theoretische und praktische, erste und zweite Philosophie müssen in ihrem Zusammenspiel betrachtet werden. Die zweite Philosophie ist die erste Philosophie, also die Frage nach Sein und Idee, in Bewegungszusammenhänge versetzt, in Lebenskonkretionen gebracht. Die zweite Philosophie aber wird auf die erste zurückgewiesen, wenn es um die Sache geht, die die Phänomene enthüllen, wenn mit Sokrates gefragt wird: „Ti estin".

3. Diesem alteuropäisch antiken Denken liegt ein Schema nicht zugrunde, an das sich die Neuzeit gewöhnt hat, und das ihr doch immer wieder Modernisierungsschocks versetzt: die Trennung in Subjekt und Objekt, Menschenwelt und Dingwelt. Dem gegenüber kennt die Aristotelische Überlieferung einen umfassenden Begriff der Natur (PHYSIS), der eine Teilung erfährt – in erste und zweite Natur.[30]

Diese Denkart ist weit entfernt von den Träumereien der *einen* Welt von Natur und Mensch, wie sie heutige Ökologen zu träumen lieben,[31] Phantasien, die sich des tiefen Risses nicht inne sind, der das eine vom anderen trennt. Stattdessen machten die Antiken, ausgehend von Heraklit, namhaft, daß das EINE nur das 'HEN DIAPHORON HEAUTO', das 'Eine von sich selbst Unterschiedene' sein kann. Dieses Denken ist aber nicht minder entfernt von den Verletzungen zwischen Natur und Mensch in der Neuzeit, deren Tristesse man vor allem dann empfinden kann, wenn man ehemalige Ostblockstaaten durchreist.

Daß im Verweis auf die nicht-neuzeitliche Denkweise etwas gesehen werden
kann, das in den Trennungen der Wissens-Disziplinen auch in der Philosophie,
verbunden mit dem Versuch der Letztbegründung und der anthropomorph rationalen Gestaltung der Lebenswelten, bis heute verloren gegangen ist, wird deutlich
geworden sein. Deshalb haben in der zweiten Hälfte unseres Jahrhunderts das
Gespräch mit der Antike gerade jene Denker gesucht, die in die Aporien der Aufklärung und die Amphibolien der Moderne besonders scharfen Einblick zu gewinnen suchten: Der jüdische Philosoph Leo Strauss, in den Dreißiger Jahren aus
Deutschland vertrieben, suchte in der Zwiesprache mit Platon das Wesen von
Politik und Denken, von Gerechtigkeit und Tyrannis zu ergründen. Michel
Foucault, der Analytiker der Verbindung von Oppression und Aufklärung und der
Sublimierungen des Machtphänomens in der Neuzeit, griff in seinen letzten Le-
bensjahren auf die griechische Ethik zurück – auf der Suche nach einer Übereinstimmung zwischen Denken (Logos) und Leben (Ästhetik und Ethik) – und auf
der Suche nach 'der Sorge um uns selbst': 'Le souci de soi'.[32] Sie mögen, meine
verehrten Damen und Herren, aus dieser Ahnensuche für mein Unterfangen erse-
hen, daß ihr nichts Historistisches anhaften soll. Der neuhumanistische Appell
bliebe hinter den Erfordernissen der Gegenwart entschieden zurück. Ich habe
vielmehr eine Suche nach verlorenen Lebens- und Denkmöglichkeiten im Sinn -
und damit vielleicht eine Suche nach verlorener Zeit. Dies bedeutet zugleich eine
hermeneutische Übung, denn Phänomenen nachzufragen, die die Alten sahen und
wir nicht mehr, das heißt nichts anderes, als zu bedenken zu geben, dieses nächste
Fremde unserer Überlieferung k ö n n t e Recht haben. Aber was hilft uns das in
der Sache? Wir sahen doch: es gibt in der antiken Ethik keine *Antwort* auf die
Suche nach dem Glück. Es gibt nur die Frage. Doch sie gibt es, und sie weist
zugleich auf Unlösbarkeiten hin und deutet doch ins Freie je gelebten Lebens.
Eben dies wird sich in der Neuzeit ändern. Nun nämlich werden die griffigen
Antworten gesucht. Und erst unter den neuzeitlichen Vorzeichen kann überhaupt
die Erwartung überzeugungskräftig werden, daß die Glückssehnsucht auf dem
Wege der Beschleunigungen zu einem Ziel kommen könne. Mit dem Zeitalter
Descarte' und Bacons beginnt mithin jene Tendenz, deren differenzierter Spätge-
stalt wir uns in unserer zeitdiagnostischen Besinnung gegenübersahen.

c.) Die unersättliche Jagd: Erwägungen zum philosophischen Glücksbegriff der Neuzeit

Welches Glück meinte die neuzeitliche Staatslehre? Sie war sich zumindest
darüber im klaren, daß sinnvoll nur vom Recht auf die *Suche nach dem Glück*
gesprochen werden kann, nicht vom *Recht aufs Glück*. Das Recht auf Glück selbst
setzte eine Wißbarkeit des Glücks voraus, und in der Folge wohl seine Überlas-
sung an staatliche Planungsadministrationen. Kann das Ergebnis ein anderes sein
als jene totalitären Höllen, die sich nach einem Wort Sir Karl Poppers immer dann
einstellen, wenn der Himmel neu erfunden werden soll.[33] Damals, an der Wende
vom 18. zum 19. Jahrhundert, verband die Frage nach dem 'Pursuit of happiness'
sie alle: die französischen Reformer um Turgot, die – vergeblich – Frankreich an
der Revolution vorbeizuschiffen hofften, die amerikanischen Revolutionäre und

die deutschen Duodezfürsten. Die Antworten gingen weit auseinander. Sollte die Möglichkeit zur Glückssuche in der vollendeten Entfaltung des Uhrwerks des absolutistischen Staates liegen, oder darin, daß, wie Wilhelm von Humboldt meinte, die „Gränzen der Wirksamkeit" des Staates gezogen würden? Michael Stürmer, ein hervorragender Kenner dieser Dispute, resümiert zu Recht: Die Suche nach dem Glück „kannte kein Ziel, (sie) kannte nur die Bewegung, und wo sollte sie jemals enden?"[34] Und dann kam die Französische Revolution – Inbild einer Krisis und Beschleunigung der Weltverhältnisse, nach der sich zwar, im Wiener Kongreß, die alteuropäischen Macht-Gleichgewichte noch einmal ausbalancieren ließen, aber nach der doch nichts mehr war wie vorher. Lag nicht seither die Befürchtung nahe, die Menschheitsbeglückungslehren seien geneigt, das Glück des Einzelnen auf ihrem Altar zu opfern, und die Suche nach dem Glück im doppelten Sinn des Wortes zu erledigen, durch Großprojekte zu erfüllen und zum Schweigen zu bringen – und dies umso mehr, je deutlicher das Recht auf die *Suche* nach dem Glück in den Jahren nach dem Jakobinischen Terror zum Recht aufs Glück selbst umgemünzt wurde?

Dieser real- und geistesgeschichtliche Bruch findet seine eindrucksvolle philosophische Sedimentierung in der tief pessimistischen Anthropologie des Thomas Hobbes zur Mitte des 17. Jahrhunderts. Für Hobbes ist alles Glück auf seine Erfüllung aus. Die Libido bricht sich Bahn. Und deshalb ist die Suche nach dem Glück wesentlich mit Unzufriedenheit verbunden. Sie ist ein *Fortschreiten von Begierde zu Begierde*. Geboren ist diese Anthropologie aus der Beobachtung der Erschütterungen der Staatsordnung im Bürgerkrieg, und aus der Einsicht, daß Ordnung und Befriedigung nur durch die Einhegung der Interessen des Einzelnen, die solipsistisch neben- und gegeneinander stehen, gewonnen werden kann.[35] Alle Aporetik der antiken Glückslehren wird in diesem neuzeitlichen Deutungshorizont wiederholt und in eine unheimliche Dissonanz überführt. Die Frage nach dem endlichen vollkommenen Glück verliert mit Hobbes ihren Sinn.

Sein Ansatz soll im Zusammenhang unserer Erwägungen im Spiegel einer zweifachen Fortschreibung betrachtet werden, die seine Evidenz schlagend belegt: Man kann *zum einen* die phänomenologische Instrumentierung seiner Einsicht in Goethes 'Faust'-Dichtung sehen. Der Teufelspakt, der eigentlich eine Wette ist, kreist genau um den Zentralpunkt von Hobbes: Faust definiert sich als der immer Strebende, der Erfüllung nicht haben kann – noch will. Der bejahte und erfahrene Glücksaugenblick wäre der Moment seiner Niederlage: „Werd ich zum Augenblicke sagen:/ Verweile doch! du bist so schön!/ Dann magst du mich in Fesseln schlagen,/ Dann will ich gern zugrunde gehn!" (Verse 1698ff).

Kein Horazisches 'Carpe diem' mehr, Überschallexistenz stattdessen. Doch es kommt – durch die Labyrinthe der beiden Teile der Dichtung hindurch – auf paradoxe Weise anders: Die Dichtung mündet in ein 'finis operis', das alle Dialektik von Modernität und Geschwindigkeit in sich enthält. Faust sagt Ja zu jenem Augenblick, der seine globalen Pläne in der Trockenlegung des Meeres, geschwind und mit Gewalt ins Werk gesetzt, ans Ziel geführt zu haben scheint. Das kollektive Glücksversprechen für die Menschen der Zukunft, der sozialreformerische

Impetus, gehört dazu. Doch welche Täuschung! Nicht der Graben, das Grab wird ausgehoben. Und welche unmotivierbare Peripetie! Faust, der sein Leben als 'opus operatum' und Großprojekt angelegt hatte, wird in ein kosmologisches Welt-Spiel hineingezogen, das katholische Operette ist, und doch wunderbar tief auf das Geheimnis des Lebens verweist, das nicht Werk, sondern Ereignis ist, am Ende gar erotisches Ereignis: „Das ewig Weibliche zieht uns hinan!" Ein anderes Glück, beatitudo, der ordo amoris, macht sich herrlich heidnisch und zugleich tief theologisch, in der Apotheose der gescheiterten irdischen Liebe zu Gretchen, gegen das neuzeitliche Glücks-Unglück, geltend.

Zum anderen kann man die großen Sozialtheorien der Neuzeit, die projektiv auf eine Weltbeglückung zielen, bereits im Kern durch Hobbes' Bestreitung der Glücksmöglichkeit charakterisiert und kritisiert sehen. Im Namen eines künftigen Zustandes, erzielbar mit wissenschaftlichen Mitteln des 'social engineerings', wird bis zu Marx und dem realen Sozialismus einerseits, den Utilitaristen und radikalen Markttheoretikern andererseits, ein Zustand maximalen menschlichen Wohlbefindens angestrebt werden. Doch wo bleibt dieser Zustand – in der unerfüllbaren Jagd von Begierde zu Begierde? Man betrachte sich die Arbeitersiedlungen von Halle-Neustadt oder Bitterfeld, man vergleiche die sozialen Großprojekte der Sechziger Jahre weltweit mit der Realität. Vielleicht gibt es ein Glück im Winkel, eine Nischengesellschaft, in der die Ligatur zwischen Lebensorientierung des Einzelnen und bürgerlicher Gesellschaft zerbrochen ist und die es auf dem großen Opferaltar des Weltglücks eigentlich gar nicht geben dürfte.

III. Vom Glück in Zeiten der Beschleunigung[36]

Welches Glück aber meinen w i r? Die Antwort, die ich versuchen werde, wird die Fäden der beiden hinter uns liegenden Erörterungsgänge zusammenzubinden haben.

1. Ich gehe zuerst von dem Eindruck aus, daß an unsere im Beschleunigungstaumel begriffenen Lebenswelten Fragen zu stellen sind, die sie selbst nicht an sich richten werden. Gleichfalls können wir uns nicht dem Anachronismus überlassen. Es ist uns also eine Denkanstrengung abgefordert, die eine Negation nach zwei Seiten zu leisten hat: nach der eigenen Seite und nach der Seite der vergangenen Gedankenzusammenhänge, auf die hinzuweisen war. Anders gesagt, unsere sich selbst überholende Moderne, die man, wenn man will, mit eigenen Nach- oder Vorläuferschaft anzeigenden Präpositionen benennen und die man auch als reflexiv kennzeichnen darf kann nicht allein aus dem neuzeitlichen Deutungshorizont verstanden werden. Und doch können wir aus diesem neuzeitlichen Deutungshorizont auch nicht herausspringen. Wir bedürfen deshalb des fremden Blicks auf uns selbst – nicht nur im geographischen Sinn, wo er bereits höher kultiviert ist, sondern auch im zeitlichen Sinne. Spielt sich doch das atemberaubende Abenteuer, das wir hier zu reflektieren suchen, zuerst in der Zeit ab![37]

Hier gilt es, die Frage nach dem Glück offenzuhalten. Und dies wird *zuerst* bedeuten, daß das kritische Geschäft immer wieder neu zu üben ist, auf die Schnittstelle zwischen virtuellen Welten und je erlebbaren, wirklichen Welten

Bezug zu nehmen. Kritik kommt vom griechischen *'krinein'*: Das meint, einen Schnitt zwischen Unterschiedenem zu führen, gerade wo dieses Unterschiedene verwechselt und durcheinandergewirbelt wird. Im Anschluß an Hegel könnte man von schlechten Synthesen sprechen. Alle Möglichkeit, zwischen sinnvollen und nicht sinnvollen, zwischen fremde Gedanken zulassenden oder in Sachzwängen und Systemkreisläufen einsperrenden Beschleunigungsformen zu unterscheiden, hängt, meine ich, von dieser Grundunterscheidung ab, die nicht zuerst auf Nütz-lichkeitserwägungen basieren darf, sondern von theoretischer Vernunft und prak-tischer Urteilskraft gestützt sein muß. Die Forderung zu unterscheiden, wird dann nicht zum Anachronismus werden, wenn die Differenzierungen in der Zeitperzep-tion und -darstellung in Medien und modernen Lebenswelten, auf die etwa die Herren Beck und Heath auf diesem Symposion hingewiesen haben, nicht leicht-fertig übergangen werden. Ebensowenig ist zu übersehen, daß wir nur dann der Verknüpfung von der Ethik des einzelnen und Fragen der Zeit gerecht werden, wenn wir erkennen, daß unser Thema in einen weiteren Zusammenhang verweist: Eben die Verdammnis zur Geschwindigkeit durch die anstehenden Weltprobleme und die konzeptionelle, nicht 'sozialingenieurshafte' und nicht nur reparierende, Ruhe, deren sie bedürfen. „Komm Liebste laß' uns eilen/ wir haben Zeit", heißt es in einem wundervollen Gedicht von Johann Christian Günther, einem tiefen Zeugnis erlebten Glücks. Heute ist es gerade umgekehrt: Der ethische Verständi-gungsversuch, der gefordert ist, bedarf der Ruhe – und doch bleibt wenig Zeit. Zu viele zu große Pläne und Globalhypothesen sind gescheitert. Die Möglichkeit endlichen menschlichen Glücks mitzubedenken, dürfte ein wesentliches Korrektiv sein. Und dann erweist sich wohl als wahr, daß die drängenden und hetzenden Fragen einer Besinnung der 'longue durée' eher sich erschließen, als der uninter-pretierten Informationsflut. Wer nur das Internet zu benutzen weiß, weiß zu we-nig. Raymond Aron sprach davon, daß das historische Gedächtnis einer Nation wesentlicher sei, um politisches Handeln der Zukunft zu entwerfen, als Geheim-dienst-News.

Bei aller geforderten Differenzierung wird dieses kritische Geschäft freilich ein eher skeptisches Bild der Gegenwart zeichnen müssen. Doch was heißt es in der Sache, wenn auf der Schnittstelle zwischen virtueller und 'wirklicher Welt' insistiert wird? Es bedeutet eine Verpflichtung zur 'Sorge', zum 'Umgang' mit den Dingen, zu ihrer Ortung und Bewahrung vor einem zappenden Weltverlust. Diese 'Sorge' ist uns aufgegeben, wenn wir nach glückendem Leben fragen. Mit Heidegger und Foucault von Sorge zu sprechen, scheint angemessener, als mit Hans Jonas den 'Verantwortungs'-Begriff zu bemühen, der in hyperkomplexen Lebenswelten zwischen Hochstapelei und Unverbindlichkeit oder Selbstüberfor-derung zu verschwimmen droht.[38] Denn wer möchte noch im emphatischen Sinn und guten Gewissens Verantwortung für alle Implikationen seines Tuns überneh-men können?

Ist die Sorge gleichsam objektiv, so bleibt das Glück, das die Rückerinnerung an sie anleitet, das wir also zuerst im Sinn haben, wenn wir uns sorgen, zutiefst subjektiv.

Die Frage nach dem menschlichen Glück aufzuwerfen, das heißt, so werden Sie bemerkt haben, im Gespräch mit der Überlieferung die Frage nach den Ambivalenzen des menschlichen Selbst und seiner Weltnatur zu stellen. Die von mir beschworene alteuropäische Tradition führte dieser Subjektivität des Glücks wegen zu keinen Antworten, sondern zu Aporien. Doch eben dies möchte ich als erinnernswert verstanden wissen. Hans Blumenberg, der verborgene Denker unserer Tage, hat daran in seinem großartigen Buch über die „Sorge" erinnert: „Es ist unser Glück, daß wir nicht wissen, was Glück ist (...). So bleiben alle glücklich mit Maßen, weil sie nicht wissen, was das Glück ist, oder es anderen überlassen können, aus deren Wissen die weisen Folgerungen der Menschenfreundschaft zu ziehen".[39]

2. Spätestens hier ist es an der Zeit, an einen neuzeitlichen Denker zu erinnern, der die Frage nach dem Glück exponierte und zugleich zurücknahm, und mit dem sie endgültig aufgehört hat, ein Grundbegriff der Ethik zu sein: Kant. Nicht die Eudämonie ist nach Kant anzustreben, sondern dies, daß wir glücks*würdig* seien. Glück äußert sich dann darin, daß dem Sittengesetz, das in allgemeinster und zugleich verbindlichster Form im kategorischen Imperativ, dem Imperativ für Imperative kodifziert ist, ein Welt-Ort gegeben ist, daß es ein Faktum in der Welt ist, wo es doch immer schon ein Faktum der Vernunft ist.[40] Gewiß: Man kann die Kantische Glücksethik als kontrapunktisch zu Hobbes exponierten, doch im Ergebnis mit ihm gleichlautenden Versuch einer Tötung der Frage nach dem Glück verstehen. Man wird im Licht gegenwärtiger 'Beschleunigungs'- Erfahrungen Kant freilich *auch* anders lesen können. Dann dürfte sich der kategorische Imperativ, in die kleine Münze der 'Minima Moralia' umgesetzt, auf die Maxime konkretisieren lassen: *handle so, daß die Möglichkeit von Glück in einer jeweiligen Weltordnung – für dich und auch für andere – möglich bleibt.* Und damit wird offensichtlich, daß zwischen Glückswürdigkeit und Glück ein unlösbarer Zusammenhang besteht. Was das Glück sei, bleibt im Lichte einer solchen Interpretation zwar 'unvordenklich' insofern, als nicht verbindliche Angaben möglich sind, aus welchen Bestandteilen das glückende Leben sich zusammensetze. Doch manches ist gleichwohl zu sagen:
- Die Möglichkeit unentfremdeten Bezugs auf den anderen gehört zum Glück,
- Die Möglichkeit eines Lebensentwurfs gleichsam *auto-nomos,* so als hätte ich mir mein Lebensgesetz gegeben, was die *autonome* Unterstellung unter Pflichten einschließt. Nicht zuletzt um dieser Autonomie willen, werden wir wohl die Option des ' epikureischen' Operateurs, der uns durch Stromschläge ins Gehirn ruhig stellt, nicht mit Glück gleichsetzen.
- Und es gehört dazu die wiederholende Erinnerung an den Aristotelischen Leitgedanken, daß Glück nicht ein Ziel ist, das alle anderen Ziele verdrängt. Dieses letzte Ziel wird vielmehr, wenn es denn durch alle Schleier der Endlichkeit in unserem Leben zur Geltung kommt, „die Integration aller menschlichen Antriebe und Kräfte erlauben".[41] Die integrierende Kraft, die einem Ziel eignen soll, das doch in sich antinomisch und aporetisch verfaßt ist, bedeutet auch, daß ein glückendes Leben ein Leben wäre, das auf seine eigene Entzweiung, zwischen der Begierde nach Überschall-Leben und dem Ungenügen

daran, *reflektiert* und sie zugleich *zu transzendieren* vermag – in der Begegnung mit dem anderen, in Freundschaft, in Liebe. Diese beiden Vollzüge, Reflexion und Transzendenz, sind dabei nicht in einem linearen Richtungssinn, sondern als doppelte Bewegung vorzustellen. Glück bedeutet also: das eigene Leben als Ganzes zu empfinden. Im endlichen Glück manifestiert sich mithin jene nicht-virtuelle Eigenzeit, die es zu bewahren gilt.

Eine letzte, äußerste Antinomie des Glücks ist hier zu bedenken. Wir wissen: Glücksstreben ist ein Streben nach Autonomie, dem selbstbestimmten, kompetenten Leben, das nicht von anderen gelebt wird, und doch bleibt das Glück selbst unverfügbar. Der große portugiesische Dichter Fernando Pessoa faßt dieses Grundphänomen in einem Gedicht in die Worte: „Du Hirte des Berges, so fern von mir mit Deinen Schafen – Was ist das für ein Glück, das Du zu genießen scheinst – ist es Dein oder Mein? (...) Nein, Hirte, weder Dein noch mein. (Der Friede) gehört nur dem Glück und dem Frieden. Du hast ihn nicht, denn Du weißt nicht, daß Du ihn hast. Ich habe ihn auch nicht, denn ich weiß, daß ich ihn nicht habe. Er ist nur er und fällt auf uns wie die Sonne...“[42]

Und eben dies bleibt eine Zumutung. Denn es gibt für ein glückendes Leben nicht nur keine spezifischen Koordinaten, es gibt auch keine Kriterien. Sein ‘Wie’ ist Sache eines Verstehens-Vorgangs, h e r m e n e u t i s c h und wohl im Sinn des großen alten Lehrers der Verstehenskunst aus Heidelberg, Hans-Georg Gadamer gesprochen: Sache von Gespräch und Selbstgespräch.

Lassen Sie mich mit einem Ausblick schließen, der einerseits sehr skeptisch ist, andererseits ganz und gar nicht: Für die philosophische Frage nach dem menschlichen Lebensglück sehe ich in der gegenwärtigen kontinentalen Kultur, zumal der deutschen, kein rechtes Forum: Expertenrunden und Ethikkommissionen können es allein nicht sein.

Fragen, die auf letzte Lebensorientierungen gehen – in einer Welt, die nicht dafür bereitet ist, noch es je sein kann, bleiben atopisch, ohne festen Ort: Und das waren die philosophischen Fragen seit Sokrates immer. Zur Atopie gehört auch, daß diese Fragen allmenschlich sind und einem in tausenderlei Ausprägungen begegnen. Niemand muß zu ihnen erst erweckt werden. In Platons „Symposion“ erscheint Sokrates als jener, der zugleich volltrunken und vollständig nüchtern sein kann. Diese Doppelnatur ist Inbegriff der philosophischen und der menschlichen atopischen Natur. Seinen Gefährten, dem jungen Alkibiades zumal, ist sie fremd. Was für eine Ambivalenz! Das philosophische Fragen hat keinen Ort in der Welt des common sense, und bringt doch eine eigenste Möglichkeit der Menschennatur erst zum Tragen. Diese Atopie gilt es wohl in Zeiten zerbrechender Ligaturen, da sich ‘Lebenswelten’ bis zur Unkenntlichkeit verflüssigen, neu zur Geltung zu bringen. Anders werden wir nicht im ‘Rausch unserer Geschwindigkeit stehen bleiben können, ohne zu stagnieren: vielleicht, wie Sokrates, Teilhaber am Rausch der Geschwindigkeit’ und doch unserer selbst mächtig

Anmerkungen

o) Die folgenden Hinweise sind aufs wichtigste reduziert, so daß sie in erster Linie als Anregungen verstanden werden möchten, weiterzulesen und zu denken. Man wird die genannten klassischen Texte auch in anderen Ausgaben unschwer finden können.

1) Grundlegend dazu: Hegel, Vorrede zur Phänomenologie des Geistes; in: Hegel, Werke, Theorie-Werkausgabe Band IIII. Frankfurt/Main 1973, S. 11-68

2) Henrich, D., Glück und Not; in: ders., Selbstverhältnisse. Stuttgart 1982, S. 131-142

3) Vgl. dazu Picht, G., Platons Dialoge 'Nomoi' und 'Symposion'. Mit einer Einführung von Wieland, W., Stuttgart 1990, vor allem S. 53-63

4) Heidegger, M., Denkerfahrungen. Frankfurt/Main 1983, S. 147

5) Vgl. mit den wichtigsten Belegstellen: Riedel, M., Vom Biedermeier zum Maschinenzeitalter. Zur Kulturgeschichte der ersten Eisenbahnen in Deutschland; in: Segeberg, H., (Hg.), Technik in der Literatur. Frankfurt/Main 1987, S. 102-132

6) Dies ist ursprünglich ein Grundwort bei Hegel, das die Macht philosophischen Denkens anzeigen soll. Vgl. Anm. 1), S. 64-66

7) Über diesen Zusammenhang belehrt: Blumenberg, H., Lebenszeit und Weltzeit. Frankfurt/Main 1986

8) Dies ist der Beginn von Ernst Jüngers heute wieder bedenkenswertem Aufsatz: Der Weltstaat (Erstdruck 1960), in: Jünger, E., Sämtliche Werke Band 7. Stuttgart 1980, S. 481.Vgl. im Hintergrund auch: Meyer, M., (Hg.), Wo wir stehen. Dreißig Beiträge zur Kultur der Moderne. München, Zürich 1988

9) Vgl. stellvertretend für andere: Abel, G., Interpretationswelten. Gegenwartsphilosophie jenseits von Essentialismus und Relativismus. Frankfurt/Main 1993

10) Klassischer Text: Benjamin, W., Das Kunstwerk im Zeitalter seiner technischen Reproduzierbarkeit. Drei Studien zur Kunstsoziologie. Frankfurt/Main 1963

11) Zur Diagnose vgl. Habermas, J., Die neue Unübersichtlichkeit. Kleine Politische Schriften Band V. Frankfurt/Main 1985, S. 141-167

12) Virilio, P., Der negative Horizont. Bewegung, Geschwindigkeit, Beschleunigung. München 1989

13) Ibid., S. 25f.

14) Gehlen, A., Über kulturelle Kristallisation; in: ders., Studien zur Anthropologie und Soziologie. Darmstadt 1963, S. 311-328

15) Aus der Fülle der Schriften von Lübbe zum Thema greife ich heraus: Lübbe, H., Im Zug der Zeit. Verkürzter Aufenthalt in der Gegenwart. Berlin und andere 1992

16) Ibid., S. 351

17) Unter anderem: Adorno, T.W., Freizeit; in: ders., Stichworte. Kritische Modelle Bd. 2. Frankfurt/Main 1969, S. 57-68. Grundlegend derselbe und Horkheimer, M., Dialektik der Aufklärung. Philosophische Fragmente. Frankfurt/Main 1969, S. 128-177

18) Ibid., S. 233

19) Vgl. Benjamin, W., Berliner Kindheit um 1900. Mit einem Nachwort von T.W. Adorno. Frankfurt/Main 1987

20) Vgl. Spaemann, R., Glück und Wohlwollen. Versuch über Ethik. Stuttgart 1989, insbesondere S. 85-95

21) Adorno, T.W., Negative Dialektik. Frankfurt/Main 1982, S. 285ff., im Zusammenhang der Erwägungen: „Freiheit. Zur Metakritik der praktischen Vernunft."

22) Vgl. dazu das schöne Buch von Forschner, M., Über das Glück des Menschen. Darmstadt 1993, insbesondere S. 1-22

23) Vgl. Oestreich, G., Antiker Geist und moderner Staat bei Justus Lipsius (1547-1606). Göttingen 1989

24) Vgl. im einzelnen: Forschner, M., Die stoische Ethik. Darmstadt 1995 und: Pohlenz, M., Die Stoa. Geschichte einer geistigen Bewegung. 2 Bände. Göttingen 1943/47

25) Spaemann, R., Die Zweideutigkeit des Glücks; in: ders./ Welsch, W.,/ Zimmerli, W.C., Zweckmäßigkeit und menschliches Glück. Bamberg 1994, S. 30. Vgl. Ethik von Spaemann in Anm. 20

26) Hier zit. nach Forschner, M., Über das Glück des Menschen, aaO., S. 39

27) Summa contra gentiles III, 48. Vgl. die schöne Akzentuierung dieser Linie einer nur negativen Anzeige der göttlichen Herrlichkeit bei Thomas: Pieper, J., Thomas von Aquin. Leben und Werk. München[4] 1990

28) Vgl. Adorno, T.W., Minima Moralia. Reflexionen aus dem beschädigten Leben. Adorno, Gesammelte Schriften Band 4. Frankfurt/Main 1980

29) Vgl. dazu vor allem die wichtigen Arbeiten von Strauss, L., Studies in Platonic Political Philosophy. Chicago, London 1983, ferner ders., The City and Man. Chicago 1964

30) Vgl. Strauss, L., Naturrecht und Geschichte. Frankfurt/Main 1977

31) Vgl. dazu Meyer-Abich, K.-M., Praktische Naturphilosophie. Erinnerung an einen vergessenen Traum. München 1997, der sich in den bezeichneten Irrtum auf denkbar hohem Niveau verstrickt

32) Ich beziehe mich hier insbesondere auf Foucault, Diskurs und Wahrheit. Die Problematisierung der Parrhesia. Berkeley-Vorlesungen 1983. Berlin 1996

33) Popper hat diese Tendenz in seiner großen Totalitarismus-Analyse: Die offene Gesellschaft und ihre Feinde, zuletzt Tübingen und andere 1992, während der Zeit des Zweiten Weltkriegs, die er in Neuseeland verbrachte, beeindruckend verdeutlicht. Sehr prägnant

wird der Zusammenhang klargelegt bei Popper, Gegen den Zynismus in der Interpretation der Geschichte. Eichstätt 1992

34) Stürmer, M., Scherben des Glücks. Klassizismus und Revolution. Berlin 1987

35) Vgl. zu Hobbes unter anderem: Schmitt, C., Der Leviathan in der Staatslehre des Thomas Hobbes. Sinn und Fehlschlag eines politischen Symbols. Nachdruck Köln 1982

36) Wenn man in der Überschrift dieses Schlußteils eine Anspielung auf Garcia Marquez' fulminanten Roman von der *Liebe in Zeiten der Cholera* mithört, so ist das nur angemessen. Denn auch das Glück hat es im Weltalter der Beschleunigungen nicht leicht.

37) Der zeitliche Problemzusammenhang der Vernunft, die in verschiedene Richtungen zu blicken genötigt ist, ist nicht einmal bei Welsch, W., Vernunft. Die zeitgenössische Vernunftkritik und das Konzept der transversalen Vernunft. Fankfurt/Main 1995 hinreichend bedacht worden

38) Vgl. zum philosophischen Verständnis der Sorge, Heidegger, M., Sein und Zeit. Tübingen 1984, S. 180-231. Es scheint mir eine wichtige Erweiterung zu sein, daß der ethische Sorge-Begriff, der ein spezifisches, nicht nur utilitaristisch zu beschreibendes Verhältnis von Mensch und Welt exponiert, durch die Erinnerung an den Erfahrungszusammenhang des Glücks begleitet wird

39) Blumenberg, H., Die Sorge geht über den Fluß. Frankfurt/Main 1987, S. 215f

40) Zu studieren wären in diesem Zusammenhang Kants Schriften „Kritik der praktischen Vernunft" und „Grundlegung zur Metaphysik der Sitten". Vgl. auch Höffe, O., Introduction à la philosophie pratique de Kant. Albeuve 1985 und Henrich, D., Der Begriff der sittlichen Einsicht und Kants Lehre vom Faktum der Vernunft; in: Prauss, G., (Hg.), Kant. Kön 1973, S. 223-254

41) Vgl. Spaemann, R., Die Zweideutigkeit des Glücks; (a.a.o. LitVz. 25), S. 17

42) Pessoa, F., Dichtungen. Aus dem Portugiesischen übersetzt von Lind, G.R., Zürich 1986, S. 95

Rolf Stamm

Verkehrspolitische Zukunftskonzepte

1. Ausgangslage Verkehr

Mobilität stellt einen unverzichtbaren Bestandteil unserer Gesellschafts- und Wirtschaftsordnung dar. Ein gut funktionierendes Verkehrssystem ist Voraussetzung für eine arbeitsteilige Wirtschaft, für wirtschaftliches Wachstum, Beschäftigung und Wohlstand. Es trägt nicht zuletzt dem Mobilitätsbedürfnis Rechnung.

Die Wiedervereinigung Deutschlands, die Ost-West-Öffnung Europas, die Verwirklichung des Europäischen Binnenmarktes, aber auch ein ausgeprägtes Mobilitätsbedürfnis weiter Bevölkerungskreise sind die wesentlichen Ursachen für die Verkehrsentwicklung der vergangenen Jahre. Von 1980 bis 1996 hat allein der individuelle Pkw-Verkehr von 417 Mrd. Pkm auf 764 Mrd. Pkm zugenommen. Dabei waren 1996 in Deutschland 41 Mio. Pkw registriert. Wurde 1980 eine Verkehrsleistung von 80 Mrd. tkm im Güter-Fernverkehr auf deutschen Straßen erzielt, so waren es 1996 bereits 213 Mrd. tkm.

Wer heute Konzepte für eine moderne Verkehrspolitik entwickeln will, muß sich die verkehrspolitischen Herausforderungen vor Augen führen:
- Die Verkehrsprognosen des Bundesverkehrswegeplans 1992 für den Zeitraum 1988 bis 2010 gehen von einer Zunahme des Güterverkehrs auf der Straße um 95% und des Personenverkehrs um 30% aus.
- Im Transitverkehr durch Deutschland wird sich der Güterverkehr verdoppeln, beim Personenverkehr wird sogar eine Verdreifachung erwartet.
- Neuere Prognosen haben diese Trends des Bundesverkehrswegeplans '92 bestätigt.

Damit läuft der Verkehrsbereich Gefahr, zum Engpaßfaktor in der Entwicklung zu mehr Wirtschaftswachstum und mehr Wohlstand zu werden. Deutschland ist aufgrund seiner zentralen Lage in Europa die Verkehrsdrehscheibe und das Transitland Nr. 1. Das deutsche Verkehrswegenetz trägt die Hauptlast des Wechselverkehrs mit dem Ausland und des Transits in Europa. Es leistet damit schon heute einen wesentlichen Beitrag zur wirtschaftlichen Integration Europas.

2. Nachhaltige Mobilität

Deutschland hat sich auf dem Weltklimagipfel von Rio de Janeiro von 1992 zu einer Verringerung der CO_2-Emissionen und damit zu einer nachhaltigen, d.h. langfristig umweltverträglichen Entwicklung verpflichtet. Für den Verkehrsbe-

reich wird daher auch eine nachhaltige Mobilität angestrebt, da sich der Bundes-
minister für Verkehr bewußt ist, daß die Akzeptanz des Verkehrs künftig stärker
von der Reduzierung der Umweltbelastungen abhängig ist.

Der Verkehr ist in hohem Maße vom Gebrauch von nicht erneuerbaren Energien wie Kohle, Erdöl und Erdgas abhängig. Die Verbrennung bedingt CO_2-
Emissionen, die den Treibhauseffekt mit verursachen. Wegen der hohen Energie-
dichte werden die Erdölprodukte Benzin, Diesel und Kerosin wohl noch lange die
dominierenden Treibstoffe im Verkehr bleiben.

Diese bedingen auch die hohen Schadstoffemissionen des Verkehrsbereichs.
Allerdings zeigen die getroffenen Maßnahmen zur Reduzierung der Schadstoffemissionen, wie die Einführung des geregelten Drei-Wege-Katalysators im Pkw,
bereits auf breiter Front Wirkung. Gleiches kann für die Lärmbekämpfung an der
Quelle, d.h. am Fahrzeug gesagt werden.

Es soll auch nicht verschwiegen werden, daß die Entwicklung einer leistungs-
gerechten Verkehrsinfrastruktur zu Landverbrauch und zur Zersiedlung der Landschaft beiträgt oder Zerschneidungseffekte mit sich bringt. Wie nahe die Grenze
der Akzeptanz für mehr Verkehr inzwischen gerückt ist, wird uns bei jeder Planung für neue oder den Ausbau bestehender Verkehrswege – selbst bei umwelt-
freundlichen Verkehrsträgern – deutlich vor Augen geführt, wenn es für die Verwaltung heißt, sich mit den Protesten der Bürger vor Ort und mancher Umwelt-
schutzorganisation auseinanderzusetzen, die Verkehr für ein Grundübel schlechthin hält.

Dennoch braucht Deutschland auch als Wirtschaftsstandort nicht nur ein um-
weltverträgliches Verkehrssystem, sondern auch eine effiziente Verkehrsbedie-
nung, die am besten eine nachhaltige Mobilität ermöglicht.

3. Konflikte Verkehr und Umwelt

Die bisherigen Ausführungen lassen schon erahnen, daß es im Verkehrsbereich an Konflikten und Interessengegensätzen gerade im Umweltbereich nicht
mangelt. Die Einstellung eines jeden einzelnen zu Mobilität und Konsum ist jedoch letztlich dafür entscheidend, was sich auf Straßen, Schienen, Wasserstraßen
oder in der Luft Tag für Tag abspielt. Hohe verfügbare Einkommen führen in
Deutschland
- zu überproportional wachsenden Mobilitätsbedürfnissen insbesondere im Freizeitverkehr
- zu Konsumbedürfnissen, die sich in schnell wachsenden Güterverkehren nie-
  derschlagen

Das Umweltbewußtsein ist hierzulande besser ausgebildet als das tatsächliche
Umweltverhalten. Wir beruhigen unser Umweltgewissen, indem wir den Müll
trennen und Dosen, Flaschen oder Altpapier dem Recycling zuführen. Andererseits wollen wir nicht auf die „Lust"-Fahrten mit Pkw oder Motorrad in der Freiheit verzichten. Freizeitverkehre machen heute 2/3 aller Fahrzwecke aus. Jede
Diskussion um die individuelle Autobenutzung ist im höchsten Maße emotional
aufgeladen, wie die jüngste Diskussion um den Benzinpreis von 5 DM/Liter oder

die Pkw-Benutzung bei Ozon-Wetterlagen zeigt. Im Wirtschaftsverkehr werden rund ¾ aller in Deutschland bewegten Gütermengen im Nahverkehr (derzeitiger Radius 75 km) bewegt, bei dem es zum Lkw nahezu keine Alternative gibt. Hinzukommen Handwerker-, Vertreter- und Verteilerverkehre, wo alle auf das Auto angewiesen sind.

Daneben gibt es auch politische Entscheidungen, die Auswirkungen auf den Verkehr haben:

- so hat z.B. die Bildungsreform zu Beginn der 80er Jahre von einem Tag auf den anderen 12,5 Mio. Fahrschüler mit sich gebracht
- Gebietsreformen der Länder haben die Wege zu den Behörden verlängert
- die Lebensmittelvorschriften mit tagesgenauen „Verfallsdaten" erhöhen die täglichen Verteilerverkehre
- das Kreislaufwirtschaftsgesetz entlastet die Umwelt im Bereich des Abfalls, läßt aber zugleich Verkehr durch Rückführung von wiederverwertbaren Produkten zum Produzenten entstehen.

Mit diesen Beispielen soll das Dilemma eines jeden Verkehrsministers zum Ausdruck gebracht werden, daß in anderen Politikfeldern Entscheidungen getroffen werden, die zu Verkehr führen, der Verkehrsbereich aber die damit verbundenen Umweltbelastungen zu rechtfertigen hat.

4. Verkehrsvermeidung

„Verkehr ist Müll" lautet ein gängiger Slogan von Leuten, die die Verkehrsvermeidung als Heilmittel anpreisen. Hier wird die Analogie zur Produktion von Gütern bemüht, bei der Abfall entsteht, der als „negatives Gut" nur zusätzliche Kosten entstehen lasse, ohne zur Wertschöpfung beizutragen. Bei gleicher Betrachtungsweise des Transports von Menschen oder Gütern muß daher analog zur Abfallvermeidung der Verkehrsvermeidung die erste Priorität eingeräumt werden.

Hierzu wird ein Top-down-Ansatz vorgeschlagen, der nur mit dirigistischen Mitteln wie Verkehrslenkung (Güter auf die Bahn), Verkehrsbeschränkungen (nur alle fünf Jahre eine Flugreise), Konzentration auf regionale Produkte oder ähnlichem durchzusetzen ist. Ein solcher Ansatz muß langfristig zu einer autarken Hauswirtschaft führen. Sind wir wirklich bereit, auf Bananen, Orangen, Zitronen, Kiwis oder Ananas zu verzichten? Wollen wir auf die Weine aus Frankreich, Italien, Spanien, Portugal, Griechenland oder gar aus Australien, Chile, Südafrika verzichten? Was ist mit Bekleidung, die fast nur noch im fernen Ausland produziert wird? Wie sich die autarke Hauswirtschaft mit den vom Grundgesetz geforderten gleichwertigen Lebensbedingungen in allen Regionen verträgt, bleibt die Frage. Was ist mit der arbeitsteiligen Wirtschaft und den damit verbundenen Arbeitsplätzen? Werden die Gewerkschaften wieder längere Arbeitszeiten akzeptieren, um Freizeitverkehre zu vermeiden? Soll die berufstätige Mutter wieder hinter den Herd verbannt werden? Sollen wir aus der Europäischen Union austreten, um den für das Funktionieren des Binnenmarktes notwendigen Güterverkehr zu vermeiden? Wie soll sich das rohstoffarme Deutschland als Exportnation, das vom gegenseitigen Handel lebt, behaupten? Ist die verkehrsvermeidende Stadt nicht ebenso ein Alptraum wie die autogerechte Stadt?

Mit diesen Fragen – auch wenn sie auf den einen oder anderen polemisch wirken – soll die Problematik einer Verkehrsstrategie verdeutlicht werden, deren oberste Priorität die Verkehrsvermeidung ist.

5. Wider die Strategie des „Weiter so"

Ebenso wenig wie die Verkehrsvermeidung als Heilmittel für den Weg zu einer nachhaltigen Mobilität taugt, kann sie mit der Strategie des „Weiter so" der traditionellen Verkehrspolitik erreicht werden. Bei der nachhaltigen Mobilität geht es schließlich darum, die Mobilität langfristig umweltverträglicher zu gestalten, nicht Mobilität einzuschränken. Umweltverträglicher wird die Mobilität aber erst, wenn Ressourcen geschont und Umweltbelastungen reduziert werden. Um bruchhafte Entwicklungen für Gesellschaft und Wirtschaft zu vermeiden, muß dies in einem evolutionären Prozeß geschehen. Der Weg dorthin ist nicht einfach, worauf Prof. Dr. Steger (jetzt International Institute for Management Development in Lausanne) schon 1993 in seinen „Vier grausamen Wahrheiten der Verkehrspolitik" hinwies:„

1. In der kommenden Dekade wird der Güter- wie Personenverkehr weiter zunehmen, danach bestenfalls auf hohem Niveau stagnieren. Die soziodemografischen Veränderungen wie etwa der Trend zu Single-Haushalten, die Vertiefung der internationalen Arbeitsteilung, verbunden mit wachsenden Einkommen, werden als Einflußgröße weiterhin eher verkehrserzeugend als verkehrsvermindernd wirken. Man mag über einzelne Prognosen streiten, aber eine Stagnation des Güterverkehrs bedeutete beispielsweise, daß die osteuropäischen Länder sich nicht in die Europäische Gemeinschaft ökonomisch und damit auch politisch integrieren würden und der Binnenmarkt, wie die allgemeine Wirtschaftsentwicklung rezessiv geprägt werden.

2. Die Mobilitätsstandards, die BürgerInnen und Unternehmen akzeptieren, werden durch die individuellen Verkehrsmittel Pkw und Lkw gesetzt. Die anderen Transportmittel – vor allem Bahn und öffentlicher Personenverkehr – müssen sich in ihrer Dienstleistungsqualität so verbessern, daß sie damit konkurrieren können. Erst dann würde eine größere Umweltverträglichkeit auch marktrelevant. Denn entgegen mancher „Henne-Ei"-Diskussion folgte der Straßenbau seit etwa Mitte der fünfziger Jahre eher dem wachsenden Pkw- und Lkw-Verkehrsaufkommen, als daß er ihm voraneilte – von den Autobahnen vielleicht abgesehen, die aus strukturpolitischen Gründen gebaut wurden. Preis-Leistungs-Relation, Komfort und Zeitsouveränität sprachen eben mehr für individuelle Verkehrsmittel als für die oft wenig kundenorientierten öffentlichen Verkehrsträger.

3. Die individuellen Verkehrsträger werden sich in ihren Preis-Nutzen-Relationen mehr verbessern als Bahnen und Busse. Der globale Wettbewerb in der Automobilindustrie zwingt die europäischen Hersteller zu einer rasanten Produktivitätsentwicklung, die Qualität, Komfort, Sicherheit, Zuverlässigkeit

steigern und Wartungskosten absenken wird. Nachdem downsizing der neue Trend ist, werden auch effektive Verbrauchsabsenkungen realisiert. Beim Lkw wird die europäische Deregulierung für einen Kostensenkungsdruck und perfekte logistische Dienstleistungen sorgen. Wie schnell werden Bahnen und Busse dieser Dynamik folgen können?
4. Der quantitative Ausbau der Verkehrs- und insbesondere der Straßeninfrastruktur stößt an finanzielle und ökologische Grenzen. Bei realistischer Betrachtung und selbst bei Einsatz privaten Kapitals werden sich nur die dringendsten Straßeninvestitionen für die veränderten Ost-West-Verkehrsströme, der Ausbau wichtiger Bahnstrecken und einige Engpaßbeseitigungen und Netzschlüsse bei Straßen- und Wasserwegen realisieren lassen – für mehr ist kein Geld da."

Diese Analyse ist aus meiner Sicht heute noch so aktuell wie vor fünf Jahren. Prof. Dr. Steger zieht daraus den Schluß, daß aus dem Gegensatz – weiterwachsender Verkehr mit Wettbewerbsvorteilen individueller Verkehrsmittel und Restriktionen im Infrastrukturausbau – sich eben jener Druck ergebe, der zu einer umweltverträglichen Weiterentwicklung unseres Verkehrssystems zwinge.

6. Entkopplung von Wirtschafts- und Verkehrswachstum

In der Vergangenheit war es Aufgabe der Verkehrspolitik, dem Wirtschaftswachstum unter anderem über eine wachsende und verbesserte Infrastruktur neue Mobilitätsfreiräume für zunehmenden Güter- und Personentransporte zu schaffen. Wirtschaftswachstum war immer an Verkehrswachstum gekoppelt. Aufgrund der nur begrenzt erweiterbaren Verkehrsinfrastruktur (Flächenversiegelung, Trennwirkung, Grenzen der Ausbaumöglichkeiten der Verkehrsinfrastruktur in Ballungsräumen, Auswirkungen auf Ökologie und Gesundheit) hat die Verkehrspolitik nun Strategien zu entwickeln, um Wirtschafts- und Verkehrswachstum zu entkoppeln.

Die Entwicklungen der letzten zwei Jahrzehnte im Energiesektor zeigen, daß eine solche Entkopplungsstrategie erfolgreich sein kann. Bis Mitte der siebziger Jahre führte das Wirtschaftswachstum stets auch zu einem Anstieg des Energiebedarfs. Inzwischen ist es gelungen, durch Verhaltensänderungen der Bevölkerung und durch eine effiziente Energienutzung den Primärenergieverbrauch von der Wirtschaftsentwicklung weitgehend zu entkoppeln.

Eine vergleichbare Entkopplung wird auch für den Verkehrsbereich angestrebt. Hierzu liegt seit Dezember 1997 eine Studie von Prof. Dr. Herbert Baum vom Institut für Verkehrswissenschaft an der Universität Köln mit dem Thema „Entkopplung von Wirtschaftswachstum und Verkehrsentwicklung" im Auftrage des Deutschen Verkehrsforums Bonn vor.

Abb. 1: Entwicklung von Bruttosozialprodukt*, Primär- und Endenergieverbrauch**
(Indexwerte, 1960 = 100)[1]

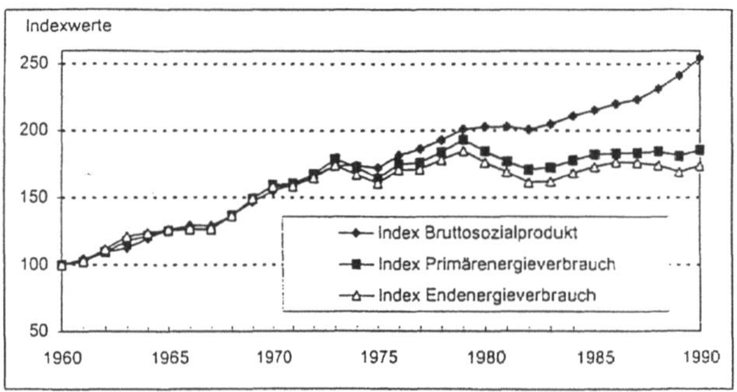

*   in Preisen von 1991
** Inlandsverbrauch

Quelle: Sachverständigenrat, Im Standortwettbewerb- Jahresgutachten 1995/96, Wiesbaden
1995, S. 376 und 464f. Eigene Berechnungen von Baum H., Heibach M.

In der vorliegenden Studie setzt sich Prof. Dr. Baum mit der Entkopplung als
verkehrspolitischer Strategie auseinander. Er sieht in der Entkopplung von Wirtschaftswachstum und Verkehrsentwicklung einen gangbaren Weg, um dauerhaft
tragfähige Lösungen zu erzielen. Prof. Dr. Baum grenzt die Entkopplung insbesondere von der Verkehrsvermeidung ab, bei der zwar auch die Verkehrsnachfrage reduziert, aber im Gegensatz zur Entkopplung auch eine Verringerung der
gesamtwirtschaftlichen Aktivität in Kauf genommen wird. (Vgl. Abb. 2)
    Es werden drei Kategorien der Verkehrsentkopplung unterschieden:
- effiziente Steigerungen der Transportabläufe im Güter- und Personenverkehr
- Substitution von Verkehr (z.B. durch Telekommunikation)
- Beeinflussung der Siedlungs- und Standortstruktur sowie der industriellen
  Fertigung (z.B. Nutzungsmischung von Wohnen und Arbeiten, Produktions-
  standorte an Transportschnittstellen, Standortnähe zu Absatzmärkten, Vorlei-
  stungsproduktion in der regionalen Umgebung, Veränderung in der Produkti-
  onstechnologie und der Produktentwicklung, Beschaffungs- und Distributions-
  logistik sowie Entsorgung).
Über die bereits bestehenden Ansätze einer Entkopplung in der Verkehrspolitik
hinaus und die dabei zu verzeichnenden Erfolge bedarf es zur Umsetzung der
langfristig wirkenden Maßnahmen der Entkopplung insbesondere einer Koordination von Verkehrs- und Wirtschaftspolitik.

---

[1] Sachverständigenrat, Im Standortwettbewerb – Jahresgutachten 1995/6. Wiesbaden 1995,
S. 376 und 464f. Eigene Berechnungen
Sämtliche Abbildungen aus: Baum und Heibach, Entkopplung von Wirtschaftswachstum
und Verkehrsentwicklung. (Vgl. LitVz.)

- Für die Verkehrspolitik besteht die Aufgabe in erster Linie darin, die Voraussetzungen für Rationalisierungsreserven im Transportablauf, -organisation und -infrastruktur zu schaffen. Einsatz der Verkehrstelematik, Öffnung und Sicherung des Wettbewerbs auf den Verkehrsmärkten und die ordnungsrechtlichen Rahmenbedingungen sind entscheidend für ökonomisch sinnvolle Entscheidungen.[2]
- Die Wirtschaftspolitik muß zur Entkopplung beitragen, in dem sie mit den Mitteln der Technologie-, Umwelt-, Struktur-, Regional-, Arbeitsmarkt- und Außenwirtschaftspolitik die industriewirtschaftlichen Strukturen so beeinflußt, daß eine verringerte Transportintensität erreicht wird.

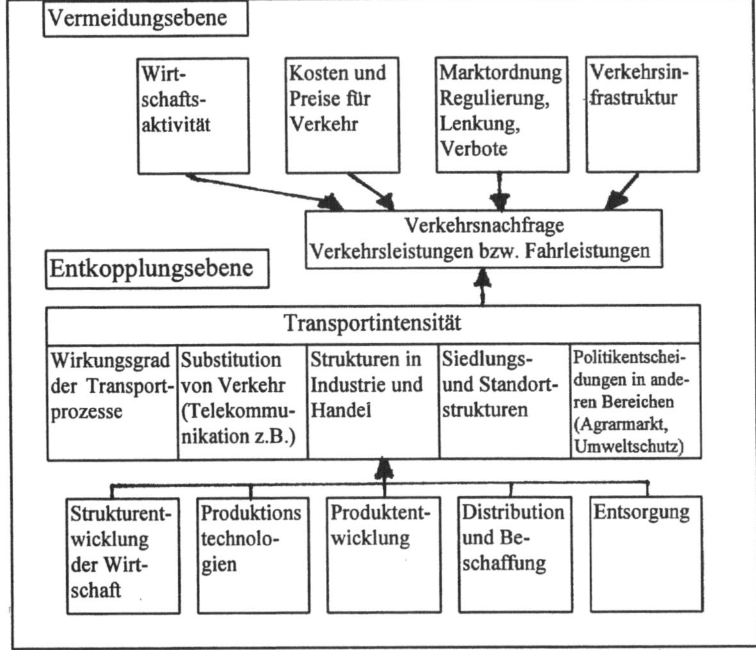

Abb. 2: Ansatzpunkte und Wirkungsrichtungen von Verkehrsvermeidung und Entkopplung

Quelle: Baum H., Heibach M.,: Entkopplung von Wirtschaftswachstum und Verkehrsentwicklung

Dabei wird nicht verkannt, daß im Rahmen der Entscheidungsfindung der Wirtschaftspolitik die verkehrlichen Wirkungen nur einen Aspekt neben anderen darstellen. Die besondere Berücksichtigung verkehrsspezifischer Belange bei wirtschaftspolitischen Entscheidungen hält Prof. Dr. Baum für gerechtfertigt, nach-

---

[2] Vgl. dazu Tab. 1 am Ende des Dokumentes

dem die Verkehrspolitik in der Vergangenheit in entscheidender Weise zur Errei-
chung wirtschaftspolitischer Ziele beigetragen hat.

Meine Stellungnahme

Grundsätzlich ist der Ansatz der Entkopplungsstrategie zielgerichtet, um die
Entstehung von Mobilitätsansprüchen in Wirtschaft und Gesellschaft zu verringern. Auch die Bundesregierung bekennt sich zu dieser Zielsetzung und hat entsprechende Maßnahmen auf den Weg gebracht:

- Im Rahmen der Strategien einer optimierten Vernetzung der Verkehrsträger
  und der gebotenen Stärkung der Verkehrsträger Schiene und Wasserstraße
  kommt ein Bündel von Maßnahmen zur Anwendung.
- Die Substitution von physischem Verkehr durch Telekommunikation steckt
  noch in Anfängen; kurzfristig sind keine nennenswerten Erfolge im Sinne einer Entkopplung zu erwarten.
- Maßnahmen im Rahmen einer verkehrsorientierten Strukturpolitik bedürfen
  einer intensiven Abstimmung mit anderen Politikbereichen. Entsprechende Erfolge setzen eine stärkere Gewichtung der Verkehrspolitik im Gefüge der Po-
  litikbereiche voraus. Dazu muß zunächst das Bewußtsein für Fragen der Ver-
  kehrsentstehung geschärft werden. Mit der vom Bundesministerium für Verkehr eingeführten Verkehrsauswirkungsklausel in die Geschäftsordnung der
  Bundesministerien soll in einer ersten Stufe erreicht werden, daß die von Ge-
  setzes- und Verordnungsvorhaben ausgehenden Wirkungen auf den Verkehr
  transparent werden.

Das vorliegende Gutachten bestätigt im Kern die von der Bundesregierung einge-
schlagene Strategie.

Die Bundesregierung ist sich bewußt, daß die Entkopplung von Wirtschafts-
und Verkehrswachstum ein komplexes, tiefgreifendes politisches Vorhaben darstellt, das zu seiner Durchsetzung die Schaffung eines gesellschaftlichen Konsen-
ses voraussetzt. Dieser Konsens kann nur über einen intensiven Dialog zwischen
Politik, Wirtschaft, Wissenschaft und Bürger hergestellt werden.

7. Verkehrsstrategien der Zukunft

Leistungsfähigkeit des Verkehrssystems verknüpft mit Umweltfreundlichkeit –
das ist die Herausforderung für die künftige Verkehrspolitik. Deren Entscheidungen werden in ihren Folgen weit in das kommende Jahrtausend hineinreichen. Ziel
einer zukunftsgerichteten Verkehrspolitik muß es aber sein, das Verkehrssystem
insgesamt für die Verkehrsnachfrage der Zukunft aufnahmefähig zu machen.
Dabei muß sie zugleich sicherstellen, daß den gesellschaftlichen Anforderungen
an Umweltschutz und Sicherheit Rechnung getragen wird.

Verkehr ist Teil der Wirtschaft und orientiert sich an den Prinzipien des
Marktes. Marktwirtschaftliche Anreizsysteme, die hinreichenden Spielraum für
innovative Aktivitäten und individuelle Entscheidungen sowohl der Wirtschaft als
auch der Bürger lassen, werden daher auch in Zukunft das wesentliche Instrument

der Verkehrspolitik sein. Dies ist die beste Voraussetzung für neue technologische Entwicklungen und Innovationen und spiegelt die Überzeugung wider, daß die fortschrittlichste Technologie von heute der Wettbewerbsvorsprung von morgen ist.

Die Kräfte des Marktes müssen sich innerhalb eines Rahmens entfalten, der die Verwirklichung gesellschaftlicher Ziele wie Sicherheit und Umweltschutz mit der Erfüllung individueller Ansprüche in Einklang bringt. In der Verkehrspolitik heißt dies, durch die staatliche Vorgabe technischer Standards, die dem Standard des technischen Fortschritts entsprechen, oder die Festlegung von Grenzwerten für ein aus gesamtgesellschaftlicher Sicht hohes Qualitätsniveau des Verkehrssystems zu sorgen.

Die wichtigsten Handlungsfelder, in denen dieser Leitgedanke realisiert werden soll, sind:

- Marktkonforme Ausgestaltung staatlicher Rahmenbedingungen, um umweltgerechte und gleichzeitig effiziente Mobilität zu erreichen.
- Intelligente Vernetzung der Verkehrsträger, um Leistungsstärke und Umweltfreundlichkeit des Gesamtverkehrssystems weiter zu steigern. Ausbau und Nutzungsoptimierung der Verkehrsinfrastrukturen, um den steigenden Anforderungen an Mobilität, Umweltschutz und Sicherheit gerecht zu werden.
- Entwicklung umweltschonender Fahrzeugtechnologien, mit denen neue Marktsegmente erschlossen werden können.
- Stärkung der Wettbewerbskraft der deutschen Verkehrswirtschaft und Weiterentwicklung der Integration des europäischen Verkehrssystems.

8. Zusammenfassung

Nach dem Weltklimagipfel von Rio 1992 wurde klar, daß der Verkehrsbereich, weil in hohem Maße wohl noch auf lange Zeit auf fossile Energien angewiesen, auch einen bedeutenden Beitrag zu einer nachhaltigen Entwicklung werde leisten müssen. Für den Verkehrsbereich heißt das Ziel „nachhaltige Mobilität". Der Weg dorthin wird nicht einfach sein und verlangt einen breiten gesellschaftlichen Konsens.

Umweltgerechte Mobilität, Sicherung der Wettbewerbsfähigkeit des Standortes Deutschland und soziale Ausgewogenheit sind wesentliche Kriterien auf diesem Weg. Herausforderungen ergeben sich für die Verkehrspolitik aus der Globalisierung der Märkte, der Integration Europas und dem noch wachsenden Mobilitätsbedürfnis von Wirtschaft und Bevölkerung.

Verkehr ist Teil der Wirtschaft und orientiert sich an den Prinzipien des Marktes, heute mehr denn je. Wirtschaftswachstum war immer am Verkehrswachstum gekoppelt. Weiter wachsender Verkehr, bevorzugt bei den individuellen Verkehrsmitteln, und Restriktionen im Infrastrukturausbau werden den nötigen Druck erzeugen, der auf eine umweltverträglichere Weiterentwicklung unseres Verkehrssystems hinausläuft und so eine nachhaltige Mobilität ermöglicht. Schonung der Ressourcen, Reduzierung der vom Verkehr ausgehenden Umwelt-

belastungen und eine Entkopplungsstrategie Wirtschaftswachstum/ Verkehrswachstum analog zur erfolgreichen Entkopplung Wirtschaftswachstum/ Energie-
bedarf sind die wesentlichen Elemente einer Verkehrsstrategie der Zukunft. Hierbei müssen sich die Kräfte des Marktes innerhalb eines Rahmens entfalten, der die
Verwirklichung gesellschaftlicher Ziele mit der Erfüllung individueller Ansprüche
in Einklang bringt. Eine nachhaltige Mobilität ist keine unerreichbare Fiktion.

Tab. 1:   *Analogien von Rationalisierungsmaßnahmen im motorisierten Individualver-*
           kehr und Straßengüterverkehr

Straßengüterverkehr (Unternehmenssektor)	Pkw-Verkehr (Private Haushalte)
Kombinierter Verkehr	Park and Ride Rail and Road Optimierung der Einsatzbereiche des Pkw Verbesserung der Schnittstellen auch zu nichtmotorisierten Verkehrsmitteln
Güterverkehrszentren/ City-Terminals	Mobilitätszentren/ Mobil-Stationen/ Aufbau von Verkehrsknotenpunkten mit umfang-reichem Dienstleistungsangebot
Substitution von Werkverkehr durch Gewerbe	Optimierung des Taxi-/ Mietwagensystems
Gebietsspediteure	Sammeltaxis
Kooperationen im Transportgewerbe	Nachbarschaftsautos, informelles Car-Sharing
Transportbörse/ Erhöhung der Fahrzeugauslastung	Fahrgemeinschaften im Berufsverkehr Mitfahrzentralen (Fernverkehr) Anhalter-Mitnahmesystem (z.B. Clublösungen)
Tourenplanung	Informations- und Kommunikationstech-nische Lösungen zur optimalen Routenfindung
„Integrators"	Mobilitätsmanager
Schaffung maßgeschneiderter Logistiklösungen/ Transportketten	Mobilitätszentrale, Mobilitätsberatung Mobilitätspaß/ Chipkarte
Fahrzeug-/ Fuhrparkmanagement	Optimierung des Auto-Teilens im Haushalt
Lkw-Führungskonzepte	Kollektive Verkehrsleittechnik für den Pkw-Verkehr
Outsourcing von Logistikleistungen/ externer Fuhrpark	organisiertes Car-Sharing Autovermietungen
Rollende Landstraße	Auto im Reisezug
Optimierung der Abhol- und Anliefererbedingungen	Vermeidung zeitlicher und räumlicher Engpässe an Quelle und Ziel einer Pkw-Fahrt
Elektronische Datenvernetzung (Kunde, Logistikdienstleister, Lieferant)	Aufbau eines Mobilitätsinformations- und -kommunikationssystems „Mobilitätsbuchungssysteme"

Quelle: Baum H., Heibach M.,: Entkopplung von Wirtschaftswachstum und Verkehrsentwicklung

Literatur

Bundesverkehrsministerium (Hrsg.), Verkehr in Zahlen 1997. Bonn

Steger, U., Verkehr, Die Rezepte der Grünen zur Vermeidung des Infarktes taugen nicht. Vier grausame Wahrheiten; in: Die Zeit Nr. 38, 17. 9. 1993

Baum, H./ Heibach, M., Entkopplung von Wirtschaftswachstum und Verkehrsentwicklung. Köln 1997

Rainer Tetzlaff

Taumelnde Tigerstaaten: Zahlen jetzt die südostasiatischen Staaten den Preis für eine überstürzte Entwicklung?

1. Globalisierung und das Unbehagen an der Moderne

Schon immer befand sich die Welt im Wandel, doch seit Beginn der Globalisierung hat sich der Eindruck verstärkt, daß der Wandel noch rasanter geworden und politisch kaum noch steuerbar sei. Auch das Entwicklungsparadigma hat sich im Verlauf dieses Jahrhunderts geändert. Am Ende des 20. Jahrhunderts ist nicht mehr Bewahrung der Tradition das kulturelle Leitbild, sondern eher im Gegenteil, die gewollte Überwindung des „Alten". Seit Joseph Schumpeter sprechen wir euphemistisch von der „konstruktiven Zerstörung", in der Hoffnung, das Althergebrachte durch etwa Besseres, durch permanente Innovationen, ersetzen zu können. Innovationsfähigkeit ist die entscheidende Voraussetzung, um im Wettbewerb der Staaten und Firmen bestehen zu können.

Ursache dieses Prozesses permanenter Veränderung ist die Logik des Wettbewerbs im Rahmen der kapitalistischen Marktordnung, wie sie seit der Industriellen Revolution in England entstanden ist. Der Markt belohnt denjenigen, der am schnellsten neue technische Erfindungen umsetzen und anwenden kann, um dadurch die Preise im Vergleich zu seinen Konkurrenten senken zu können. Der moderne Homo Oeconomicus ist rasch und zupackend, nicht kontemplativ und bedächtig; denn Zeit ist Geld. Solche 'Weisheiten' sind uns seit der Schulzeit bekannt, wie haben sie uns 'einverleiben' lassen; sie sollen hier nicht weiter vertieft werden. Der Hinweis auf die moderne Wettbewerbs- und Innovationslogik als der entscheidende Motor des modernen sozialen Fortschritts soll lediglich als Warnung dienen zu glauben, daß wir am Ende des 20. Jahrhunderts rasch und elegant den Folgen dieses global gewordenen Gesellschafts- und Wirtschaftssystems werden entrinnen können. Das Unbehagen an der Moderne wächst, aber einfach entfliehen kann man ihr nicht – es gilt vielmehr, „sich weiter durchzuwursteln", wenn möglich, mit klarem Kopf.

2. Kulturschock und Anpassungsleistungen in Asien

Auch in den asiatischen Gesellschaften wird seit nun zwei Jahren die Kehrseite des Fortschritts, der dort zunächst stürmisch gefeiert wurde, erlebbar. Innerhalb von ein bis zwei Generationen nach dem Zweiten Weltkrieg und dem Ende des Kolonialismus haben sich die Gesellschaften Ost- und Südostasiens von dörflich geprägten Agrargesellschaften zu Industrie- und Dienstleistungsgesellschaften gemausert, wozu Westeuropa zwei- bis dreihundert Jahre benötigte. Aus dieser Differenz läßt sich erahnen, welch ungeheure Anpassungsleistungen die Menschen Asiens erbringen mußten, um mit der fremdinduzierten Modernisierung ihrer Kulturen fertig zu werden, die zunächst von außen an sie von europäischen 'Barbaren' (aus der chinesischen Perspektive des 'Reichs der Mitte') in Gestalt der kolonialen Abenteurer, Soldaten, Missionare und Händler an sie herangetragen worden war. Heute tragen z.B. fast alle Menschen in den 'Schwellenländern' Armbanduhren, und sei es als Statussymbol, aber längst nicht alle Menschen unterwerfen sich in gleicher Anpassungsgeschwindigkeit dem in den USA und in Westeuropa gebräuchlich gewordenen *Zeitdiktat*, d.h. den Fremdzwängen und der Selbstdisziplin des vielseitig verregelten 'industrial man'.

Die Sozialwissenschaft spricht hier treffend von 'Kulturschock' und mitunter lange Zeit wirksamen Traumata, weil die Begegnung der Kulturen während des Zeitalters des expansiven europäischen Kolonialismus kein friedliches und freiwilliges Geben und Nehmen war, getragen von Toleranz und wechselseitigem Respekt, sondern eine gewaltträchtige Konfrontation, die die realen Machtverhältnisse zwischen militärisch stärkeren und schwächeren Staaten widerspiegelte.

„Im Rausch der Geschwindigkeit - wo steht der Mensch?" - lautet die Leitfrage dieses Symposiums. Eine Antwort darauf zu finden, ist deshalb nicht leicht, weil der Geschwindigkeitsrausch ein *globales* Phänomen ist, für das Grenzen immer bedeutungsloser werden, während der Mensch trotz enorm gestiegener Mobilität doch meistens *regional eng umgrenzte*, vertraute Bereiche sucht, um seine Identität zu finden und zu verteidigen. Außerdem gibt es große Unterschiede bei den Möglichkeiten, sich auf den Geschwindigkeitsrausch der Moderne einzustellen, je nachdem, ob der Mensch mehr im Zentrum oder eher am Rand des Wirbels steht.

3. Modernisierung und Risikobereitschaft: das Beispiel Malaysia

Modernisierung von Kultur und Gesellschaft, Staat und Wirtschaft heißt also Enttraditionalisierung; sie bedeutet auch Erhöhung der Flexibilität und der Lebenschancen. Aber Modernisierung ist kein linearer Prozeß, in dem alles nur bruchlos voranschreitet und ein höheres Niveau erreicht. Entwicklung ist eher als ein Suchprozeß zu verstehen, in dem sich der Fortschritt, wenn überhaupt, am Ende einer durch Versuch und Irrtum („trial-and-error") gekennzeichneten kollektiven Lernerfahrung herausstellt. Und erst in der Krise, deren Entstehung als normal zu begreifen ist, werden die Risiken des neuen Weges erkennbar und durch *pathologisches Lernen* beherrschbar. Die 'gelebte Sitte' als Maßstab des 'richtigen' Verhaltens (Max Weber) wird ersetzt durch leidvolle Erfahrung – der geeignete Nährboden für neue Erkenntnisse und Kenntnisse. *Risikobereitschaft* ist also eine Eigenschaft, die zur Bewältigung der Herausforderungen der Moderne dazu gehört. Diese steht im Gegensatz zur Tugend der Risikovermeidung in vormodernen, agrarisch geprägten Gesellschaften, in denen eine zu kühne Entscheidung die Überlebensbedingungen der Gemeinschaft, die meist nur über geringe Reserven verfügt, gefährden konnte.

Im Ungewissen dahintreiben, von Tätigkeit zu Tätigkeit, von Ort zu Ort getrieben sein – das ist das Los der Millionen von *Marginalisierten* – jener Gruppe in den Gesellschaften im Übergang von der Tradition zur Moderne, die nicht fest in die arbeitsteilige Erwerbsgesellschaft integriert werden konnte, aus welchen Gründen auch immer. Dazu ein Beispiel: „Das einst durch gemütliche Dorfzeilen und durch Holzhäuser geprägte Kuala Lumpur (die Hauptstadt Malaysias) entwickelte sich nur im Laufe von wenigen Jahren zu einer Art malaiischen Chicago – mit dem Petronas Twin Tower im Zentrum, der nicht zufällig 20 m höher gebaut wurde als der Sears-Tower in Chicago, dem bis dahin höchsten Gebäude der Welt. Außerdem plant Präsident Mahathir eine etwa 35 km von Kuala Lumpur entfernt gelegene Hochtechnologiestadt, vom Volksmund 'Cyberjaya' getauft, und eine neue Regierungsstadt *Putrajaya*, 25 km südlich von Kuala Lumpur. Sie soll die erste und modernste Öko-Stadt Asiens werden, mit zahlreichen künstlichen Seen und mit Wohnungen für 250 000 Regierungsangestellte, denen ein Verzicht auf Privatfahrzeuge nahegelegt werden soll. Hierzu soll ein neuer, hypermoderner Flughafen und das Megaprojekt des *Bakun-Staudammes* kommen."[1]

An diesem Beispiel läßt sich zeigen, daß die Malaien das koloniale Trauma und die Fremdzwänge offenbar aktiv und erfolgreich gemeistert haben, nicht durch Rückzug, nicht durch fundamentalistischen Eskapismus, sondern durch aktive Anpassung. Es hat den Anschein, daß aus oktroyierten Fremdzwängen verinnerlichte Selbstzwänge geworden seien (in der Terminologie von Norbert Elias). Man will heute nicht nur Modernität importieren und auf dem Wege der nachholenden Modernisierung selbst produzieren, sondern sogar an der Spitze des Fortschritts schreiten. 'Look East' heißt heute der Schlachtruf, nicht länger 'Go West'.Es mutete wie ein Akt der Befreiung an, als südostasiatische Politiker im Zuge der Debatte um *asiatische Werte* die angebliche Dekadenz des Westens geißelten und die kulturelle Überlegenheit ihrer eigenen Gesellschaftssysteme beschworen.

4. Die Debatte um asiatische Werte zwischen trotzigen Konservativen und nachdenklichen Reformern

Im Zuge der immer noch nicht überwundenen Wirtschafts- und Finanzkrise, die seit 1997 die Tigerstaaten erschüttert, sind diese Stimmen leiser geworden und ein neuer, vielversprechender Lernprozeß hat eingesetzt, wobei zwei Richtungen zu beobachten sind: die *trotzigen Konservativen*, die am liebsten gar nichts ändern möchten und eine Verschwörung des Auslands (die Spekulanten etwa) für alle Ungemach verantwortlich machen, und die *nachdenklichen Reformer*, die einsehen, daß einheimische Institutionen verändert werden müssen. Der Ministerpräsident Malaysias Mahathir Mohammed z.B. repräsentiert den uneinsichtigen trotzi-

---

[1] Richard Sennett, Essay über den „flexiblen Menschen"; in: Neue Zürcher Zeitung vom 2.4.1998, S. 35

gen Konservativen, während sein bisheriger Finanzminister Anwar Ibrahim den Typus des nachdenklichen Reformers darstellt, der einen drastischen Politikwechsel fordert. Es ist nur allzuverständlich, daß der noch mächtige Regent Malaysias seinen einst treuen Minister und designierten Nachfolger, den die Umstände von der Rolle des Zöglings des Präsidenten zu seinem rebellischen Herausforderer haben werden lassen, seines Amtes enthoben hat. In seinem „Kreuzzug gegen Korruption", der der in Ungnade gefallene malaiische Politiker seit Sommer 1998 im Lande führt, forderte er den Premierminister offen zum Rücktritt auf, und stellte seinem politischen Ziehvater in Aussicht, er werde 'vom Volk' binnen kurzem in ähnlich erniedrigender Weise aus dem Amt gejagt wie der indonesische Staatschef Suharto, wenn er das oberste Regierungsamt nicht freiwillig einer neuen und unverbrauchten Kraft überlasse.[2] Daß der Präsident den Kritiker daraufhin wegen angeblicher „widernatürlicher Unzucht" mit Kabinettsmitarbeitern ins Gefängnis werfen ließ, zeigt, wie weit das heutige Regime noch von einer pluralismusverträglichen demokratischen Streitkultur entfernt ist.

Reflektieren wir einen Augenblick diesen widersprüchlichen Prozeß der Modernisierung in den Schwellenländern Asiens. Werden 'die Asiaten' (wenn diese Verallgemeinerung hier einmal gestattet ist) dem Weg der europäischamerikanischen Moderne folgen? Gibt es eine Neuauflage des alten Kulturstreits zwischen Konservativen und Reformern, den wir aus dem Indien der 40er und 50er Jahren kennen? Werden die Schwellenländer eher den Weg des indischen Premierministers, Pandit Nehrus, der sich das zivilisierte Westeuropa zum Vorbild nahm, gehen oder werden sie sich den Träumen und Visionen der Kulturbewahrer in der Nachfolge Mahatma Gandhis anschließen, der den westlichen Materialismus verachtete und die Abkehr von der westlichen Zivilisation als einzigen Rettungsweg für ein authentisches Asien predigte, das daher seine eigenen Werte und Traditionen pflegen sollte?

5. Irreversible Entwicklungstrends: Von Fremdzwängen zu Selbstzwängen

Hier wird die These vertreten, daß sich mittel- und langfristig die mutigen Reformer durchsetzen werden. Drei Gründe können dafür angegeben werden, die die heute ablaufende Transformation von der kolonialherrschaftlich eingeleiteten *Fremdmodernisierung* zur mehrheitlich gewollten *Selbstmodernisierung* erklären können.

1.   Modernisierung ist ein umfassender Prozeß des sozialen Wandels, der ab einer gewissen Tiefeneinwirkung unumkehrbar ist. Er ist dann irreversibel, wenn eine arbeitsteilige Gesellschaft entstanden ist, die größtenteils in Städten wohnt und in Fabriken und Büros arbeitet und ihre Kinder in moderne Schulen schickt. Diese urbanen ('verwestlichten') Mittelschichten sind die potentiellen und oft auch realen Nutznießer der Modernisierung: sie können

---

[2] Neue Zürcher Zeitung vom 21.9.1998, S.1

neue Konsumwünsche befriedigen und empfinden das bunte Großstadtleben als angenehmer als das Landleben ihrer Großeltern! Permanente *Landflucht* ist untrügliches Zeichen für die *Pull*-Faktoren der modernen Glitzerstädte.

Daraus kann die Schlußfolgerung gezogen werden, daß die am weitesten fortgeschrittenen industriellen Schwellenländer Südkorea und Taiwan bereits irreversibel im Sog der Modernisierung stecken – ganz im Unterschied zu den ressourcenschwachen Agrarstaaten Afrikas (denken wir dabei etwa an Somalia und Ruanda).

2. Modernisierung ist wohl auch deshalb zu einem universell gültigen, global wirksamen Veränderungsvorgang geworden, weil nur die Teilhabe an moderner Technik das *Sicherheits- und Prestigebedürfnis* strategischer Gruppen (der Oberschicht) befriedigen kann. Die Überlegenheit der Feuerwaffen und der kanonenbestückten Kampfschiffe in den Konflikten zwischen Europa und außereuropäischen Völkern seit dem frühen 16. Jahrhundert hatte eine eindeutige Botschaft: „if you can't beat them, join them". Man kann auch sagen: 'Wenn du in Zukunft Demütigungen und Niederlagen durch Ausländer vermeiden willst, so rüste auf, so rüste nach!'

3. Es gibt wohl noch einen dritten Grund, der hier zunächst nur angedeutet werden soll: Modernisierung auch der Politik ist eine zwangsläufige Folge der Internationalisierung der Wirtschaft, da mit den altmodisch gewordenen Steuerungsinstrumenten komplexe Volkswirtschaften nicht mehr regiert werden können.

6. Was sind eigentlich die Ursachen der asiatischen Krise?

An erster Stelle sind politische Versäumnisse zu nennen – aus Trägheit zum einen, aus Geldgier und Sorglosigkeit zum anderen. Die Tigerstaaten hatten unzureichend auf die neuen Konkurrenten auf dem Weltmarkt reagiert. Vietnam, vor allem aber China, war Mitte der 90er Jahre als ernstzunehmender Billigexporteur aufgetaucht. Als der chinesische Yuan 1994 abgewertet wurde und in den vergangenen Jahren der Dollar erstarkte, geriet Südostasien in die Defensive und die Zahlungsbilanzen rutschten ins Defizit. Die reichen Industrieländer übersahen die sich anbahnende Strukturkrise und pumpten unverdrossen, einem 'Herdentrieb' gleich, Geld in die Region. Seit 1993 stiegen die Investitionen des Auslands in Indonesien, Thailand, Malaysia, den Philippinen und Südkorea jedes Jahr um 9,1%. Das BSP der Region wuchs im selben Zeitraum um jährlich 7,2% – eine Lücke, die anzeigt, wie viel Geld in unproduktiven Bereichen verschwand, unter anderem in Finanz- und Immobilienspekulationen![3]

Der Hamburger Asienkenner Oskar Weggel hat neben den wirtschaftlichen Ursachen (Teufelskreisargument: Verschuldung → Überproduktion → Währungsabwertung → Zinserhöhung → Flucht ausländischer Investoren → abermaliger Währungsverfall) auch kulturelle Faktoren ins Spiel gebracht, um die asiatische Krise erklären zu können. Sechs *kulturelle Faktoren* werden genannt: Mo-

---

[3] Zahlen nach: Die Zeit vom 26.3.98: Jochen Buchheimer, Die asiatische Krise

dellbesessenheit, Gesichtswahrung, Risikobereitschaft bis zum Fatalismus, Immobilienverklärung, Familienorientierung und schließlich 'das so ganz andere Verhältnis zum Geld': d.h. die soziale Funktion von Geld und Geldgeschenken zur Pflege von *Guanxi*, d.h. nützlichen Beziehungen.[4]

Die *Modellbesessenheit* habe zum Beispiel zur fatalen Konsequenz, daß auch 'wirtschaftliche Unsitten' anderer Völker übernommen würden. Die Orientierung am japanischen Wirtschaftsmodell (z.B. die ungesunde Überbewertung von Immobilien), das wegen seiner Reformschwerfälligkeit inzwischen viel von seiner einstigen Attraktivität eingebüßt hat, hätten die Tigerstaaten nun zu büßen.[5] *Hierarchie* sei ein weiteres Grundmuster asiatischer Gesellschaften, wobei unterschiedliche kulturelle Kriterien gelten:

- in der *konfuzianischen* Gesellschaft wird Rang durch Leistung erarbeitet
- in der *buddhistischen* Gesellschaft wird er durch Kharma aus der vorausgegangenen Existenz erworben
- im *malaio-islamischen* Kosmos ist er ein Geschenk Allahs
- und in den *hinduistischen* Gesellschaften wird er einem Kastenangehörigen durch die Gnade der Geburt zuteil

Am liebsten ist man der Größte, meint Weggel; vor allem der Präsident Malaysias habe sich bereits ein Übersoll an Selbstdarstellung geleistet.[6] Der Nachteil sei natürlich, daß man dabei die eigenen Grenzen und Möglichkeiten falsch einschätzen würde!

Ein anderes kulturelles Merkmal sei die „*Risikobereitschaft bis zum Fatalismus*": „Den meisten Asiaten ist ein Hang zum Fatalismus – und zum Glücksspiel – eigen. In der islamischen Welt Asiens hat der Kismet-Gedanke entscheidenden Einfluß, die Buddhisten verlassen sich auf das Kharma. Der Hang zum Glücksspiel hat eine positive Seite: er konditioniert für unternehmerisches Risiko, allerdings auch zum draufgängerischen Unternehmerverhalten und zum (bedenkenlosen) Schuldenmachen".[7] Bezeichnend in diesem Zusammenhang sei das chinesische Wort für Krise ('*weiji*'), das sich aus zwei konträren Begriffen zusammensetzt,: nämlich wei = Gefahr und ji = Chance, d.h. also gefahrvolle Chance. Es sei „gleichzeitig auch ein Beleg für die Feststellung, daß das chinesische Denken keine Einseitigkeit liebt, sich also weder bei Bedenken aufhält noch dem puren Leichtsinn frönt, sondern beides miteinander im Gleichgewicht sehen möchte".[8]

---

[4] Weggel, O., Annum horribile 1997. Das Jahr der asiatischen Währungs- und Wirtschaftskrisen; in: Südostasien aktuell, März 1998, S. 140-165

[5] ebd. S. 146

[6] ebd. S. 147

[7] ebd. S. 148

[8] Weggel, O., Annum horribile 1997. Das Jahr der asiatischen Währungs- und Wirtschaftskrisen; in: Südostasien aktuell, März 1998, S. 148

7. Das japanische Vorbild (MITI)

Auch die ausgeprägte *Familienorientierung* gehörte bisher zu den Besonderheiten der politischen Kultur asiatischer Tigerstaaten, meint Oskar Weggel. In den Jahren des Aufstiegs nach dem Zweiten Weltkrieg hätten viele Unternehmen und Bürokraten noch ganz in Kategorien familiärer Verbundenheit gedacht. Am frühesten wurde dies im Zusammenhang mit Japan deutlich, das seinen Aufstieg ja schon in den 60er Jahren geschafft hatte, und zwar unter Führung eines patriarchalisch anmutenden – und auch von den einzelnen Konzernen als eine Art *pater familias* anerkannten – allmächtigen Ministeriums, nämlich des **MITI**: das heißt das Ministry of Trade and Industry. Interessant ist in unserem Zusammenhang, was Oskar Weggel über diesen entwicklungspolitischen Mythos zu sagen hat, der von vielen als wichtigstes Vehikel des japanischen Wirtschaftswunders apostrophiert wird: „Das MITI war mit tüchtigen und patriotisch orientierten Beamten besetzt, die langfristig dachten und es z.B. verstanden, durch Absprachen und Steuerungsvorgaben den gesamten Konvoi von Ozeandampfern und Kleinstschiffen in eine bestimmte zukunftsfreundliche Richtung zu steuern. „MITI = das war Modernisierung, Mobilisierung von oben und Aufstieg aus den Niederungen des verlorenen Krieges von 1945!

Unter Führung des MITI stieg Japan bereits in den 60er Jahren wie ein Phönix aus der Asche auf, entwickelte preiswerte Produktlinien, begann die ersten Konkurrenten auf dem Weltmarkt beiseitezuschieben [wie z.B. die deutsche Foto-Industrie] und attackierte die westlichen Industrieländer zu Beginn der 80er Jahre auch in Bereichen der Hochtechnologie. Bis in die frühen 90er Jahre hinein schien die Rechnung des MITI fast bruchlos aufzugehen, erst dann begann – und zwar im Zeichen der Krise – auch der MITI-Korporatismus seine Grenzen zu zeigen, und zwar überall dort, wo Entscheidungen nicht aus wirtschaftlichen, sondern aus personalistischen und opportunistischen Erwägungen heraus getroffen worden waren".[9]

Auch in anderen asiatischen Ländern entstanden *patriarchalische Führungsmuster*, mit einem organisatorischen Übervater an der Spitze. Doch dann passierte – in der Krise – der Umschwung! Der MITI-Paternalismus wurde zum Hemmschuh für rasches Reagieren auf die Marktkrise. In Südkorea etwa kam es bereits 1979 bis 1981 zur ersten Reinigungskrise des Modells, in der die relative Handlungsautonomie des Staates zugunsten der Großunternehmen, der *Chaebols*, abnahm. Der wirtschaftliche und politische Einfluß der Chaebols stieg, zugleich penetrierte Privatkapital zuvor exklusiv durch den Staat besetzte Arenen der politischen Planung und Implementierung. Diversifikation, Verdichtung und Komplexitätssteigerungen der südkoreanischen Wirtschaft und Gesellschaft überforderten in steigendem Maße die technischen Fähigkeiten des Militärs, dessen Strategie der Ausdehnung in außermilitärische Funktionsfelder in den 60er und 70er Jahren zur personellen Durchsetzung von Politik, Wirtschaft und Verwaltung geführt hatte. Während der Einfluß des Militärs zurückging, rückten zivile Technokraten

---

[9] ebd. S. 149

und Professionals sowie im Ausland ausgebildete Karrierebürokraten in einflußreiche staatliche Positionen.[10]

8. Geld als soziales Medium - Geldgeschenke zwischen nützlichen Abgaben und krimineller Korruption

Schließlich ist noch auf die soziale Bedeutung von Geld und Geldgeschenken
für die Wirtschaft hinzuweisen. Geld fungiert nicht nur als Meßlatte für materielle
Werte (Preise), sondern auch für Wertschätzung. Geldgeschenke sind Ausdruck
einer sozialen Pflicht; man pflegt damit seine Beziehungen. Das System wurde auf
die Geschäftswelt übertragen: Jedes Unternehmen hat seine Hausbank, die nicht
nach rationalen Kriterien des Marktes entscheiden, sondern gemäß der konfuzianischen *Korporatismus-Philosophie*. Hier spielen interne Harmonie, Langfristig-
keit der Planung, Arbeitsplatzsicherheit und nützliche Abgaben an Politiker eine
dominante Rolle. Wo aber ist die Grenze zur Korruption, zur kriminellen Handlung?

Wie nachteilig sich dieses System auf die kleinen Sparer auswirken kann, soll
am Beispiel des Aktienmarktes gezeigt werden.[11] Angesichts der Finanzkrise war
auf Anordnung des koreanischen Finanzministers der Aktienmarkt dadurch gestützt worden, daß öffentliche Finanzinstitutionen – Pensionsfonds und Lebens-
versicherungen – angezapft wurden, um den Aktienmarkt zu stützen und dadurch
dessen Risiken zu mindern. Eine solche Zweckentfremdung sozialer Kassen zugunsten von Spekulationen war nur möglich, weil sich zwischen Bürokratie und
Kapital, vor allem aber zwischen Finanzministerium und den Konzernen ein Ver-
trauensverhältnis eingespielt hatte, das sich nicht gerade der Logik des Marktes
verpflichtet fühlte. Eingespielte Beziehungen waren ausschlaggebend, was zur
Praxis des 'moral hazard' verleitete. Man spekuliert auf Teufel komm raus – in
der Gewißheit, daß man im Notfall von Höhergestellten und mächtigen Freunden
gerettet würde. Doch diese Rechnung geht in der Strukturkrise unserer Tage nicht
mehr auf. Das Klientelismus- und Patronagesystem ist an seine Grenzen gelangt
und muß einem rationaler System von Markt- und Wettbewerbsprinzipien weichen.

Der Mythos der unbesiegbaren Chaebols ist zerbrochen: Die eiligen Moderni-
sierer haben einige Dinge übersehen, die zur Vertrauensbildung und zum sozialen
frieden dazugehören – vor allem die *rechtliche Kodifizierung der sozialen Absi-
cherung* von Arbeitern, Angestellten und Kleinaktionären. So ist es nur folgerichtig, wenn im Januar 1998 der koreanische Präsident Kim Dae-jung eine Spitzen-
konferenz der großen Chaebol-Patriarchen einberief, an deren Ende ein Verspre-

---

[10] vgl. Aurel Croissant, Politischer Systemwechsel in Südkorea (1985-1997). Hamburg
1998

[11] Weggel, O., Annum horribile 1997. Das Jahr der asiatischen Währungs- und Wirtschaftskrisen; in: Südostasien aktuell, März 1998, S. 150-151

chen der Wirtschaftsbosse stand, ihre Unternehmensgruppen so zu reformieren, daß sie „internationalen Standards entsprachen".[12]

9. Einige Schlußfolgerungen: die Krise als Lehrmeister

- Mit den zitierten Sozialwissenschaftlern des Hamburger Asieninstituts wird hier die Ansicht vertreten, daß wir es seit 1997 mit einer *Reinigungskrise* (und nicht etwa mit einer Zusammenbruchskrise) zu tun haben, in deren Gefolge die asiatischen Volkswirtschaften nach drei oder fünf Jahren wieder auf eine solide finanzielle Grundlage zurückkehren dürften, um dann ihren Aufschwung fortzusetzen. „Die Grundtugenden vieler asiatischer Staaten", meint Oskar Weggel – „nämlich harte Arbeit, Sparsamkeit, Lernbereitschaft und Korporativität dürften das ihrige tun, um einen neuen Aufwärtstrend zu stützen."[13] Gleichwohl dürfte das Zukunftsweisende der heutigen Krise die *Umwertung der traditionellen Werte und Institutionen* sein – ihre Anpassung an neue internationale Wettbewerbsbedingungen. Dabei kann auf die Einsicht der kulturwissenschaftlichen Forschung aufgebaut werden, daß sich außereuropäische Kulturen nicht durch Starrheit, sondern durch hohe Plastizität auszeichnen, was sie immer wieder zu überraschenden Leistungen auf dem Gebiet des Synkretismus befähigt: das Neue wird dem Alten sinnvoll einverleibt.

- Die Volkswirtschaften der Tigerstaaten befinden sich in einer länger anhaltenden Phase der *Umorientierung*, in der größere Behutsamkeit bei der Planung von Neuinvestitionen notwendig ist. Zahlreiche Prestigeprojekte – wie der Bau des 'nationalen Autos' in Indonesien, wo Präsident Suharto bereits als prominentestes Opfer der Wirtschafts- und Politikkrise vom empörten Volk gestürzt wurde - sind nicht mehr zu realisieren, weil auch Weltbank und IWF nicht länger bereit sind, die undurchsichtigen, mitunter abenteuerlichen Geschäftspraktiken der Tigerstaaten zu tolerieren. Statt dessen haben die IWF-Experten eine ideologische Offensive gestartet, die mit dem Begriff des *Neoliberalismus* angedeutet ist: so viel Staat wie unbedingt nötig, so viel freie Marktwirtschaft und Privatisierung von Unternehmen wie möglich. Immer unüberhörbarer wird den gestrauchelten Managern die westliche Botschaft nahegebracht, daß all jene Staaten, die ihre Märkte weit öffnen, die für Transparenz der Informationen, für Berechenbarkeit und für Vorhersehbarkeit der Entscheidungen sorgen, langfristig die besten Chancen im globalen Wettbewerb haben.

- Allmählich wird deutlich, daß die tiefere Ursache der Finanz-, Wirtschafts- und Gesellschaftskrise in Ost- und Südostasien nicht ökonomischer, sondern *politischer* Natur ist. Gescheitert ist das spezifisch asiatische Politikmodell, das mit dem Ausdruck *'crony capitalism'* belegt und das bisher am reinsten vom

---

[12] Rüdiger Machetzki, Korea: ASEAN-Partner in der Krise; in: Südostasien aktuell, Januar 1998, S. 37-43, hier S. 38
[13] Weggel, O., Annum horribile 1997. Das Jahr der asiatischen Währungs- und Wirtschaftskrisen; in: Südostasien aktuell, März 1998, S. 165

1986 gestürzten philippinischen Präsidenten Ferdinand Marcos verkörpert
worden ist. Diese personalistische Variante des Kapitalismus verachtet rationale Kriterien, Kontrolle und Transparenz der Geschäfte und pflegt statt dessen
gute Beziehungen zu lukrativen Netzwerken mittels nützlicher Abgaben und
notfalls mit militanter Einschüchterung. Die Tage dieses Pfründen-
Kapitalismus sind hoffentlich gezählt.

- Die für viele überraschend tiefreichende Krise in Südostasien läßt sich nicht
  nur auf politisches Fehlverhalten der Macht- und Geldeliten sowie wirtschaftliche Fehlentwicklungen zurückführen, sie ist auch das Ergebnis von Defiziten
  in den *sozialen und kulturellen Beziehungen* zwischen Gruppen und Menschen
  – Schwächen, die jetzt in der Krise und angesichts der Herausforderungen der
  Globalisierung der Märkte rascher sichtbar und brutaler bestraft werden als
  früher. Die Menschen des industriellen Sektors, die jetzt von den Entlas-
  sungswellen der Unternehmen auf die Straße geworfen werden, erleben jetzt
  die Kehrseite der 'asiatischen Werte', die oft nichts anderes sind als eine Ent-
  schuldigung der Arbeitgeber dafür, daß sie für ihre Belegschaft den Aufbau
  einer krisentüchtigen Sozial- und Altersversicherung auf rechtlicher Grundlage
  nicht für nötig hielten. Als Kehrseite von Werten wie Solidarität und kritiklo-
  sem Respekt gegenüber Älteren und Vorgesetzten entpuppt sich nun ein ekla-
  tanter Mangel an Sicherheit, Transparenz, Wettbewerb und Meritokratie.[14]
  Der offensichtliche Hauptvorteil der Großfamilie lag in der Schaffung eines
  effizienten Netzes privat finanzierter sozialer Sicherheit. Gleichzeitig dominiert aber das Clandenken auch in Politik und Wirtschaft. Im urbanisierten, in-
  dustrialisierten Westen ist mit der Abkehr von Clanbildung und Klientelismus
  nicht nur private soziale Sicherheit aufgegeben worden, sondern auch ein rie-
  siger Spielraum für jene geschaffen worden, die nicht wegen Familienbezie-
  hungen, sondern durch individuelle Leistung erfolgreich sind. Hier tun sich also neue Chancen für die Schichten und Gruppen auf, die bislang vom Patronagesystem alten Stils nicht oder nicht mehr berücksichtigt werden konnten.

- Und noch eine letzte Schlußfolgerung ist zu ziehen: Zu den 'asiatischen Werten', die von manchen Zeitgenossen in Ost und West, Nord und Süd besonders
  geschätzt werden, gehört die Fähigkeit, *Konflikte zu vermeiden* und nach außen *Konsens* zu inszenieren. Interessengegner werden so zu „Partnern" und
  „Freunden" stilisiert, und Widersprüche werden unter den Teppich gekehrt.
  „Immer wieder bekam man u.a. von Regimen, die es mit der Rechtsstaatlichkeit nicht so genau nehmen, zu hören, daß der wirtschaftliche Erfolg Asiens
  darauf beruhe, daß man hier nicht wertvolle Energie mit Konfrontation ver-
  schwende. Hier werde entscheiden gehandelt und nicht debattiert", berichtete
  ein Krisenchronist.[15] Dieses Denken hat sich nun in der asiatischen Krise als
  antiquiertes und gefährliches Verhalten entpuppt, weil es Lernprozesse eher
  blockiert als ermutigt. *Debattieren und Zeit ausgeben,* um einen Konsens in

---

[14] vgl. „Die Kehrseite der asiatischen Werte"; in: Die Zeit, vom 25.9.1997
[15] nach: Die Zeit vom 25.9.1997

der Öffentlichkeit zu erstreiten, der dann in seinen nationalen Konsequenzen von möglichst allen akzeptiert und mitgetragen werden kann, wird zu einem 'sine qua non' jeder Gesellschaft, die im internationalen Wettbewerb bestehen will.

- Dieser Einsicht werden sich auch die politischen Kader der Kommunistischen Partei Chinas beugen müssen – über kurz oder lang. „Die Macht der durch den Modernisierungsprozeß geschaffenen Strukturen" in Wirtschaft und Gesellschaft wird sich – so der Chinaexperte Gunter Schubert von der FEST – auch auf die Politik erstrecken; uneinig sei man sich in der Forschung nur darüber, „wann diese greifen und zu einem demokratischen Wandel in der VR China führen" werden.[16]

Auch Asien wird in diesem Punkt den Weg Europas gehen (müssen): die schrittweise Substitution von traditionellen Werten durch wertrationale, überpersönliche Institutionen des demokratischen Rechtsstaats. In der Wirtschafts- und Finanzkrise Asiens, die eigentlich die *Krise eines ausgedienten Gesellschafts- und Politikmodells* ist, entpuppt sich so die Nützlichkeit eines Modells, in dem konfliktfähige Gruppen Werte wie Machtkontrolle, Partizipation und Rechtssicherheit erstritten haben.

Kontrolle und Transparenz, Partizipation und Rechtsstaatlichkeit sind die zivilisatorischen Ziele, die offenbar an universeller Gültigkeit und Attraktivität gewinnen. Die Studentinnen und Studenten Asiens haben dies bereits begriffen, ja sie setzen ihr Leben für demokratische Reformen ein. Kein schlechter Beweis für die Zukunftsfähigkeit der Tigerstaaten!

---

[16] G. Schubert, Der geschichtsphilosophische Optimismus der Chinaforscher. Anmerkungen zur Debatte über den Wandel des politischen Systems der VR China; in: Konrad-Adenauer-Stiftung (Hrsg.), Auslandsinformationen, 06/98, S. 4-17, hier S. 16

Autorenverzeichnis

- Prof. Dr. Jean-Christophe Ammann
Leiter des Museums für Moderne Kunst, Frankfurt/Main

1939 geboren; Studium der Kunstgeschichte, Christlichen Archäologie und Deutschen Literatur in Fribourg; 1966 Promotion; 1967 - 1968 Assistent an der Kunsthalle Bern und kunstkritische Tätigkeit; 1968 - 1977 Leiter des Kunstmuseums Luzern; 1971 Schweizer Kommissar für die Biennale Paris; 1972 Mitorganisator der 'documenta 5' in Kassel; 1973 - 1975 Mitglied der internationalen Kommission der Biennale Paris; 1978 - 1988 Leiter der Kunsthalle Basel; 1978 Mitorganisator der 'Arte Natura' im internationalen Pavillon der Biennale Venedig; 1978 - 1980 Mitorganisator der internationalen Kunstkritikerkongresse in Montecatini; seit 1981 Mitglied der Emmanuel Hoffmann-Stiftung, Basel; 1987 Berufung zum Direktor des Museums für Moderne Kunst, Frankfurt/Main; 1988 Mitorganisator von 'Carnegie International', Pittsburgh; seit 1989 Leiter des Museums für Moderne Kunst, Frankfurt/Main; seit 1993 Lehrbeauftragter an den Universitäten Frankfurt und Gießen; 1995 Kommissar des Deutschen Pavillons auf der Biennale Venedig.

- Dr. Klaus Beck
Wissenschaftlicher Assistent am Lehrstuhl für Kommunikationswissenschaften, Erfurt

1963 geboren; 1982 - 1989 Studium der Publizistik und Theaterwissenschaft an der FU Berlin; 1989 Magister; 1994 Promotion; 1994 - 1997 Lektor für den Bereich Kommunikationswissenschaft, Politik und Zeitgeschichte beim Wissenschaftsverlag V. Spiess Berlin; Lehraufträge an der FU Berlin; Forschungsprojekt 'Multimedia in der Sicht der Medien' für das Büro für Technikfolgenabschätzung beim Deutschen Bundestag; Koordinator der sozialwissenschaftlichen Begleitforschung des Berliner Multimediaprojektes 'Comenius'; Wissenschaftlicher Mitarbeiter an der FU Berlin; seit April 1997 Wissenschaftlicher Assistent am Lehrstuhl für Kommunikationswissenschaft, Erfurt; Mitglied der Deutschen Gesellschaft für Publizistik und Kommunikationswissenschaft, stellvertretender Sprecher der Fachgruppe 'computervermittelte öffentliche Kommunikation'.

Publikationen zur Geschichte der Telekommunikation, Kommunikations- und Medientheorie.

• Dr. Helmut Drüke
Freiberuflich in Beratung und Forschung tätig

1952 geboren in Essen; Studium der Politik- und Sozialwissenschaften; 1989 - 1995 wissenschaftlicher Mitarbeiter am Wissenschaftszentrum Berlin für Sozialforschung; 1996 Habilitation, Universität Jena; 1996 Leiter Strategischer Einkauf der AEG Mobile Communication.

• Dr. Heinz Dürr
Aufsichtsratsvorsitzender der Deutschen Bahn AG

1933 geboren; praktische Ausbildung als Stahlbauschlosser; 1954 - 1957 Studium an der Technischen Universität Stuttgart; 1975 - 1980 Firma Otto Dürr, Stuttgart – heute Dürr AG; zuletzt als alleinzeichnungsberechtigter Geschäftsführer; 1980 - 1990 Vorsitzender des Vorstandes der AEG Aktiengesellschaft; 1986 - 1990 Mitglied des Vorstandes der Daimler Benz AG; 1991 - 1994 Vorsitzer des Vorstandes der Deutschen Bundesbahn und der Deutschen Reichsbahn; 1994 - 1997 erster Vorstandsvorsitzer der DB AG; 1996 Verleihung der Ehrendoktorwürde zum Dr.-Ing. E.h. durch die Rheinisch-Westfälische Technische Hochschule (RWTH), Aachen; seit 1997 Aufsichtsratsvorsitzender der Deutschen Bahn AG.

• Prof. Dr. Peter Gendolla
Professor für Literatur an der Universität Siegen

1950 geboren; Studium der Kunstgeschichte, Philosophie und Literaturwissenschaft in Hannover und Marburg/L.; 1979 Promotion; 1987 Habilitation; lehrt Literatur/ Kunst/ Neue Medien und Technologien an der Universität Siegen.

• Prof. Dr. Bernd Guggenberger
Professor für Politische Wissenschaften an der FU Berlin

1949 geboren; 1965 - 1972 Studium der Politikwissenschaft, Soziologie und Philosophie an den Universitäten in Freiburg i. Breisgau und Berlin; 1973 Promotion; 1973 - 1980 Wissenschaftlicher Assistent an der Universität Feiburg; 1981 Stipendiat des Heisenberg-Programmes; seit 1985 in der Leitung des Deutschen Instituts für Angewandte Sozialphilosophie (D.I.A.S.) in Bergisch-Gladbach; 1992 Habilitation; seit 1992 Professor für Politikwissenschaften an der FU Berlin;

1992 - 1993 Gastprofessur an der Stanford University (U.S.A.); 1994 - 1995 Ideengeber, Themenberater und Autor bei der Wochenzeitung DIE ZEIT; Freier Mitarbeiter bei der FAZ, der Wiener Zeitung und der Neuen Züricher Zeitung; Arbeit für Rundfunk und Fernsehen; Bildender Künstler mit regelmäßigen eigenen Ausstellungen.

- **Christopher Heath**
Leiter des Japan-Ostasienreferats am Max-Planck-Institut für Patentrecht

1964 geboren; 1982 - 1988 Studium der Rechtswissenschaften in Konstanz, London und Edinburgh; 1986 - 1987 Arbeit als Volontär im Human Rights Centre in Joao Pessoa, Brasilien; 1989 - 1991 Stipendium für ein Zweijahresprogramm in Japan; 1991 - 1992 Arbeit in einer Kanzlei in Tokio; seit 1992 Leiter des Japan-Ostasienreferats am Max-Planck-Institut für ausländisches und internationales Patent-, Urheber- und Wettbewerbsrecht in München; 1994 Gastprofessur an der Universität in Tokyo; seit 1995 Dozent für japanisches Handelsrecht; Anfang 1996 Gastprofessur in Thailand; 1996 Dozent für japanisches Urheberrecht in München; 1997 Gastdozent in Tokyo; seit 1995 Teilnahme am EC-ASEAN Patents und Trademarks Programme; seit 1996 Berater des EC.Vietnam Cooperation Programme.

- **Prof. Dr. Peter Heintel**
Professor für Philosophie und Gruppendynamik an der Universität Klagenfurt

1940 geboren; 1974 - 1977 Rektor der Universität Klagenfurt; Lehrbeauftragter an der Universität Graz; Gastprofessor an der Universität Hamburg; Vortragender und Seminarleiter an der Bundesverwaltungsakademie Bad Godesberg und der Österreichischen Bundesverwaltungsakademie; Tätigkeit als Organisationsbeauftragter in zahlreichen in- und ausländischen Unternehmen; Vorsitzender der Interuniversitären Kommission des Instituts für interdisziplinäre Forschung und Fortbildung in Klagenfurt; Leiter der Abteilung 'Studienzentrum für Weiterbildung' an der Universität Klagenfurt.

- **Prof. Dr. Jochen Hörisch**
Professor für Neuere Germanistik an der Universität Mannheim

1951 geboren; 1970 - 1976 Studium der Germanistik, Philosophie und Geschichtswissenschaft in Düsseldorf, Paris und Heidelberg; 1976 - 1988 Assistent an der Universität Düsseldorf; 1982 Habilitation; Privatdozent und Professor in Düsseldorf; 1986 Gastprofessur an der Universität Klagenfurt; seit 1988 Ordinarius für Neuere Germanistik und Medienanalyse an der Universität Mannheim;

1993 Gastprofessur am CIPH und der ENS in Paris; 1996 Gastprofessur in Charlottesville (USA/Virginia); Vortragsreisen u.a. durch die USA (1989, 1991, 1993, 1996), Japan (1994) und Marokko (1995). Mitglied der europäischen Akademie für Wissenschaften und Künste, Salzburg.
Veröffentlichungen u.a. 'Die fröhliche Wissenschaft der Poesie', 1976; 'Gott, Geld und Glück', 1983; 'Brot und Wein – Die Poesie des Abendmahls', 1992; 'Kopf oder Zahl – Die Poesie des Geldes', 1996;

- Prof. Dr. Dr. h.c. mult. Gerhard Krüger
Institut für Telematik an der Universität Karlsruhe

1952 - 1959 Studium der Physik und Mathematik in Jena und Berlin; 1959 Diplom-Physiker; Promotion; 1960 - 1970 Kernforschungszentrum Karlsruhe; seit 1971 ordentlicher Professor für Informatik, Universität Karlsruhe; 1981 - 1983 Dekan der Fakultät für Informatik; 1983 - 1985 Präsident der Gesellschaft für Informatik e.V.; 1983 Einrichtung des Fachgebiets Telematik; bis 1991 Mitglied der Aufsichtsräte der Firma Kienzle Apparate GmbH, Villingen; Nixdorf Computer AG, Paderborn; Linotype AG, Eschborn; und Fachinformationszentrum, Karlsruhe; 1994/98 Verleihung der Ehrendoktorwürde Dr. rer. nat. h.c. der Humboldt-Universität Berlin und der Medizinischen Universität Lübeck; 1995 Bundesverdienstkreuz 1. Klasse. Gutachtertätigkeiten für den Wissenschaftsrat, die Deutsche Forschungsgemeinschaft, die Max-Planck-Gesellschaft und die Fraunhofergesellschaft. Mitglied der Heidelberger Akademie der Wissenschaften und der Deutschen Akademie der Naturforscher Leopoldina.

- Ernst-Ulrich Matz
Vorstandsmitglied der IWKA AG

1934 geboren in Kiel; kaufmännische Lehre im Internationalen Handel bei Alfred C. Toepfer in Hamburg; 1959 Studium der Betriebswirtschaft in Köln und Göttingen mit Examensabschluß; Economics-Studium in Vancouver/Kanada; 1966 zurück in den Internationalen Handel von Alfred C. Toepfer mit Stationen in Hamburg, New York, Frankfurt; schließlich Leitung des Hauses Alfred C. Toepfer, Bremen; 1970 Wechsel in die Zentralverwaltung Rudolf August Oetker, Bielefeld, dort Controlling und Marketing; 1972 Wechsel in die Quandt-Gruppe als Persönlicher Referent von Herrn Dr. Herbert Quandt; 1974 Direktor der Varta AG; 1976 Generalbevollmächtigter der Varta AG; seit 1978 Mitglied des Vorstandes der IWKA AG, Karlsruhe

- Prof. Dr. Barbara Mettler-von Meibom
Professorin für Politikwissenschaft an der Universität Essen

1947 geboren; Studium der Geschichte, Sozialwissenschaft und Politikwissenschaft; 1973 Promotion in Konstanz; 1985 Habilitation in Hamburg; Heisenberg-Stipendiatin; Mitbegründerin des Instituts für Informations- Und Kommunikationsökologie Dortmund; 1995/96 stellvertretende Vorsitzende der Deutschen Gesellschaft für Publizistik und Kommunikationswissenschaft; Zahlreiche Bücher zu Technik-Medien-Kommunikation, u.a.: Kommunikation in der Mediengesellschaft, Münster 1996; Weiterbildung in Methoden der Gruppenarbeit und Supervision; Leitung des Consultingbüros „*Communio*- Kommunikations und Konfliktberatung."

- Prof. Dr. Horst W. Opaschowski
Wissenschaftlicher Leiter des B.A.T. Freizeit-Forschungsinstituts, Hamburg

1941 geboren; Studium in Köln und Bonn; 1968 Promotion; Wissenschaftlicher Assistent an der Universität Siegen; 1973 Erarbeitung einer freizeitpolitischen Konzeption für die Bundesregierung; seit 1975 Professor für Erziehungswissenschaften an der Universität Hamburg; seit 1979 Wissenschaftlicher Leiter des B.A.T.-Freizeit-Forschungsinstituts; 1988 Autor des Filmexposés „One, two, three – Germany", einem amtlichen Beitrag der Bundesrepublik Deutschland zur Weltausstellung in Brisbane/Australien; 1989 Gutachter für das Bundeskanzleramt; 1992 Berater des Bundeswirtschaftsministers bei der Planung der Weltausstellung EXPO '92 in Sevilla/Spanien; seit 1992 Vorsitzender der Sachverständigenkommission 'Arbeit-Technik-Freizeit' im Bundesministerium für Bildung, Wissenschaft, Forschung und Technologie; seit 1996 Mitglied der Bundesjury und des Kuratoriums der Weltausstellung EXPO 2000 in Hannover.

- Dr. Harald Seubert
Wissenschaftlicher Assistent am Philosophischen Institut, Universität Halle/ Wittenberg

1967 geboren; 1987 - 1992 Studium der Philosophie, Geschichte, Literaturwissenschaft und Theologie in Erlangen, Tübingen, Frankfurt, Würzburg und München; 1992 Examen; akademische Lehrtätigkeit in Germanistik und Philosophie; 1998 Promotion über Heidegger und Nietzsche; zahlreiche Gastdozenturen und Publikationen.

- Rolf Stamm
Ministerialdirigent im Bundesverkehrsministerium

1941 geboren; Studium des Schiffmaschinenbaus; Aufbaustudium in Politik und Verkehrswirtschaft in den USA, Eintritt in die Wasser- und Schiffahrtsverwaltung des Bundes; Bundesverkehrsministerium: Verkehrspolitische Grundsatzabteilung, Abteilung Binnenschiffahrt und Wasserstraßen, Abteilung Straßenverkehr (Leiter des Referates Kraftfahrzeugtechnik/Umweltschutz); Geschäftsführer der Arbeitsgruppe Verkehr der CDU/CSU-Bundestagsfraktion; Leiter der Unterabteilung 'Verkehrspolitik, Ordnungspolitik im Verkehr, 'Internationaler Verkehr' im Bundesverkehrsministerium.

- Prof. Dr. Rainer Tetzlaff
Professor für Internationale Politik an der Universität Hamburg

1940 geboren; 1960 - 1968 Studium der Wirtschafts- und Sozialgeschichte, Politikwissenschaft, Germanistik und Philosophie an den Universitäten Bonn und Berlin; 1968 Promotion an der FU Berlin; 1968 -1974 Wissenschaftlicher Assistent und Assistenzprofessor an der FU Berlin; seit 1974 am Institut für Politikwissenschaft der Universität Hamburg; 1977 Habilitation; seit 1991 Kurator der Forschungsstelle der Evangelischen Studiengemeinde (FEST) in Heidelberg; seit 1993 Kurator des Instituts für Friedensforschung und Sicherheitspolitik (IFSH) an der Universität Hamburg. Seine Arbeitsschwerpunkte sind: Die Entwicklung in Afrika, Verschuldungsprobleme der „Dritten Welt", Demokratisierungsprozesse in Entwicklungsländern, Rolle von Weltbank und Währungsfonds in den Nord-Süd-Beziehungen, Entwicklungstheorien und Internationale Organisation.

Folgende Vorträge konnten nicht abgedruckt werden:
- Prof. Dr. Dr. Franz J. Radermacher, „Vom menschlichen Maß: Wie läßt sich die Geschwindigkeit wieder auf ein anthropologisch akzeptables Maß zurückführen?"
- Prof. Dr. Lothar J. Seiwert, „Wenn Du es eilig hast, gehe langsam. Das neue Zeitmanagement in einer beschleunigten Welt"
- Frank Bertz, „Persönliche Arbeitsorganisation und Zeitmanagement"
- Dr. Gerhard Blechinger, „Die beschleunigte Gegenwart. Medienkunst als Institution der Entwicklung."
- Dr. Knut Blind, „Mobilität und Transport am Beginn des 21. Jahrhunderts"
- Prof. Dr. Helmut Bujard, „Welche Auswirkung hat die Schnellebigkeit auf unsere Lebensqualität?"
- Prof. Dr. Walter Bungard, „Rausch der Geschwindigkeit in den Unternehmen – eine arbeits- und organisationspsychologische Untersuchung"
- Prof. Dr. Carl-Eugen Eberle, „Vom Fernsehen zum Web-TV – Akzeleration bei den elektronischen Medien"

- Wolfgang Knöppel / Eberhard Liebisch, „Notwendigkeit und Gründe für einen Veränderungsprozeß – Continous Improvement Process (CIP) im Unternehmen"
- Peter Jablonsky, „Transrapid Berlin-Hamburg – Geschwindigkeit und Mobilität"
- Christian Petry, „Macht Geschwindigkeit glücklich?"
- Prof. Dr. Manfred Pohl, „Geschwindigkeit als strategischer Erfolgsfaktor in Japan"
- Prof. Dr. Sonja Sackmann, „Wie können Schnelligkeitspotentiale genutzt und gemanagt werden?"
- Dr. Burkhard Schwenker, „Wettbewerbsvorsprung durch Systemoptimierung – Potential und Kosten"
- Dr. Jörg Sommer, „Geschwindigkeit und Beschleunigung als Aspekte der Lebensqualität im Alltagsbewußtsein"
- Karl-Albrecht v. Uthmann, „Kurze Innovationszyklen durch Wissensmanagement."

Dokumentationen vergangener Symposien

Folgende Tagungsbände vergangener Symposien des Heidelberger Clubs für
Wirtschaft und Kultur e. V. sind erhältlich:

Herausforderung Informationsgesellschaft – Facetten einer Entwicklung
> Mit einer Podiumsdiskussion zum Thema „Anspruch und Wirklichkeit un-
> serer Printmedien" und Beiträgen von Bärbel Bohley, Adam Krzeminski,
> Hermann Otto Solms, Joseph Weizenbaum u.v.a.

Werte – Worthülsen oder Wegweiser
> Mit einer Podiumsdiskussion zum Thema „Sind Werte gefährlich?" und
> Beiträge von Markus Bierich, Heinz Riesenhuber, Konrad Schily, Jörg
> Schönbohm, Bernhard Vogel u.v.a.

Sozialfall Sozialstaat – wie sicher ist unsere soziale Sicherung?
> Mit Beiträgen von Konrad Adam, Jürgen Borchert, Wolfgang Franz, Wil-
> helm Hankel, Friedhelm Hengsbach, Hans Günter Hockerts, Winfried
> Schmäl, Norbert Walter u.v.a.

Globalisierung – der Schritt in ein neues Zeitalter
> Mit Beiträgen von Hans-Georg Gadamer, Hans-Dietrich Genscher, Erhard
> Kantzenbach, Franz Nuscheler, Franz Josef Radermacher, Ernst Ulrich von
> Weizsäcker u.v.a.

Aus – Gebildet
> Mit zwei Diskussion zum Thema 'Brauchen wir eine neue Elite?' und 'Die
> Zukunft der Bildungsideale'. Außerdem Beiträge von Franz Radermacher,
> Ignatz Bubis, Rudolf Scharping u.v.a.

Die genannten Dokumentationen sind über den Buchhandel oder direkt über den
Heidelberger Club zu beziehen:

> Heidelberger Club für Wirtschaft und Kultur e. V.
> Eppelheimer Straße 82
> 69123 Heidelberg